U0382342

本书获得聊城大学学术著作出版基金资助

共有产权与乡村协作机制

山西"四社五村"水资源管理研究

周　嘉◇著

Commons and Rural Cooperation: A Study on Water

Management in Si She Wu Cun, Shanxi Province

中国社会科学出版社

图书在版编目（CIP）数据

共有产权与乡村协作机制：山西"四社五村"水资源管理研究／周嘉著.
—北京：中国社会科学出版社，2018.12
ISBN 978 – 7 – 5203 – 3882 – 0

Ⅰ.①共… Ⅱ.①周… Ⅲ.①农村—水资源管理—研究—山西
Ⅳ.①TV213.4

中国版本图书馆 CIP 数据核字（2018）第 291019 号

出 版 人	赵剑英
责任编辑	田 文
责任校对	张爱华
责任印制	王 超

出 版	中国社会科学出版社
社 址	北京鼓楼西大街甲 158 号
邮 编	100720
网 址	http://www.csspw.cn
发 行 部	010 – 84083685
门 市 部	010 – 84029450
经 销	新华书店及其他书店

印 刷	北京明恒达印务有限公司
装 订	廊坊市广阳区广增装订厂
版 次	2018 年 12 月第 1 版
印 次	2018 年 12 月第 1 次印刷

开 本	710 × 1000 1/16
印 张	18.5
插 页	2
字 数	267 千字
定 价	79.00 元

凡购买中国社会科学出版社图书，如有质量问题请与本社营销中心联系调换
电话：010 – 84083683

序

　　"四社五村"是一个水利社会史研究的学术名村。它是1998年由北京师范大学民俗文字典籍研究中心董晓萍教授与法国远东学院蓝克利教授联合开展的中法国际合作项目"华北水资源与社会组织"的一个重大发现。作为该项目的成果之一，2003年中华书局出版了《不灌而治——山西四社五村水利文献与民俗》。从此，四社五村这样一个位于霍州和洪洞两县交界地带的偏远山村，开始进入人们的视野，逐渐为国内外学界所关注和熟悉。

　　围绕着四社五村，董晓萍教授率先开展了研究，并积极向国际学界介绍在黄土高原这个水资源极端缺乏地区，人们是如何在极低的水资源供给和消费条件下，以民间村社组织和村社间的拟血亲关系，形成一套自金代以来就行之有效、互惠合作的用水关系体系。用四社五村民众最朴实的话讲，"人活的就是个文化"。四社五村的民间用水组织、水册制度和共享有限水资源的观念长期影响着当地人的生产生活和行为方式。即使在现代化程度越来越高的今天，四社五村古老的水利组织、用水观念和建基于其上的村际关系，依然在地方社会发展过程中发挥着重要作用。

　　几乎与董晓萍教授及其合作者开展山西乡村水利史研究的同时，本人所在的山西大学中国社会史研究中心自1999年亦开始研究山西水利社会史。经过近20年的研究，我们提出要在类型学视野下开展中国水利社会史研究，并将历史水权问题作为探讨北方水利社会历史变迁的一个核心要素。为了深入推进这方面的研究，以"走向田野与社会"的学术理念，在山西大力开展田野调查，搜集、发现、整理和利用以水利碑刻、水权买卖契约文书、水册渠册等为中心的民间水利文献开展研究，逐渐提炼出"泉域社会""流域社会""沟域社会"等概念。不同的是，研究者最初讨论的重点一直围绕着山西水利社会中"水案"问题开展的，如赵世瑜教授对历史时期山西分水之争的关注，英国牛津大学沈艾娣教授对山西省会太原晋祠水利系统中道德价值的探讨，本人对山西水利社会中普遍流传的"油锅捞钱与三七分水"故事的解读等。如果说这些研究揭示的是山西水资源总体匮乏大背景下水资源条件相对较好地区人们的用水观念和行为方式的话，那么，四社五村提供的则是水资源条件不好地区人们的用水观念和行为方式，是水利社会中的一个极端类型。自《不灌而治——山西四社五村水利文献与民俗》一书出版后，这一水利社会的极端类型迅速引起研究者的关注。

据我所知，在周嘉博士进入四社五村开展调查研究之前，已有不少国外学者尤其是日本学者来到四社五村进行实地调查走访。其中，最为著名的是内山雅生教授及其合作者日本长崎县立大学的祁建民教授。内山教授是华北区域研究的专家，对中国传统社会的互助合作和村庄共同体尤感兴趣，他在 2010 年至 2015 年间与山西大学中国社会史研究中心开展中日农村社会合作研究的计划中，每年都会到四社五村进行调查，访问四社五村的老社首，以回答和印证他关于华北农村村落共同体的有关论述。祁建民教授则是作为南开大学和日本东京大学史学双博士，持续关注四社五村的用水组织，并将其与日本农村社会的合作组织做比较研究。除此之外，还有日本知名的中国水利史研究专家森田明教授，他已 80 多岁，在看到四社五村水利文献与民俗调查资料集后，不仅写文章向日本学者介绍，而且以董晓萍的这部资料集为依据，出版了他个人研究四社五村的日文学术专著。如果不是年龄和健康的原因，我深信他一定会慕名前来山西进行实地调查研究的。2012 年，我出版了自己的博士学位论文《水利社会的类型：明清以来洪洞水利与乡村社会变迁》（北京大学出版社）。在该书中，我将四社五村概括为山西水利社会的一种极端类型，并将其与洪洞广胜寺霍泉泉域社会、通利渠三县十八村流域社会和洪洞河西洪灌型水利社会（后概括为"沟域社会"）共同视为山西水利社会的重要类型。

周嘉博士的四社五村调查正是在此背景下开始的。周嘉是山东莱西人，当时在上海大学张佩国教授名下攻读博士学位。我和佩国兄早已相识。2006年至2008年，我在复旦大学做博士后研究工作时，张佩国已经是成名的历史人类学家了。我经常找机会向他请教，讨论学术问题，日常生活中也多有交往。2012年11月的某一天，周嘉博士受导师佩国兄之委派，让他来山西调查四社五村，将四社五村作为其博士学位论文选题。因我做山西水社会史研究之故，佩国兄特意让他到山西找我先聊一聊，看看是否可以给他介绍一些当地的熟人。我起初对周嘉博士做四社五村研究并不是很乐观，因为史学界对此已有很高的研究水准了，如果采用常规手段，恐怕难以写出新意。此外，我也怀疑一个外地的年轻人，如何能够真正深入下去开展调查研究。所以，尽管我热情接待了他，却并不很看好他。我记得当时给他介绍了霍州水利局的同志和四社五村之一的义旺村老社首。半个月之后，周嘉自霍州返回，兴奋地跟我分享了他的田野心得，并就其中一些问题进行了讨论。我欣喜地发现他已经在那里打开了工作局面，并有了初步的研究思路。紧接着，从2013年春天开始一直到秋天，周嘉再次单枪匹马来到四社五村，一待就是六个月。在这六个月的时间里，他与四社五村的村干部、社首以及乡亲们打成一片，那里的人们后来都将他当成了自己人，什么话都愿意跟他讲。人类学这种参与式观察，效果显著，立竿见影。我开始意识到，周嘉应该是四社五村成为学界关注对象以后，在这个偏僻、贫穷、落后的乡村停留时间最长的外地研究者，"入乎其内，出乎其外"，如此深刻的调查经历，是此前任何一位研究者都无法比拟的。

呈现在读者面前的这部书稿，就是周嘉博士辛苦努力付出的结晶。这部书稿与此前研究最大的不同在于它建立在作者扎实深入的田野调查基础之上，不仅关注历史上的四社五村，更关注现代化程度日益加深条件下四社五村正在和即将发生的变迁，是一部体现历史人类学关怀的重要学术著作。希望周嘉博士的学术生涯能以这部书稿的出版为新起点，百尺竿头，再进一步，以水利社会史研究为起点，推动华北乃至中国的社会史和历史人类学研究。

是为序。

张俊峰

于山西大学中国社会史研究中心鉴知楼

2018 年 11 月 30 日

目　　录

导　论 ···（1）

　一　四社五村之"缘" ··································（1）

　二　问题意识与文献回顾 ························（9）

　三　研究策略与方法论 ····························（22）

　四　资料运用与调查实践 ······················（30）

第一章　生态、生计与亲属关系 ··············（39）

　一　自然地理与人文活动 ······················（41）

　二　生计模式与持续生存 ······················（46）

　三　亲属制度与社会关系 ······················（56）

第二章　"四社五村"的知识考古 ··············（62）

　一　官方文献的记载与表述策略 ············（65）

　二　地方文献背景下的谱系考掘 ············（70）

　三　"他者"的理解与智识取向 ················（80）

第三章　"泉域社会"的整体协作 ··············（91）

　一　权威体系 ··（95）

　二　技术手段 ··（101）

　三　文化理性 ··（109）

四 象征支配 ·· (114)

五 道义经济 ·· (131)

六 纠纷调处 ·· (136)

第四章 水利工程的地志学 ····················· (145)

一 家园与水利地景 ··································· (151)

二 从合作化到责任制 ······························ (159)

三 从"有序"到"失序" ······························ (176)

第五章 "非遗"的民俗政治 ····················· (181)

一 作为最初线索的山洪事件 ··················· (182)

二 历史水册的二次问世 ·························· (186)

三 从默默无闻到蜚声海外 ······················ (191)

四 地方民众的期待 ································· (198)

五 "申遗"的地方实践 ···························· (204)

结 论 ·· (222)

一 "他者"视角下的地方史 ······················ (223)

二 乡村协作与国家转型 ·························· (227)

附 录 ·· (238)

附录一 访谈资料 ···································· (238)

附录二 四社五村水利工程申请非物质文化遗产的报告 ······ (245)

附录三 四社五村国家级非物质文化遗产申报片解说词 ······ (253)

附录四 田野工作日记(节选) ···················· (255)

参考文献 ·· (275)

一 史料(方志、地方文献资料) ················ (275)

二 著作 ·· (276)

三 期刊论文 ……………………………………………（280）

四 英文专著、论文 ………………………………………（285）

后 记 …………………………………………………（286）

导　　论

一　四社五村之"缘"

　　2012 年的初冬，我离开了繁华的上海，只身来到四社五村田野点。[①] 四社五村位于山西省的南部地区，它是一个由多个村庄组成的日常用水组织。这些村庄如同星星一样散落在霍州市与洪洞县交界的地方。霍州市于 1990 年由霍县改为省辖市。霍县古为霍州，金贞祐三年（1215）置，清乾隆三十七年（1772）擢升直隶州，民国以后废除州的建置，始称霍县。今天的洪洞县是 1954 年由洪洞、赵城两县合并而成。秦汉以来实行郡县制，洪洞时置杨县，赵城为彘县域。隋义宁元年（617）置赵城县，第二年即唐高祖武德元年（618），杨县更名洪洞县。中华人民共和国成立后调整行政区划，两县合并后曾有一段时间称为洪赵县，后来又改回

---

① 在当地方言中，"社"的发音是"shà"。村民基于不同的叙事情境或权力场域，有时会将"五村"放在前边，称之为"五村四社"（在下文适当章节中，将对此一称谓之意涵做进一步的解释）。四社五村在学界早已名声在外，即使按照田野伦理考量，纵有化名，也难掩其华，文中便不假别名。不过，村民与受访者的姓名以及某些细节则做技术上的处理，以讳隐私。另外，为遵循惯例将在文中使用代词"他"，而非"他/她""他或她"或者"她"来指示性别不确定情况下的第三人称，此种做法仅出于编辑考虑，与意识形态并无关涉，在此一并加以说明。

洪洞之名。①

　　这里需要指出一点，历来与洪洞县平行的赵城县，在中华人民共和国成立后由县的级别降格为前者辖下的一个乡镇行政区划。洪洞县的地域范围已大于历史时期，而霍州境域则基本没有太大变化。不管建置、区划如何变动，四社五村始终处于几个县的交界地带——当然，在某种意义上，亦可视之为边缘地带。考虑到田野所见民间文献沿用原称，当地村民也习惯于使用旧称，在下文谈到历史情况时，将使用霍县、洪洞县和赵城县的名称；在说明所搜集到的田野调查资料出处时（如被访谈者和访谈地点），现行政市、县、乡的名称是最合适的选择。如此取舍的目的有二：一是为了保持历史的延续性；二是便于读者能够进一步核实。

　　四社五村不仅地跨不同的县市，而且涉及三个乡镇。该用水组织包括五个主社村，它们以所处的地理位置、渠路的长短以及用水的天数等因素为参照标准，按照家庭兄弟的顺序进行排列。"老大"是洪洞县赵城镇的仇池村，"老二"是霍州市陶唐峪乡的李庄村（又称南李庄

图 0-1　四社五村在山西省的
区域位置示意图

---

　　① 以上关于霍州市和洪洞县的建置沿革只是一个大略介绍，地方志为我们提供了详细的说明，具体可参阅：（民国）孙奂仑修、韩垌纂：《洪洞县志》卷2《沿革表》，1917年铅印本；（清）杨延亮纂修：《赵城县志》卷2《沿革》，清道光七年（1827）刻本；（明）褚相修、杨枢纂：《霍州志》卷1《地舆志·沿革》，明嘉靖三十七年（1558）刻本；（清）黄复生修、黄翊圣纂：《鼎修霍州志》卷1《地舆志·沿革》，清康熙十二年（1673）刻本；（清）崔允昭修、李培谦纂：《直隶霍州志》卷1《沿革》，清道光六年（1826）刻本；张青主编：《洪洞县志》，山西春秋电子音像出版社2005年版，第12—14页；晋从华主编：《霍州市军事志》，霍州市军事志编纂委员会办公室，2010年，内部资料，第5—7页。

村），"老三"是霍州市陶唐峪乡的义旺村，"老四"为洪洞县兴唐寺乡的杏沟村，"老五"即霍州市陶唐峪乡的孔涧村。孔涧村与义旺村同属一社，由于孔涧村入社较迟，因此它不在四社之序，只在五村之列，故称之为"四社五村"。村与村之间的距离少则一二里地，多则十几里地。

这些村庄共处于太岳山脉南延支脉霍山山系脚下，分别坐落在海拔六百米至九百米之间的黄土台地上，共同分享霍山沙窝峪的泉水资源。此地水资源环境极其恶劣，缺水记载长达八个世纪之久。[①] 由于地处缺水山区，人畜用水特别困难。在长期干旱的压力之下，为了解决人畜用水矛盾，这几个村的老百姓从汉代开始，便通过"村—社"的组织形态，自发形成了一种独特的民间管水模式。"老大""老二""老三"和"老四"为四个主社村，每年轮流"坐社"，负责一年的水资源管理相关事务，给所属和附属的村庄成员和家畜提供生活用水。

图 0 - 2　四社五村所涉村庄分布情况（1990 年以后的行政区划）

---

① 金明昌七年（1196）《霍邑县孔涧庄碑》，碑存霍州市陶唐峪乡孔涧村玉皇庙旧址。此碑为一通官司碑，记载了当地一起水利纠纷事件的详细过程和最终结果。

所谓的附属村即主社村辖下的村庄，它们分别为：南川草凹村、北川草凹村、琵琶垣、百亩沟、桃花渠村、南泉村、南庄村、窑垣村和刘家庄村。① 同时，该组织通过集体协商约定了水利规划管理的办法，也叫"水册"或"水利簿"。水册对四社五村的祭祀时间、祭祀用品、各社水日、交水时辰、违规处置等都做了非常详细的规定。

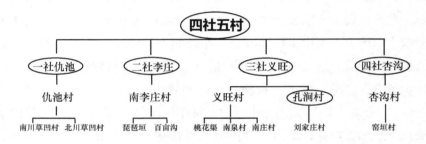

图0-3　四社五村水利组织内部网络关系

图0-4　霍山脚下的村庄（2012年11月22日）

---

① 关于这些村庄形成的历史过程，将在下文相关章节作详细说明。

　　虽然此种水资源管理模式针对的是日常用水问题——仅供人畜饮用不能灌溉地亩，但是，在某种意义上亦可视之为"水利"，这在当地发现的古代碑刻中也偶有反映。例如，在霍山另一峪口陶唐峪之下，明朝时期曾有偏墙村、张家土骨垛、湾里、成村、如村、窑子头、青郎村等村庄，碑文载其用水模式为"霍陶唐谷有王泉水利，旧为四分，止许滋人畜，溉田不足"①。四社五村"老二"李庄村的坡池碑更是直接指出水的"利民"之意涵："遐稽上古之世，洪水横流，民无所安息。则水固为民之害，治水而后水有所归，民非水不生活，而水转为民之利。惟其利也，足则昏暮求之，无弗与不足。且多取之，而恐后纵，可知水之为物也，虽其细已甚，足与不足，人情之厚薄，风俗之美恶，胥于是乎寓焉。"② 所以，不灌溉实际上也是一种水利的特殊形态，体现出华北地区乡村水利工程的复杂多样性。如果从所谓的"地方性知识"③ 出发，我们会看到，四社五村的水利活动非常活跃，水利系统也十分严密，水利管理观念也较为突出。很显然，用丰水区的水利知识来考察缺水区的运作模式是不合适的。④ 按照传统，水利工程一般以水、河、渠、泉等命名，而这一水利工程因地理位置、民间习俗等特殊因素，"四社五村"的叫法一直沿用至今。

　　水资源为万物之本源，自然界的奇观美景离不开水，人类社会的文明进程也离不开水，区域社会文化的多元发展同样离不开水。四社五村水利社会之形成，是以具有"公共物品"属性或"共有"意涵的水利为中心，延伸出来的区域性社会关系体系⑤，是在自然与社会

---

　　① 明嘉靖三十八年（1559）《陶唐谷各村用水碣记》，碑现镶嵌于霍州市霍州署仪门北墙东侧。此碑记载几个村民纠众私自截流水道，开挖新渠灌溉地亩，窑子头村民具实赴告知州一事。

　　② 清道光七年（1827）《南李庄村坡池碑》，碑存霍州市陶唐峪乡南李庄村结义庙。

　　③ ［美］克利福德·格尔兹（Clifford Geertz）：《地方性知识——阐释人类学论文集》，王海龙、张家瑄译，中央编译出版社2000年版，第18、222页。

　　④ 王铭铭：《水利社会的类型》，《读书》2004年第11期。

　　⑤ 周嘉：《晋南水利社会民俗符号的文化寻绎》，《中央民族大学学报》（哲学社会科学版）2014年第5期。

大系统内由多种因素长期相互影响、综合作用的结果。围绕着如何有效合理地利用与开发霍山峪泉资源问题，这些村庄自发凝聚在一起形成了一个利益与命运的共同体，运用民间的智慧与力量成功地保证了一方社会的有序运转，世世代代延续至今。

我与四社五村结缘纯属偶然。现在回想起来，我最早接触田野工作应当是攻读硕士学位的那三年。从本科历史学专业转向民俗研究领域，最直接的身体经验是不再整天坐在"冷板凳"上查阅文献史料，而是迈开双脚走入广阔的乡村天地去发掘民间资料。几乎在每个周六、周日，我都会被硕士生导师叫去，一起到乡村做田野调查，有时候师门好几个人一起出动。那时，我们的活动范围主要局限于所在地区的村落，走访的主要目的是发现散落在乡村中的古代碑刻资料，并尽量将每一通碑文制作拓片加以保存；次要目的是进行口述史访谈，搜集民间传说、故事、风俗等事项。早晨天刚亮，睡眼惺忪的我们便出发赶往"乡下"；夕阳落下后，我们拖着疲惫的身体才返回城里。田野工作是一件非常辛苦的事情，幸运的是，我竟然沉浸在每一次的田野之旅，乐此不疲。当然，这并非真正意义上的田野工作，只能算作走马观花式的"采风"实践。不过，对未来"真正"田野的美好憧憬，最终促成我选择人类学专业继续攻读博士学位。

很多人类学研究者都不是从本科开始的，而是在读完本科或者研究生之后，为了获取博士学位才选择田野点。他们通常会根据自己日后的预期工作地点或学术研究主题而定。比如，在学习完一年多的人类学理论和田野调查方法课程之后，我首先想到要重返曾经学习与生活过多年的鲁西地区做田野，因为毕业后计划回山东就业。在之前读研阶段调查过很多鲁西乡村的基础上，我发现自己对一个拥有几百年历史的古村落很感兴趣。我曾经去过多次，发现数量可观的民间资料留存至今，而且保存非常完好。这些丰富的民间资料包括碑刻、家谱、村志、诗文、传说等。我把所有搜集到的资料做了初步整理，觉得自己可以在那里做家族史与社区史的研究。我的博士生导师高屋建瓴，认为已有学者做过相关研究，如果继续做下去的话，创新的空间不会太大。

　　当时，导师恰好刚刚申请了一个上海市的哲学社会科学规划课题，有关公共资源利用与社会管理方面的研究。他建议我可以围绕资源管理中的合作机制做文章，至于田野选点何处，问题意识形成了自然就容易一些了。问题意识源于对理论和田野"悟"的过程，这又涉及人类学中所谓理论与田野工作关系张力的问题。究竟是理论先行还是田野先行，大可不必拘泥于走哪条道路，理论与田野实践总是不断互动的。从理想上来说，田野实践有助于提高我们对抽象的文化的理解；从另一个方面来说，没有田野经验的理论也是毫无意义的。①带着初始的哪怕是模糊的问题意识去做田野，会收到事半功倍的效果。导师认为有两个地方可以选择，一个是微山湖；另一个是青岛沿海的渔村。

　　随后，我在青岛沿海的几个渔村中待了一段时间，本来期待有一个美好的开始，可是最终收效甚微。我总结了几个原因：一是仍然沿用读研期间的那套粗糙的调查方式，急于求成；二是没有进行田野工作前期所需的大量背景阅读，仅了解皮毛；三是没有考虑到渔村社区的特殊性，采用了自下而上的进入方式；四是虽有一定的问题意识，但没有拟定既详细又聚焦的调查提纲。微山湖渔业资源管理也是一个很好的问题，而且也特别适合做多点民族志研究，但难度也会很大。我还是知难而退了，也就没有再去微山湖蹲点调查。既然这两个田野点没有"入选"成功，我想到干脆"逃离"山东。因为人类学研究者通常更多地研究异文化而不是自己的文化，所以，我觉得跑得越远越好，对当地越陌生越好。

　　在挑选省外研究地点时，我希望找到这样一个地方，它具有与其所在大区域范围内其他地方迥异的明显特征，这样可以与后者进行对比。这个地方最好有相对丰富的民间资料，而且这些资料应当具有历

---

　　① ［英］艾伦·巴纳德（Alan Barnard）：《人类学历史与理论》，王建民、刘源、许丹译，华夏出版社2006年版，第5页。

史的连续性和内在的逻辑性，至于是否为官方文献记载则无甚大碍。同时，生活在该区域里的其他地方最好也有一定数量的民间资料，以资相互对照或佐证。我寻找的地方要尽量避免受到一些可能因素的影响，例如要与交通主干道、城市和车站（汽车站、火车站）稍微有点距离，也要尽可能避免靠近其他能带来大量人流的场所，因为这样的场所将使之成为通往各地的通道，而不是地方社会交往的场所。我需要一个本质上是居住的、封闭的、非"空心村"的社区，其数量也不一定局限在一个村庄，这些村庄最好有传承至今的、较为固定的年度祭祀活动。最后，我要找的地方不应该太新，而是拥有久远的历史，生活在这个地方的人们对某种资源开发与利用的历史也应当较长。最终，四社五村进入到我的视野里。虽然一开始我无法控制对四社五村的选择，但我笃定坚持在这里进行研究。

那是一个寒冬时节，远离了上海的繁华与喧嚣、富庶与诱惑，我"单枪匹马"来到荒凉萧条、尘土弥漫的黄土高原。身在异乡，又是第一次远距离从沿海奔赴内陆，我备感寂寞凄凉。孤身一人，加上语言的障碍，更增加了田野调查的困难。好在当地村民对我这位沿海来客备感兴趣，愿意抽出时间与我聊天，而且我也找到了人类学异文化研究田野调查必备的报道人与领路人——他们分散在各自的村庄中，有的具有一定的文化水平且普通话表达尚可，能够提供翔实的历史记忆；有的熟知村庄中记忆力尚好的老者，能够将我介绍给他们以供访谈；有的社会交往面广泛，能够带我引荐村庄中或者县市里边的权威领导层。总之，我的田野过程充满了新奇与幸运，恰如美国都市人类学家西奥多·C. 贝斯特（Theodore C. Bester）所言："暗中保佑人类学田野工作的幸运女神经常会给我们的搜寻工作带来好结果。"[①] 一时间，在村民的眼里，我拥有了"记者"与"研究生"两个身份。冬天的寒冷掩饰不住村民的热情，他们纷纷

---

① ［美］西奥多·C. 贝斯特：《邻里东京》，国云丹译，上海译文出版社2008年版，第6页。

向我伸出援助之手。感受着这份春天般的温暖，我沉浸在与所要研究的人们共同完成田野工作的合作氛围之中。

经过后来几次反复的田野工作，我不仅了解到四社五村的历史与现实情况，而且还调查了不同历史时期当地生活中的其他方面，以及最近十多年来机遇与挑战并存的状况。这些事实应当予以承认，并且我也尽最大努力去跟踪与调查那些可以从村庄生活中直接观察到的影响。同时，这种影响不仅仅要关注可观察的部分，我还试图挖掘与分析一些不可见的部分，为的是尽可能多地展现当地村民生活中显然存在的多重事实。可见的与不可见的经验事项交织在一起，共同组成了我所要了解的他者的生存实践。历史与当下、传统与现实，它们共同构筑出一幅社会与文化之间秩序与结构的美妙图景。

二　问题意识与文献回顾

这是有关一个民间水利组织的民族志研究，主要讲述坐落于霍山脚下的四社五村"以水为中心"的村际联盟协作实践以及社会变迁的故事。问题意识从产权的视角出发，探讨"水"作为一种公共资源其背后内蕴的乡村协作机制。对于四社五村农民文化来说，水资源的共有属性使得水权涵括了政治的、经济的、法律的、宗教的、道德的以及意识形态的等多方面要素。也即是说，在农民文化的语境里，不能视水权为单一维度的制度建构，共有水权的逻辑应该是一个整体性的制度实践与建构过程。围绕着如何对极端匮乏的水资源进行有效合理地利用与管理，地方社会中的村际联合与互动呈现出一种"整体协作"的实践景观。既然这是关于几个村庄（封闭自足的农业社会区域）的人类学透视，我不能宣称我的研究成果适用于山西水利社会里的所有村庄，也不能仅仅满足于呈现具体案例多样性之一种，但是，我仍然相信四社五村至少是霍山水系大地域范围中的一个典型社区，因而我将更进一步地通过对超越宗族、血缘、村落以及行政区划的这样一个水利组织的研究，从其水资源管理中的协作机制和基层治理模式来透视国家转型的历史实践逻辑。

　　本项研究涉及一个重要的阐释概念即"共有产权"，在此加以扼要说明以明确研究定位。我使用英文"Commons"一词与其进行对应。Commons源于英国生态经济学家加勒特·哈丁（Garrett Hardin）的论文"The Tragedy of the Commons"（公地悲剧），他用该词指称"公共牧地"，并将其引申到"人口爆炸"问题。[①]美国政治经济学家埃莉诺·奥斯特罗姆（Elinor Ostrom）则使用"公共池塘资源"（public pool resources）术语，指涉"一个自然的或人造的资源系统"，具体包括地下水、近海渔场、森林以及草场等资源。[②]英国马克思主义史学家爱德华·汤普森（E. P. Thompson）在其"道德经济学"理论中更倾向于习惯（或习俗）"共有"（Customs in Common）之意涵，如拾落穗权等西欧前近代的地产制度和习惯法。[③]以历史人类学和法律人类学研究见长的张佩国则从"文化发明"与制度实践角度出发视之为"共有地"，注重资源的物理形态和象征意义之间的整体性阐释。[④]我所使用的"共有产权"（抑或"共有水权"）概念是在人类学整体论和"在地化"范畴之下进行论述的，一方面强调资源的"共有"或"公有"属性；另一方面突出地方人们管理这种公共资源的制度实践与文化安排。

　　水利协作的整体性呈现指的是协作实践启动了社会、文化及其制度的总体，所呈现出的"整体"既是政治的、经济的、法律的，同时也是技术的、信仰的、道德的，等等，它们并非"场域"化、相对分开的，而是相互嵌入、融为一体的。同时，水利管理与协作也成为支配性的制度因素，直接影响了当地人与自然的关系，也影响了当地的社会关系，例如人际关系、婚姻关系、贸易关系、宗教关系和行

---

① Garrett Hardin, *The Tragedy of the Commons*, Science 162, December, 1968.

② ［美］埃莉诺·奥斯特罗姆：《公共事物的治理之道——集体行动制度的演进》，余逊达、陈旭东译，上海译文出版社2012年版，第36—39页。

③ ［英］爱德华·汤普森：《共有的习惯》，沈汉、王加丰译，上海人民出版社2002年版，第203页。

④ 张佩国：《"共有地"的制度发明》，《社会学研究》2012年第5期。

政关系，等等。这样，以"水权"为切入点来把握"乡村协作机制"，只有将其视为一种复杂而具体的实在，我们才能深刻理解民间文化及其多样性。协作机制研究的浅层目标是，考察在群体需求与集体利益隐性作用影响下，村庄之间如何通过"协作"这一维度来解决它们所共同面对的生存问题；其深层目标是，探寻地方人们通过参与协作建构不同的地方文化，形成己身社会秩序与文化秩序的共通性，并加以反观宏观层面上的国家形态与转型实践。四社五村是这类研究的理想场所。

　　同大多数中国乡村一样，四社五村也曾经或者正在经历着一个较大的变迁过程，因此，我也将说明这个正在变化着的村际联盟组织其协作机制与社会文化体系的变迁情况以及变迁的动力和问题。在分析这些问题的时候，它会凸显地区性影响因素的重要性。这种研究也将引领我们进一步了解历史传统的重要性以及新的外来因素，诸如国家权力、城镇文化、资本技术、市场经济、新闻媒体、学界权威等，对当地人们的协作实践和日常生活所产生的影响。强调历史传统的力量与新的外来因素具有同等重要性是必要的，因为当地人们的协作实践和日常生活变迁过程，既不是他们被动适应新的外来因素的过程，也不仅仅是历史文化传统的平衡受到了干扰，在社会变迁形势中所发生的问题恰恰是这两股力量相互博弈的结果，而对任何一方的偏倚都将曲解真实的客观情况。

　　此外，正如我们将会在以后的描述中所看到的那样，这两股力量相互作用的产物不会是一种零和博弈，其结果如何将取决于当地人们如何在受到"干扰"的情境中去解决他们自己的问题。选择变迁研究进路的意义在于，在社会变革的浪潮中，一个社区必然会接触到外围文化的影响，在交互过程中，社区选择性地或异化地接受了外来文化，继而，我们就可以去研究这个社会接受了什么，拒绝了什么，改变了什么，并对此作出深层剖析，从中找出社区文化中优于其他文化的部分，并研究其推广价值。

　　问题意识或研究发问的提出并不是凭空而想的，这是建立在对相关文献或者概念脉络进行回顾的基础之上。阅读文献、建立理论架构与提出问题意识并非是一个线性过程，而是互动式、相互缠绕、相互影响的。通过对既有文献的对比与分析，才能比较清楚用何种理论观点与研究方法来看待自己的研究对象，才能知道怎么问问题，问对问题，问有意义、关键的问题，也才能更加明晰自己的研究与既有研究之间的关联。接下来，我将在"中国乡村研究"和"资源所属与文化"两个方面进行与本项研究相关的学术史回顾与理论反思。

　　乡村研究历来是人类学家比较热衷的研究领域之一。自20世纪初以来，中国乡村研究作为人类学对复杂社会研究的主要领域，吸引了国内外人类学家、汉学家的广泛注意力，在不同的历史时期中，产生了众多优秀的研究成果，丰富了学界文脉。对中国乡村社会的人类学研究，也即汉学人类学，属于社会人类学区域性分支的一门，其缘起在于"把中国当成受现代西方文明冲击的文化加以资料意义上的'拯救'"①。不同时期的学人们所聚焦的视点大都在于中国社会与文化的独特性，而他们的解释力度也都建基于各自所处的时代背景，受到不同的人类学理论及跨学科领域范式的影响，而在这样的维度之下所展开的书写模式因学者们不同的理论涵养而相异。我主要从"社区模式"、"宗族模式"和"象征模式"三个宏观层面展开对中国乡村研究的讨论。

　　社区模式直接导源于太平洋民族志方法在中国大陆的广泛传播，处于功能主义理论出现之后人类学方法论进入实地研究转向的时代，通过社区研究可以了解历史传统如何成为社会认同，不同分立的社会力量如何并存与互动，大小传统如何互相糅合等诸如此类一系列需要通过实证研究才能解决的社会与文化问题。美国汉学人类学家葛学博（Daniel Kulp）基于对中国华南沿海地区凤凰村的调查而写作的《华南农村生活》一书，成为最早的华南汉人乡村社区研究论著，对汉学

---

① 王铭铭：《社会人类学与中国研究》，广西师范大学出版社2005年版，第10页。

人类学具有开拓性意义。而社会学家费孝通先生的《江村经济——中国农民的生活》则试图以小型社区来窥视中国社会①，当然，"此书虽以中国人传统的生活为背景，然而它并不满足于复述静止的过去。它有意识地紧紧抓住现代生活最难以理解的一面，即传统文化在西方影响下的变迁"②。因此，费孝通的视野并非局限于对"江村"个案的表述，而是更加关注宏观层面的问题，即中国未来的走向将如何抉择。社会学家杨懋春先生对山东台头村的研究侧重于分析家庭生活和村庄的内部关系，考虑到地区生活是以整体方式呈现以及乡村复兴运动在国家重建计划中的重要性，其选择的叙事风格在于"以初级群体中个体之间的相互关系为起点，然后扩展到次级群体中初级群体之间的相互关系，最后扩展到一个大地区中次级群体之间的相互关系"③。民族学和人类学家林耀华先生的《金翼——中国家族制度的社会学研究》选择了汉人家族制度作为认知中国的窗口，通过对家庭历史的剖析来解释支配人际关系的一些原则，并指出所谓的"变迁"就是"体系的破坏，然后再恢复或者建立新的体系"④。可以看出，受功能

---

①　在对"中国的土地问题"进行探讨的时候，费孝通意识到："上述一个中国村庄的经济生活状况是对一个样本进行微观分析的结果。在这一有限范围内观察的现象无疑是属于局部性质的。但他们也有比较广泛的意义，因为这个村庄同中国大多数的其他村子一样，具有共同的过程。由此我们能够了解到中国土地问题的一些显著特征。"（费孝通：《江村经济——中国农民的生活》，商务印书馆 2002 年版，第 236 页。）需要注意的一点是，费孝通本人对单一社区的代表性问题也持保留态度，并在"江村"调查之后把视野扩大到村落比较和"大传统"的研究之中。

②　费孝通：《江村经济——中国农民的生活》，商务印书馆 2002 年版，第 13 页。

③　杨懋春：《一个中国村庄：山东台头》，张雄、沈炜、秦美珠译，江苏人民出版社 2001 年版，第 7 页。杨懋春将家庭作为初级群体、村庄作为次级群体来进行研究，首先考察家庭生活，其次扩展到村庄，再次涉及村庄与集镇的联系，最后关注村庄直接与集镇范围以外地区的联系。

④　林耀华：《金翼——中国家族制度的社会学研究》，生活·读书·新知三联书店 1999 年版，第 210 页。林耀华认为有四种力量能够使平衡垮台，从而导致社会与人文的变迁。这四种力量分别为："第一，物质环境的变迁促使适应于它的技术变迁，结果带来了这个体系内人际关系的变迁。……第二，由于一种技术上的原因所产生的技术上的变迁，也会导致人们日常关系的变迁。……第三，人物或班底的变换也会促使人际关系变迁。……第四，一个体系之外在因素的改变时也会促使这一体系之中成员间关系的变迁，并波及这一体系的所有人员。"（林耀华：《金翼——中国家族制度的社会学研究》，生活·读书·新知三联书店 1999 年版，第 210—212 页。）

主义社会学和人类学的影响，乡村作为"社区"曾被视为一种方法论意义上的单位加以研究，其价值在于能够为研究者提供一种借以窥视社会与生活的场域，也即"小地方中的大社会"的视野。同时，汉学人类学的社区论模式的书写框架在不同时期中，也经历了讨论与反思的过程，由初始的可以了解中国整体社会结构或至少了解其社会结构的基层，到后来能够认识多种文化模式的交错化、社区的缩影化、权力的多元化以及文化的地方化等诸多现象。

宗族模式以英国汉学人类学家莫里斯·弗里德曼（Maurice Freedman）的"宗族范式"[①]为代表，他以宗族作为切入路径在中国乡村社会中寻找非洲宗族模式[②]的"悖论"。莫里斯·弗里德曼认为社区不是中国社会的缩影，所以他从社区模式中跳脱出来，在较大的空间跨度和较广的时间深度中探讨基层社会的运作逻辑。[③] 在宗族范式的影响下，先后出现了诸多研究成果，或延续他的思路或对其进行修正与反思。例如，美国汉学人类学家巴博德（Burton Pasternak）通过对台湾南部两个社区的研究，发现单一宗族村和多元宗族村可以在不同场合存在，从而否证了弗氏的宗族范式。[④] 再如，人类学家庄英章的

---

① 当然，关于莫里斯·弗里德曼的宗族论能否称之为一个范式的问题，王铭铭对此曾有过详细论述，具体可参阅王铭铭《社会人类学与中国研究》，生活·读书·新知三联书店1999年版，第68页。

② 关于埃文斯—普理查德（Evans-Pritchard）与福忒思（Meyer Fortes）的宗族理论，具体可参阅 Evans-Pritchard, *The Nuer*, Oxford University Press, 1940；Meyer Fortes, *The Dynamics of Clanship Among the Tallensi*, Oxford University Press, 1945.

③ 为了强调宗族模式的效用，莫里斯·弗里德曼在《中国东南的宗族组织》"前言"中表明"我试图发现片段的材料，将它们集中在一起，建构一个有说服力的、关于福建和广东乡村社会的图景"，而在"讨论"部分又一再申明"这些事实当中许多是来自对极少数几个地方宗族的描述资料；在'东南中国'所覆盖的广大地区，它们可能是独特的。我把与我们称之为具有代表性和典型性相符合的某些东西组合起来构成复合图景，只有比我所从事的研究更有雄心的作品，才能够显示这一图景的范围。另一方面，因为我的目的不仅仅是详述一批令人感兴趣的事实，更在于得出一些关于福建和广东形成社会性质的普遍性结论……我曾经说过要描绘福建和广东宗族的复杂图景，但是，实际上目前讨论的趋势表明，要把握这两个省份的乡村社会的全部，我们需要的不是一个图景，而是许多图景。"（［英］莫里斯·弗里德曼：《中国东南的宗族组织》，刘晓春译，上海人民出版社2000年版，第3、161、167页。）

④ Burton Pasternak, *Kinship and Community in Two Chinese Villages*, Stanford University Press, 1972.

研究则说明，为了防御的需要，宗族组织会让位于超宗族的地域组织。① 而文化人类学家林美容对台湾彰化南瑶宫的研究，更是进一步从神明的立场——尤其从妈祖神明会的立场，对超宗族的祭祀圈与信仰圈进行了一番探索，发现此类社会组织方式而非宗族才构成台湾社会的特点。② 著名历史学家和汉学家杜赞奇（Prasenjit Duara）也在华北农村的研究中对宗族模式进行了反思，指出宗族组织不只在中国东南地区存在，在华北地区也存在，而且宗族在典章、仪式及组织方面的特征使它成为"权力的文化网络"中的一个典型结构。③ 人类学者王铭铭在福建的田野调查实证了宗族村不是一种孤立的现象，而通常是较大地区性组织的一个部分，并且进一步指出："其一，家族虽然包含'象征的社区'的成分，但是它不仅是'象征的现实'，而且是社会经济组织的现实；其二，象征的现实和社会经济组织的现实之间的关系，不是其中一个层面决定另一个层面，而是处于一个互相包容的复合整体之中。"④

象征模式力图在异文化自身的逻辑框架之下，从"他者"的角度参与到象征的主体社会中去阐述和分析人文现象。对于人类学研究者来说，信仰与仪式是构成社会文化形貌象征展示的主要方式，因此，学者们在进入田野调查和民族志书写时，信仰与仪式是观察的聚焦点和论题。法国社会学家和汉学家葛兰言（Marcel Granet）从历史发生学层面对中国古代原始宗教进行研究，认为信仰是从民间社会的节庆中导源而来的，不但从中产生了宗教意识，而且其形式与内容亦逐渐

① 庄英章：《台湾汉人宗族发展若干问题》，《中研院民族学研究所集刊》1973 年第 36 期。

② 林美容：《由祭祀圈到信仰圈——台湾民间社会的地域构成与发展》，载张炎宪编《第三届中国海洋发展史论文集》，"中研院"三民主义研究所 1988 年版，第 95—125 页。

③ 杜赞奇进一步指出，与南方拥有共同财产的望族不同，在华北地区，宗族势力的强弱与该族的贫富并无必然的联系，具体可参阅 [美] 杜赞奇《文化、权力与国家：1900—1942 年的华北农村》，王福明译，江苏人民出版社 2010 年版，第 70—71 页。

④ 王铭铭：《溪村家族：社区史、仪式和地方政治》，贵州人民出版社 2004 年版，第 161 页。

演化为封建政治制度与宗教仪式的调整力量。① 林美容引入"祭祀圈"与"信仰圈"的概念对象征模式进行解读。她通过对台湾草屯镇民间信仰组织的研究，用祭祀圈分析地方宗教信仰的地方组织，把宗教信仰当作一个具体化的社会现象，并把人群中以水利的结合和同姓结合等组织方式涵盖进这一概念，体现了地方宗教作为一个独立研究整体而存在的事实。② 不过，祭祀圈模式在面对区域性或跨区域性信仰的情况下也会出现解释乏力的情况，所以，林美容在后续研究中又引入信仰圈的解释模型。③ 美国汉学人类学家詹姆斯·沃森（James Watson）在关于"文化整合"的问题上认为，精英人物在文化标准化过程中起到了重要的作用，正是他们的作用确保了宗教信仰合乎全国公认的模式，"但问题是国家是否在鼓励这一特定神灵信仰的过程中引导或是迎合了大众"④。值得借鉴的是詹姆斯·沃森研究信仰的两种视角：一是把南方沿海地区视为一个地理整体加以对待，带有区域史研究的特征；二是从历史的维度同时结合人类学的田野作业，描述清前期到现在的两个地区中天后崇拜在根基上的具体转变过程。

　　以上即是从"社区""宗族"和"象征"三个维度出发，在宏观意义上对中国乡村研究进行了简单梳理。统而观之，作为复杂社会中的中国乡村研究，汉学人类学的成果之丰硕、涵盖之宽广，实足令人

---

　　① ［法］葛兰言：《古代中国的节庆与歌谣》，赵丙祥、张宏明译，广西师范大学出版社 2005 年版，第 195—199 页。葛兰言在书中总结道："在中国人的思维中，那些制约着世界进程的原则都起源于社会的结构，或者说得更确切一些，起源于这种结构的表现，而这种表现是由古代节庆的行为提供的。"

　　② 林美容：《由祭祀圈来看草屯镇的地方组织》，《中研院民族学研究所集刊》1987年第 62 期，第 53—114 页；林美容：《从祭祀圈来看台湾民间信仰的社会面》，《台湾风物》1987 年第 37 卷第 4 期。

　　③ 林美容：《由祭祀圈到信仰圈——台湾民间社会的地域构成与发展》，载张炎宪编《第三届中国海洋发展史论文集》，"中研院"三民主义研究所 1988 年版，第 95—125 页；林美容：《彰化妈祖信仰圈内的曲馆与武馆之社会史意义》，载"中研院"中山人文社会科学研究所《人文及社会科学集刊》第 5 卷第 1 期，第 57—86 页。

　　④ ［美］詹姆斯·沃森：《神的标准化：在中国南方沿海地区对崇拜天后的鼓励（960—1960 年）》，载［美］韦思谛编《中国大众宗教》，江苏人民出版社 2006 年版，第82 页。

振奋。学界前辈们由理论涵养的不同而导致研究视域与切入路径的嬗变，进而产生趋同或相异的分析思路与书写模式，他们的研究都是在人类学理论发展脉络之中延展的，越扩越远，越推越深。随着相关理论的发展与学术反思，应当重新审视与定位目前乡村研究中的区域个案，争取利用新的理论工具与解释框架对个案情境作出更多的在地化阐释。具体到本项研究目标来说，我试图以水的问题作为突破口，从历史长时段的历程出发，尤其对明清以来当地水利组织的协作机制与社会变迁加以整体性探讨，希望通过实证性的个案研究，同时将其纳入一定的历史、生态和社会环境中加以考量，了解地方人们的群体行为，在此基础上反观区域社会发展的内在脉络，揭示区域社会的历史变迁与走向。

本项研究以"水"为中心，这会涉及公共资源及其管理的相关问题，下面将在"资源所属与文化"的思路下展开相关理论与文献回顾。关于资源所属最基本的假设是加勒特·哈丁的"公地悲剧论"，该理论认为既属于大家而又谁都不属于的资源利用方式造成了资源共有的悲剧，因而为了防止搭便车行为则必须由政府监管来加以解决。[1]加勒特·哈丁所假设的"公共牧地"更多的是一个经济学寓言，而埃莉诺·奥斯特罗姆（Elinor Ostrom）的"公共池塘资源论"对加勒特·哈丁的观点予以修正，认为"在现实场景中，公共的和私有的制度经常是相互啮合和相互依存的，而不是存在于相互隔绝的世界里"[2]。她更看重的是资源利用过程中不同现实场景里的人们自身的制度创新，由此导向的是自主与民主的合作机制。所以，她的理解并非仅仅是经济学意义上的产权寻求利益最大化，而更侧重于寻找其背后的社会协作模式。爱德华·汤普森（E. P. Thompson）的"道德经济学习俗论"则在特定的社会历史脉络与动态的整体性视野中来把握资源利用的制度实践，强调前现代的农民"道德经济学"一方面具

① Garrett Hardin, *The Tragedy of the Commons*, Science 162, December, 1968.
② ［美］埃莉诺·奥斯特罗姆：《公共事物的治理之道——集体行动制度的演进》，余逊达、陈旭东译，上海译文出版社2012年版，第19页。

有"反市场"的维度；另一方面在资本主义的文明进程中并非总是以抵抗资本主义的面孔出现，更多的时候可以为了生存而顺应这一历史潮流。① 这三种理论视角是资源研究中的经典支柱，在此不作详细展开。如果从整个学术研究脉络来看的话，公共资源的研究经历了从"公地悲剧"到"公地喜剧"再到"公地戏剧"的过程。

不管是"悲"与"喜"还是"戏"，实际上应当对不同的地方性情境与人类行为的方式加以思考。日本人类学家秋道智弥、市川光雄等学者认为："事实上，既有共有资源的存在，也有私有资源的存在。可以想象，不同的人在迈向共有资源时的方法也不一样，况且共有这一概念也因文化或社会背景的差异而不同。如果忽略了这一点，只能给人留下极单调的印象。"② 沿着这一思路，他们在考察围绕着资源利用所产生的共有习惯及其文化性意义、历史性变化的过程中，提出了在社会学和经济学的公共资源研究中被忽略的几个领域，如"神圣性领域"和"暧昧性领域"，也即在"私有"和"公有"的空间之外还包括这样一些空间。而张佩国更是在人类学整体论的视域下试图寻求一种"彻底解释"，认为应当"看到作为他者的当地人对于自然之物的认知、对于产权和成员资格的界定。作为制度发明的'共有地'，不是给定的规则，也不完全是个体的行动，而是一种整体的历史实践机制，融结构与行动于一体。"③

当然，资源问题以及对其如何有效地进行利用与管理，这在实践中实际上涉及的是产权的归属、安排与资源配给问题。产权作为经济学的一个关键概念，讨论大多集中在新古典经济学和新制度经济学的产权理论框架中进行。④ 由于受到埃莉诺·奥斯特罗姆理论的广泛影

---

① ［英］爱德华·汤普森：《共有的习惯》，沈汉、王加丰译，上海人民出版社 2002 年版，第 8、345 页。

② ［日］秋道智弥、市川光雄、大塚柳太郎编著：《生态人类学》，范广融、尹绍亭译，云南大学出版社 2006 年版，第 123 页。

③ 张佩国：《"共有地"的制度发明》，《社会学研究》2012 年第 5 期。

④ 折晓叶、陈婴婴：《产权怎样界定——一份集体产权私化的社会文本》，《社会学研究》2005 年第 4 期。

响，渔业、林业、水利灌溉、地下水资源和草原畜牧业成为公共资源
管理问题的五个经典研究课题，学者们也基于自己的兴趣与实践对相
关领域作了有针对性的探讨，对前人理论进行了一定的批评与反思。
当然，不同的理论阐释路径，即使对同一类自然资源，其理解也可能
大相径庭。随着越来越多的社会学与人类学者加入其中，有关产权与
资源管理问题的讨论也已经不再局限于经济学的范畴，而是进入了整
个社会科学的研究视域中。

　　在中国水权与水资源管理的研究中，由于受到西方产权论的束
缚，大部分学者关于水权性质问题的最初探讨仍然使用"所有权"
与"使用权"的概念进行解释。如历史学者赵世瑜将地方水利纠纷
不断的原因归结于产权界定困难，认为水资源所有权与使用权之间的
"公""私"矛盾是问题的关键所在。① 历史学者行龙和钞晓鸿虽然从
资源的稀缺性入手分析地方社会秩序②，但仍沿用产权二分的思路。
人类学者张小军提出"复合产权"的解释概念③，试图以此攻克从单
一产权讨论水权局限性的难题，但理论的形式化取向十分明显，仍然
跳脱不出西式樊篱。引入产权分析也是中国学者在理解和提供改革方
案时的一项重要工作④，但是，将西方理论机械地与中国经验相对接，
明显地出现一些解释的障碍——由于产权理论不能既解释"私"的成
功又解释"公"的不败，因而陷入逻辑困境。法律文化学者梁治平
针对非西方和前现代社会的问题，就直接指出："很难找出完全合乎

---

　　① 赵世瑜：《分水之争：公共资源与乡土社会的权力和象征——以明清山西汾水流域
的若干案例为中心》，《中国社会科学》2005 年第 2 期。
　　② 行龙：《明清以来山西水资源匮乏及水案初步研究》，《科学技术与辩证法》2000
年第 6 期；行龙：《从共享到争夺：晋水流域水资源日趋匮乏的历史考察——兼论区域社会
史的比较研究》，载行龙、杨念群主编《区域社会史比较研究中青年学术讨论会论文集》，
社会科学文献出版社 2006 年版，第 236—246 页；钞晓鸿：《灌溉、环境与水利共同体——
基于清代关中中部的分析》，《中国社会科学》2006 年第 4 期。
　　③ 张小军：《复合产权：一个实质论和资本体系的视角——山西介休洪山泉的历史水
权个案研究》，《社会学研究》2007 年第 5 期。
　　④ 折晓叶、陈婴婴：《产权怎样界定——一份集体产权私化的社会文本》，《社会学研
究》2005 年第 4 期。

现代意义上的'完整的'所有权关系及概念（且不说所谓完整的所有权概念即使在现代生活中也具有相当大的虚假性）。"①

那么，如何才能走出这样的逻辑困境呢？一些学者从组织社会学制度学派和"关系网络"学派以及人类学解释逻辑出发的研究，为解决这一困境提供了新的思路，我将主要聚焦在人类学的解释逻辑上进行追述与反思。上文曾述及秋道智弥、市川光雄与张佩国等学者的观点，实际上他们更看重不同地方情境中人们对资源提取与利用过程中文化的力量。前者是这样看待资源特点的："某种自然物质是否被当作资源看待，那主要决定于利用这种物质的主体的思想方法、价值观以及认识观。有的物质对某一集团有用，但对另一集团则完全无用；对某一时代有用，而当时代变迁之后便失去价值。"② 后者则将公共资源统称为"山川水草"，认为它们"既是自然之物，有其自然界的生命韵律；也是文化之物，有其'社会生命'和文化意义。如果仅仅把山川水草作为自然资源，那就可能限制了研究者的视野，也可能有损于对所谓'公共资源管理'实践的整体性理解。"③ 进而，张佩国认为，如果在地方性秩序中从人们自身的习惯和观念出发进行整体解释，则有可能会在一定程度上摆脱形式化理论的解释困境。

虽然埃莉诺·奥斯特罗姆在研究中也看到了用"共同体"合作的方式对资源进行管理，能够持续地生产地方性社会秩序，但仍然基于西方社会的经验与思维模式，没有看到文化的力量。在美国经济学家道格拉斯·C.诺斯（Douglass C. North）关于产权的研究视野中，比较明确地解释了产权中道德、法律、宗教和意识形态等的涵括性，探讨制度变迁对经济绩效的作用与影响④，但是，我们也要注意到他是站在整个西方世界的角度来看问题的。例如，他关于西方世界兴起问

---

① 梁治平：《清代习惯法：社会与国家》，中国政法大学出版社1996年版，第50页。
② ［日］秋道智弥、市川光雄、大塚柳太郎编著：《生态人类学》，范广融、尹绍亭译，云南大学出版社2006年版，第121页。
③ 张佩国：《"共有地"的制度发明》，《社会学研究》2012年第5期。
④ ［美］道格拉斯·C.诺斯：《经济史中的结构与变迁》，陈郁、罗华平等译，上海人民出版社1994年版，第233页。

题的研究①，是从欧洲经济史的角度来看产权历史变迁的过程，认为产权中所涵括的几种维度如政治、经济等有一个慢慢分化的过程，这种解释路径当然不适应于农业社会中的乡村文明。可以看到，无论是产权的、政治学的，还是经济学的阐释路径，在一定程度上都忽略了地方性的文化因素，以及在不同地域不同情境中人们的资源观和资源管理的具体行为实践，这些经验事项与文化的解释不能分开。

美国文化人类学家和阐释人类学的倡导者克利福德·格尔兹（Clifford Geertz）关于巴厘岛的历史民族志研究，为我们提供了一个成功的"在地范畴"解释个案。巴厘农业经济中的水利体系和水神庙等级体系相互重叠，形成了一个总体协作框架与总体社会动员机制，呈现出一套水利灌溉的政治学②。杜赞奇对河北邢台地区的个案研究，通过"权力的文化网络"分析水资源管理中的闸会权威体系和龙王庙的宗教象征意涵实际上是有机结合在一起的③，形成了一套如美国人类学家马歇尔·萨林斯（Marshall Sahlins）意义上的自身文化运作逻辑体系④。其他的人类学者如沈艾娣（Henrietta Harrison）⑤、张亚辉⑥和罗红光⑦等对于历史时期和当代中国水资源管理的研究，更是彰显了当地人的水资源观与水利系统的道德观，呈现出"他者"的文化与实践理性。历史学者张俊峰虽然试图从产权社会学的视角来

①　具体可参阅［美］道格拉斯·C.诺斯《西方世界的兴起》，厉以平等译，华夏出版社1999年版。

②　［美］克利福德·格尔兹：《尼加拉：十九世纪巴厘剧场国家》，赵丙祥译，上海人民出版社1999年版，第80—95页。

③　［美］杜赞奇：《文化、权力与国家：1900—1942年的华北农村》，王福明译，江苏人民出版社2010年版，第11—20页。

④　马歇尔·萨林斯关于"文化理性"的研究在此不作展开与分析，具体可参阅［美］马歇尔·萨林斯《文化与实践理性》，赵丙祥译，上海人民出版社2002年版，尤其第二章。

⑤　［美］沈艾娣：《道德、权力与晋水水利系统》，《历史人类学学刊》2003年第1卷第1期。

⑥　张亚辉：《水德配天——一个晋中水利社会的历史与道德》，民族出版社2008年版，第267、294页。

⑦　罗红光：《权力与权威——黑龙潭的符号体系与政治评论》，载王铭铭、王斯福主编《乡土社会的秩序、公正与权威》，中国政法大学出版社1997年版，第333—379页。

理解水权，但是，他的相关研究实际上最终还是落脚在历史文化传统在资源管理上的经验有效性。① 例如，张俊峰在山西滦池水权个案研究中指出："以往的研究多限于讨论当代中国社会的产权问题，对历史时期的产权问题也因缺乏典型的分析个案而较少关注。"② 环境民俗学者陈志勤的研究也为我们提供了一些在地经验传统解释案例，揭示了在水资源问题日益突出的今天，尤其要思考传统自然资源管理的现代意义，传承性的人和水的关系具有被重新定位的必要性，应当更加关注传统社区建立起来的管理秩序对当下的启示意义。③

有理由相信，随着研究的深入与视野的扩展，这样的学术延展将会持续进行下去。本书对四社五村的研究与人类学解释逻辑的研究思路比较贴近，问题意识也是在对上述学术脉络的梳理与田野调查实地情境相结合的基础上提出来的。对"共有产权"的理解与对"乡村协作机制"的探讨，将会在明清以来长时段范围之内进行，更多地关照历史时期的产权与协作问题。同时，也将这些问题置放在社会变迁的背景之下，考察传统如何来到当下，历史如何活在当下，它们在当下的表现、变化、影响与演变，等等，以加深对现实社会问题的理解和把握。

三 研究策略与方法论

在研究策略上，我将在人类学整体论的学术脉络梳理与分析的基

---

① 张俊峰：《前近代华北乡村社会水权的形成及其特点——山西"滦池"的历史水权个案研究》，《中国历史地理论丛》2008 年第 23 卷第 4 期；张俊峰：《前近代华北乡村社会水权的表述与实践——山西"滦池"的历史水权个案研究》，《清华大学学报》（哲学社会科学版）2008 年第 4 期；张俊峰：《率由旧章：前近代汾河流域若干泉域水权争端中的行事原则》，《史林》2008 年第 2 期。

② 张俊峰：《前近代华北乡村社会水权的表达与实践——山西"滦池"的历史水权个案研究》，载张江华、张佩国主编《区域文化与地方社会："区域社会与文化类型"国际学术研讨会论文集》，学林出版社 2011 年版，第 91 页。

③ 陈志勤：《从有关水乡绍兴的传说看民间对水的认识》，《上海大学学报》（社会科学版）2006 年第 4 期。

础上，选择在地范畴的"整体观"研究视角，以期达致对基层民众实践的"整体理解"与"彻底解释"之最终目标。同时，民族志的文本叙说将建基于"历史的民族志"（Historical Ethnography）书写模式上，为的是更好地解决历时性与共时性的问题。当然，历史的民族志所定位的并不是"过去的"才是历史，"当下的"也不仅仅是一种历史记忆，其实也有一种丹麦人类学家克斯汀·海斯翠普（Kirsten Hastrup）意义上的"历史制作"（the making of history）之意涵。关于"历史制作"所依托的"记忆"之维，克斯汀·海斯翠普认为："传统上，记录是历史唯一可以接受的证据，但是由人类学的角度看来，记忆对于重建过去是同样有效的资料，因为它们本身就是一种重要的文化选择。"① 安唐·布洛克（Anton Blok）则强调"制作历史"（making history）应当涵括以下几点：

> 首先，它带有唯意志论的弦外之音。……在历史人类学的领域中，正如在其他任何领域一样，我们都必须把不在意料之内的人类互动结果考虑进去——历史的诸多不期然——而且考虑的程度应不下于我们对意外因素的考量，因为潜藏在人类所有的意料中的互动之下的，是完全意料之外的相互依赖。其次，就算"制作历史"指的是"建构""组成""塑造"或仅是单纯的"书写"历史，我们也必须同样小心。过去并不只是一种建构，而就算它只是一种建构（或重构或解构），我们也必须指出它是谁的建构，并且要描绘出其中的权力安排。②

异文化中的"他者"是历史传统创造与传承的主人，在我的研

---

① ［丹麦］克斯汀·海斯翠普编：《他者的历史——社会人类学与历史制作》，贾士蘅译，中国人民大学出版社 2010 年版，第 10—11 页。
② ［荷兰］安唐·布洛克：《"制作历史"的反思》，载［丹麦］克斯汀·海斯翠普《他者的历史——社会人类学与历史制作》，贾士蘅译，中国人民大学出版社 2010 年版，第 134—135 页。

究中也尽最大努力去展现地方民众实践的主体性与能动性。因而，个人生活史作为一种方法也好抑或一个视角也好，也将会融汇在民族志的文化叙说之中。进一步地，我也会尝试通过个人生活史来看地方史与国家史。接下来，便是对研究策略以及相关方法论的具体探讨，主要在三个维度上进行分述：人类学整体论、历史的民族志和个人生活史。

法国人类学家马塞尔·莫斯（Marcel Mauss）主张从地方文化整体出发来理解人类行为和风俗习惯，他在巫术研究中较早地提出了整体观的概念，将巫术视为一种整体对象，认为正是巫术的整体意义才没有推动任何一种自立制度的发展，不能将巫术现象进行分门别类，其存在的合理之处在于它具有发散性的特点。马塞尔·莫斯论述道：

> 我们有足够的理由相信巫术确实形成了一个真实的整体。巫师都具有相同的特征，他们的巫术表演——尽管花样百出——也总是显示出同样的效果。很多截然不同过程可以被作为复杂的类型和仪典联系在一起。很多非常分散的观念也相互融会、协调，而整体也没有失去那些不连贯和相互分离的组成部分。其实一句话，部分确实构成了整体。与此同时，整体又为它的众多组成部分增加了更多的东西。我们上面不断讨论的那些不同要素，实际上是同时存在的。虽然我们的分析把它们抽离出来，但其实它们是非常紧密并且毫无疑问地连接成了一个整体。①

这样，巫术事实便不能被人为地而又机械地分割成各个类别，所以应当对其进行抽象概括与整体思考。它并没有推动诸如祭祀制度、祭司制度等任何一种有自立倾向制度的发展，而且，它在每个人们实

---

① ［法］马塞尔·莫斯、昂利·于贝尔（Henri Hubert）：《巫术的一般理论，献祭的性质与功能》，梁永佳、赵丙祥译，广西师范大学出版社2007年版，第104—105页。

践的地方均以一种发散的状态或特征而存在。我们遇到的每一个巫术都是一个整体的东西，正是由于它的整体意义才决定了它要大于其组成部分之和。

不满足于此，马塞尔·莫斯又向前推进一步，将巫术实践的个体层面提升到社会学研究的现象学高度，认定巫术现象作为一种整体社会事实的呈现具有集体表征的特性。这种整体观应当先于法国社会学家爱弥尔·涂尔干（Emile Durkhem）的宗教整体性分析①和英国社会人类学家布罗尼斯拉夫·马林诺夫斯基（Bronislaw Malinowski）的库拉研究②，可以认为人类学整体论以马塞尔·莫斯为肇端。之后，他运用美洲部落社会、萨摩亚社会、毛利人社会、美拉尼西亚社会和特罗布里恩岛社会的实际案例对整体社会事实进行了具体阐释，并作出了这样的总结："所有这些现象都既是法律的、经济的、宗教的，同时也是美学的、形态学的，等等。"③

可以看到，马塞尔·莫斯的整体论研究是从社会现象的集体表征入手的，而法国结构主义鼻祖列维—斯特劳斯（Claude Lévi-Strauss）则引入历史的维度，在一定程度上修正与引申了马塞尔·莫斯的整体论，突破了后者静态功能主义视域的局限性。④ 不过，由于"结构"的诱惑力太大，它在现代主义宏大叙事中最为气势磅礴，列维—斯特劳斯在具体的研究中并没有灵活运用"历史"，恰恰是后结构主义者更多地将历史性纳入到研究的分析框架之中。例如，马歇尔·萨林斯将历史维度纳入结构的整体性分析过程中，采用"历史主位"文化分析方法对库克船长之死所作的研究，侧重于分析历史性

---

① 具体可参阅［法］爱弥尔·涂尔干《宗教生活的基本形式》，渠东、汲喆译，上海人民出版社 2006 年版。

② 具体可参阅［波兰］布罗尼斯拉夫·马林诺夫斯基《西太平洋上的航海者》，张云江译，中国社会科学出版社 2009 年版。

③ ［法］马塞尔·莫斯：《礼物——古式社会中交换的形式与理由》，汲喆译，上海人民出版社 2002 年版，第 203—204 页。

④ ［法］马塞尔·莫斯：《社会学与人类学》，佘碧平译，上海译文出版社 2003 年版，导言，第 11 页。

的情境关系产生出非意向性的历史后果，揭示出异文化碰撞的结果作为整体论意义上政治的、宗教的以及经济的等影响会持续地存在于当地社会之中。① 美国象征人类学家维克多·特纳（Victor Turner）则在象征主义指引下对整体论进行了拓展，其整体主义是对某种文化中具有支配性象征符号的整体意义的考量，恩登布人仪式的"每一个象征符号都能使恩登布文化和社会的一些成分变得可见，并能为有意图的公众行动所利用"②。克利福德·格尔兹则通过所谓的"深描"手法，从符号学角度建立了一套关于文化阐释的方法论，不过他也意识到了消弭于整体性中的"非完整性"③，如对巴厘岛剧场国家的经典性研究。

　　不同时代与理论背景下的学者们对人类学整体论的理解角度与应用路径是迥异的。马塞尔·莫斯与爱弥尔·涂尔干关注社会事实层面的整体性，功能主义的整体观则将注意力转向具体生活方式的充分阐述，旨在通过细腻的田野观察提供多样化生活方式的全面图景。结构主义与后结构主义更是试图引入"历史"变量，以丰富现代民族志的整体性表述。象征主义更多地赋予"符号"以力量，着重对其加以整体意义上的考量。而解释人类学寻求在两个层面上对整体论进行操作，既从内部释读"他者"文化又要反映此种解释的认识论基础。

　　通过上述对人类学整体论学术脉络的简单梳理，我们认识到，对于异文化的关注，不管讨论的具体问题是什么，都应该赋予文化以整体观的意义，"借助于不断地唤起我们对一种社会和文化整体性的注视，迫使我们用分析的眼光去关照这一整体"④。同时，我们尚且应

---

　　① 具体可参阅［美］马歇尔·萨林斯《历史之岛》，蓝达居、张宏明等译，上海人民出版社 2003 年版。

　　② ［美］维克多·特纳：《象征之林：恩登布人仪式散论》，赵玉燕、欧阳敏等译，商务印书馆 2006 年版，第 49 页。

　　③ ［美］克利福德·格尔兹：《尼加拉：十九世纪巴厘剧场国家》，赵丙祥译，上海人民出版社 1999 年版，第 2 页。

　　④ ［美］乔治·E. 马尔库斯、米开尔·M. J. 费彻尔：《作为文化批评的人类学：一个人文学科的实验时代》，王铭铭、蓝达居译，生活·读书·新知三联书店 1998 年版，第 45 页。

该走向一种新的人类学整体论之趋势，这在乔治·E. 马尔库斯（George E. Marcus）与米开尔·M. J. 费彻尔（Michael M. J. Fischer）两位美国人类学家的视野中似乎已经有所洞见，即"力图尊重被研究者对人的看法的人观与情感研究，以及把人类学者置身于世界权力格局之中、兼及社区与大社会体系的描写"①。本书也试图在一种"文化批评"②（cultural critique）的视角下，获得对文化整体的充分认识，进而培养"文化的富饶性"。更深一层来说，对于四社五村的整体表述，目的不在于提供有关"他者"文化的百科全书式民族志，而在于使文化元素"场域化"、在于使各种文化元素之间彰显系统而又必然的联系。

在书写策略上，在民族志文本打造过程中也将会纳入"历史"的维度，着眼于历史人类学历史的民族志写作实践。提到历史的民族志必须言及历史人类学，因为这一交叉学科的研究方法是需要历史的民族志这个概念来进行注解的。需要注意的是，历史人类学并不是历史学或者人类学的分支学科，也不是后两者的交叉学科，而是一种相对具体的研究方法，它为历史学与人类学提供了一个对话的平台，将传统史学的时间序列与人类学的现时静态分析相结合，将历时性与共时性纳入到同一个结构之中进行跨学科之间的合作。

张佩国区分了"在档案馆中做田野工作"、"在田野工作中做历史研究"和"在历史研究中做田野工作"三种民族志实践形态，探讨了"历史的民族志"实践所面对的方法论基本问题，即如何更好地融通"过去"与"现在"，并对"制作历史"进行相关知识论反思。③ 不过，这只是为了分析的方便而作的类型学划分，他也曾明确指出这三种形态实际上都可以涵括在历史的民族志当中，因为其间的

① ［美］乔治·E. 马尔库斯、米开尔·M. J. 费彻尔：《作为文化批评的人类学：一个人文学科的实验时代》，王铭铭、蓝达居译，生活·读书·新知三联书店 1998 年版，第 3 页。

② 同上书，第 11 页。

③ 张佩国：《历史活在当下——"历史的民族志"实践及其方法论》，《东方论坛》2011 年第 5 期。

方法论虽然没有权威的"行业标准"，但依然可以相互借鉴与贯通。例如，西弗曼（Marilyn Silverman）和格里福（P. H. Gulliver）所提倡的方法论在于关注"地点""整体论"与"叙事顺序"三个维度的互融。两位作者是这样具体表述的："在地方性的脉络下、在次序安排的要求下，当人类学家必须遗漏下别人视为'重要事情'的同时，人类学家所采取的整体论立场，就挑战着叙述方式的极限。因此，在构成历史民族志研究方法的三个关键特征——地点、整体论和叙事顺序——之间，便有了本质上的紧张性。"[①] 霍布斯鲍姆（Eric Hobsbawm）与兰格（Terence Ranger）则站在"传统的发明"角度，认为"'被发明的传统'意味着一整套通常由已被公开或私下接受的规则所控制的实践活动，具有一种仪式或象征特征，试图通过重复来灌输一定的价值和行为规范，而且必然暗含与过去的连续性"[②]。再如，勒华拉杜里（E. Le Roy Ladurie）与海斯翠普的研究分别代表了历史学家与人类学家运用民族志手法书写"历史"的典范。[③] 萨林斯则在民族志实践中融通"结构"与"过程"，呈现"文化界定历史"的历史实践逻辑。其中，对于符号、实践与文化图式在"结构"与"过程"中的关系问题，萨林斯认为：

> 对于符号感知来说，实践就是一种在被建构的文化中的冒险，而这正是因为感知就其作为参照本身而言是任意的。由于具有自身的特性，世界可能显得难以驾驭，它可以与指称它的那些概念格格不入。人类象征符号的狂妄自大成为与经验真实进行的

① ［加拿大］西弗曼、格里福编：《走进历史田野——历史人类学的爱尔兰史个案研究》，贾士衡译，台北麦田出版社1999年版，第44页。

② ［英］霍布斯鲍姆、兰格：《传统的发明》，顾杭、庞冠群译，译林出版社2004年版，第2页。

③ 具体可参阅［法］埃马钮埃尔·勒华拉杜里《蒙塔尤——1294—1324年奥克西坦尼的一个山村》，许明龙、马胜利译，商务印书馆1997年版；［丹麦］克斯汀·海斯翠普：《乌有时代与冰岛的两部历史（1400—1800）》，载［丹麦］克斯汀·海斯翠普编《他者的历史——社会人类学与历史制作》，贾士衡译，中国人民大学出版社2010年版，第173—199页。

一场豪赌，这场赌博就是：相关行为在把"先验的"概念对应于
外在的对象时，将意味着一些不能被忽略不计的、无法预料的效
应。此外，由于行为中包含着一个（或多个）思想的主体，他
（或他们）作为能动者与符号相联，因而文化图式被置于既是主
体上的、又是客体上的双重危险境地：主体上，人们在自己的计
划中是选择感兴趣的符号的；客体上，它是在与那些被假定能用
描述它的象征系统的竭力对抗中来完成的一次意义的冒险。①

　　总之，"历史的民族志"就其方法论本质而言是一种整体论意义
上的整体史书写，并且应当在"整体生存伦理"视野下解释"在地
范畴"的地方经验事项，努力凸显异文化"他者"的历史主体性。
所谓"整体生存伦理"指的是，生存伦理弥散于社会整体生活过程
之中，在政治、经济、文化和宗教等诸多领域里均得以存在。②
　　此外，个人生活史作为一种研究方法也将点缀其间，不过是力图
超越传统意义上的生活史。马尔库斯与费彻尔曾提出过一种异于传统
意义上的生活史书写模式，对于本书具有重要启发意义，兹引述
如下：

　　生活史几乎内在地具有现代主义文本实验的倾向，……不仅是
生活史，而且也是人类学者和报道人之间关系的调解。它们所展示
的对话，叙述了生活史的推导和联合建构的过程。就其传统而论，
生活史仅仅是一种纪实手段，它通过构筑某一特定的个人或家庭的
个案来表述某一特定文化中人们的规范性经验的特征。当前生活史
中具有实验性的试探，是生活史建构过程多元观点的展示。生活史
的实验着重于映照、分解传统叙说方法的机械性，避免不适当地将

---

　　① ［美］马歇尔·萨林斯：《历史之岛》，蓝达居、张宏明等译，上海人民出版社
2003年版，第191页。
　　② 张佩国：《整体生存伦理与民族志实践》，《广西民族大学学报》（哲学社会科学
版）2010年第5期。

西方的偏见强加于生活史叙述之中。与传统生活史不同，新的实验有的强调土著惯例、习语或神话，有的则强调在田野工作对话和访谈中形成的对经验、成长、自我和情感的富有意义的叙述。①

个体尤其民俗精英作为地方民间文化的一种载体，通过对这些个人在不同历史时段中生活经历的考察，展现个体、村庄与国家三者关系的生成过程，进而由此窥见个体在村庄与国家间所扮演的角色和实际发挥的作用。这样，通过对个人生活史的关照，既可以在宏观上反观地方史与国家史，又可以在微观层面呈现地方上的人们是如何"制作历史"的。再结合民族志实践与在地范畴的整体解释，无论是个人的日常生活史、区域的社会史，还是国家的政治史，都存在着在地化的生存实践逻辑。

四　资料运用与调查实践

研究四社五村的民众和村庄，仍然受到史料不足的一些限制。黄宗智（Philip C. C. Huang）在对中国华北地区农民经济与社会的研究中，也曾面临过这一挑战，并指出：

> 对于统治集团的人物，史学家可以向浩瀚的历代官方资料以及显要人物的文集和族谱取材。至于最近几个世纪，史学家更可以利用大量的地方志中的名人列传来进行定量分析。这类材料时间的深度与内容的翔实，常使研究其他国家历史的学者羡慕不已。但对于中国历史上的普通人民，史学家则尚未得助于类似其他国家近年来较突出的社会史研究者所引用的那种资料。②

---

① ［美］乔治·E. 马尔库斯、米开尔·M. J. 费彻尔：《作为文化批评的人类学：一个人文学科的实验时代》，王铭铭、蓝达居译，生活·读书·新知三联书店1998年版，第88页。
② ［美］黄宗智：《华北的小农经济与社会变迁》，中华书局2000年版，第31页。

　　对于后者，一个较典型的例子是法国历史学家勒华拉杜里利用地方法官对案件审理与居民日常生活实践的详细记录，作出了有关蒙塔尤农民政治、思想和文化习俗等极其翔实的描述和分析，同时再现了十四世纪法国社会的特点。① 当然，黄宗智是为了突出现代人类学调查资料和数据的重要价值，他的研究所依据的主要资料便是 20 世纪30 年代日本社会科学家在冀—鲁西北平原自然村中的实地调查资料，也即学界统称的"满铁调查资料"。②

　　"无米之炊难倒巧妇"，若想在四社五村研究中提高一个档次，必须首要强调资料建设，只有成功迈出这一步，才能保证接下来研究工作的质量。我的基本做法是利用人类学自身的学科本位和研究方法——田野工作的"看家"本领，进行参与式观察，并广泛开展田野访谈，力争达到"遍地开花"的效果。从 2012 年冬季开始，我便进入四社五村的田野做了为期半个月的短暂调查。之后，从 2013 年 3 月开始常驻田野，践行"与所研究的人群长期共同生活、共同起居、共同劳动"的人类学田野实践诺言。我以时间为筹码，力图成为四社五村中的一员，由一个"他乡人"变成一个"土著人"，达到一种"忘我、化我"的境界，以获得当地民众的认同感。只有通过这些持之以恒、坚持不懈的努力，我才能不仅了解他们过去的历史，而且对于现实的社会以及他们的生活感受达致更深厚与更精准的理解。这样，便为我的"在地化"分析拉开了帷幕。

　　在此，先具体说明一下我的田野工作研究方法以及在调查访谈中收获的经验。田野与理论始终处于一种不可分割的互动张力关系

---

　　① 具体可参阅［法］埃马钮埃尔·勒华拉杜里《蒙塔尤——1294—1324 年奥克西坦尼的一个山村》，许明龙、马胜利译，商务印书馆 1997 年版。

　　② 反映华北农家经济的另一部重要著作是美国学者马若孟（Myers Ramon）的贡献，其主要资料也来自"满铁"调查，具体可参阅［美］马若孟《中国农民经济：河北和山东农业发展（1890—1949）》，史建云译，江苏人民出版社 1999 年版。南满铁道株式会社（简称"满铁"）调查部根据调查记录，组织编纂成六卷本资料集。对于满铁这批资料的运用，应该持辩证的分析眼光，黄宗智论述了如何利用这批资料并弥补其不足，具体可参阅［美］黄宗智《华北的小农经济与社会变迁》，中华书局 2000 年版，第 32—50 页。

之中。社会学可能会更多地强调理论先行，先有问题意识，然后按图索骥。而人类学则不同，似乎不过分强调问题意识，而是更加关注田野先行。当然，这不是绝对的。理论指导下的田野会更加得心应手，如鱼得水；而通过田野实践发现的问题则会对理论增加更多的支撑个案，哪怕是悖论。这些不同的研究路径都会最终导向人类自身认识自然与社会的丰腴之路。我所选择的研究路径是带着一定的初始问题意识，当然也不一定非常具体明确，同时结合先期的田野工作，逐步将问题意识明朗化。从最终决定选择做四社五村研究之后，导师便建议我到这一地区作一次田野选点的先期考察，以获得一种"现场感"，这样利于问题意识的进一步聚焦。因而，在研究尚未正式开始之前，我先到田野点蹲点调查半个月，虽然此次停留短暂，但是收获颇丰。

由于时间短暂，加之所研究的村庄数量多达十余个，不能实行"地毯式"策略，只能"重点突破"。于是，我首先选取了五个村庄作为主要观察目标——无论是在地理交通位置，还是人口规模、经济背景以及民间信仰等方面，它们都是当地社会发展脉络中的主线。随后，时间尚充裕，我又选择了几个附属村进行了初访——上述五个村庄都有自己的附属村。脱离村庄后与导师又进行过多次沟通，结合研究的问题意识，同时参考先期学者调查资料所提供的一些线索，最终拟定出较为详细可行的田野调查细目——并非社会学意义上的调查提纲、访谈条目，而是具有人类学自己学科本位意义上的调查内容。之后，从常驻田野点开始，我便按照调查细目进行逐一细致的调查访谈——半结构式与开放式访谈交叉运用。我将每日的田野过程、调查内容、调查方式以及心得体会等逐一记录在田野日记中，以便查漏补缺和加深理解。

调查与访谈的对象以三个群体为主。第一个群体是各村社的领导阶层，传统时期称为"社首"，中华人民共和国成立后则是村干部，民间也惯称"社首集团"。第二个群体的择取标准是年纪较大，记忆力尚好且能够清楚表达，最好具备一定的文化素质，他们一般是村庄里的威望阶层。第三个群体是一般的普罗阶层，又分为两部分人群，一群为留守村庄种地的中年人；一群为外出务工的青年人。其他调查对象还包括在现场观看祭祀活动的本地和外乡的男女群众、本地老户、他处移民、知情老人、寺庙神职人员、仪式专家、庙会流动商贩和赞助庙会者等。此外，我对近年来关注四社五村的有关单位如霍州市电视台和霍州市文联也做了调查。被访谈者共计近百人。

图 0-5　沙窝村教书先生刘荣贵（1929 年生）（2013 年 6 月 5 日）

图 0-6　四社五村原社首集团部分成员（2012 年 11 月 24 日）

图 0 - 7　四社五村领导阶层及部分村民采访座谈会（2013 年 4 月 27 日）

当然，寻找访谈对象也并不能漫无目的，更不能见到村民就抓住不放，"强拉硬套"只会影响访谈质量，而最终会事半功倍。找到一个或多位优秀的田野向导（也即报道人），对于在一个既陌生又存在语言些许障碍的环境中做田野是大有裨益的。幸运的是，在初次步入田野之后，我便成功地找寻到这样一个"合作伙伴"——他具有一定的文化水平，会讲普通话（虽然不太标准），人生经历较为丰富，曾当过干部近 20 年，对当地民间历史文化传统感兴趣。然后，通过他的人际关系，再寻找其他村庄里的访谈对象。经过自己的实践摸索，在心中也渐渐形成了轮廓分明的访谈对象选取标准——年纪较大，记忆力尚好且能够交流，最好具备一定的文化素质。按图索骥，访谈的速度与质量便可以同时兼顾了。

兹将主要的田野报道人罗列如下，每位访谈人员均注明来自何村或居住地、大致年龄、主要的社会地位或文化角色，以了解他们的身份与特点。属于四社五村范围之内的被访谈人员，直接注明其来自何村，完整的行政区划归属可参阅书中相关部分。其余的访谈对象则只说明其现居地。

　　安思源，霍州市，50多岁，霍州市文联主席。崔红军，义旺村，80多岁，农民。崔栋梁，义旺村，80多岁，农民。崔志强，义旺村，70多岁，原义旺社社首。崔富贵，义旺村，60多岁，农民。崔山原，义旺村，80多岁，农民。崔又全，义旺村，60多岁，退休教师。陈玲珑（女），义旺村，80多岁，农民。陈化文，杏沟村，70多岁，原杏沟社社首。党向福，刘家庄村，50多岁，农民。董家才，仇池村，50多岁，原仇池社社首。董泽国，南李庄村，60多岁，四社五村仪式专家。郭亮，义旺村，50多岁，中学教师。高圭坤，仇池村，60多岁，原仇池社社首。郝永智，义旺村，70多岁，原义旺社社首，原霍州市陶唐峪乡政府办公室负责人。郝芝琳（女），义旺村，60多岁，农民。侯木荣，义旺村，70多岁，原义旺社社首。黄伟俊，南李庄村，60多岁，原李庄社社首。贾增福，南李庄村，50多岁，村干部，李庄社社首。贾二娃，杏沟村，60多岁，放水员。刘荣贵，沙窝村，80多岁，退休教师。刘旦辰，沙窝村，60多岁，农民。刘虎子，义旺村，50多岁，村干部。刘乾元，义旺村，40多岁，农民。刘小枫，沙窝村，60多岁，村干部。刘红光，义旺村，40多岁，农民。刘玉莲（女），沙窝村，30多岁，商人。刘延保，沙窝村，60多岁，原村干部。刘顺平，刘家庄村，40多岁，村干部。李文武，沙窝村，30多岁，商人。李宝田，义旺村，50多岁，村干部，义旺社社首。李兴国，孔涧村，40多岁，村干部。李兆国，霍州市，60多岁，退休干部，霍州市文联委员。马福祥，仇池村，70多岁，退休干部。马宝良，仇池村，70多岁，退休干部，原洪洞县博物馆馆长。马其祥，仇池村，40多岁，村干部，仇池社社首。马凤鸣，义旺村，60多岁，农民。马德宽，南李庄村，60多岁，原李庄社社首。乔景昌，霍州市，50多岁，霍州市电视台记者、总监。王承宝，义旺村，40多岁，商人，原义旺社社首。王田沃，沙窝村，70多岁，农民。王贝朋，沙窝村，40多岁，商人。吴志刚，杏沟村，70多岁，放水员。卫林果，杏沟村，60多岁，原杏沟社社首。魏存根，义旺村，70多岁，农民。武又文，南李庄村，60多岁，原村干部。谢俊杰，孔涧村，70多岁，民间文人。薛雨村，沙窝村，60多岁，退休工人。薛义广，沙窝村，60多岁，农民。向长效，义旺村，50多岁，义旺小学校长。杨建军，义旺村，60多岁，农民。阎旺虎，霍州市陶唐峪乡义城村，60多岁，退休教师。张俊峰，太原市，30多岁，山西大学教授。张瑜，太原市，20多岁，山西大学研究生。张冉多，霍州市大张镇上乐坪村，50多岁，风水先生。张子言，杏沟村，70多岁，原村干部。张作耕，百亩沟村，60多岁，村干部。赵建堂，义旺村，60多岁，原村干部。赵日升，义旺村，70多岁，农民。赵园杏，义旺村，40多岁，农民。朱思成，刘家庄村，80多岁，农民。朱顺子，沙窝村，50多岁，原村干部。

经过几个月与当地民众的通力合作，十几万字的口述资料便摆在了我的案头，它们是本项研究的主要依据，同时，不仅有文字资料，还包括照片和影像资料。在访谈的过程中，为了验证某些材料是否准确，在不少场合下，我采用的技术手法是向许多人提出同一个问题，或者对一批人进行采访（也即召开老人座谈会）。通过阅读与分析这些回答，我可以用其他人提供的答案来验证存疑的材料。电话访谈也是我在本项研究中常用的方法。由于与调查对象建立了良好的关系，因而在写作过程中，我的几位主要报道人以及其他村民会经常与我电话联系。内容主要包括他们的生活、生产近况，以及他们又回忆起的一些往事。此外，我也借助电话追踪访谈了一些当时不明或不够清楚的事件原委。

在翻阅史籍、历代方志、现代水利志以及地方档案文书等资料的时候，我明显地感觉到这是一个被历史遗忘的角落。好在四社五村的田野中保存了丰富的民间文献资料，他们也并非是"没有历史的人民"。这些地方性资料包括水册、碑刻与传说。水册资料存藏 8 份，时间最早溯及嘉庆十五年（1810）延至 1998 年，历时 188 年，尚有一份明代抄本保存在香港。民间散存碑刻 9 通，最早的一通官司碑记载自金明昌五年（1194）起当地的水利纠纷事件，最晚的一通为清光绪三十三年（1907）的地税碑，前后共历时 713 年。其他地方（洪洞县、原赵城县和霍县其他村庄）碑刻 12 通，起自嘉靖元年（1522）终至 1926 年，时间跨度达四百多年，以作比较研究之用。民间传说 30 余篇，涉及村庄历史、水事纠纷、水权分配、法律成长、家族势力、婚姻网络与宗教信仰等众多题材。它们是本书依据的重要史料之一。用这批民间文献资料既可以追根溯源，再现历史事件与当时生活景观的原貌，又可以检验访谈材料的真伪，丰富当地民众社会记忆中遗漏的细节。

　　这三组资料已大部分完整地保存在《陕山地区水资源与民间社会调查资料集》第四集《不灌而治——山西四社五村水利文献与民俗》① 一书中，使我省去了制作拓片、抄写碑文与搜集民间传说逸事的大量时间，应当感谢学界前辈付出的辛勤劳动。不过，"文献本身只能提供有限的事实，甚至是说，由文字所组成的文献本身，就意味了'塑造'某些事实。"② "尽信书不如无书"，在运用这三组资料的时候，应该保持一定的学术敏感与冷静态度，毕竟不同的利益阶层与资源占有者会"以特有的资源将一个无形的社会与过去的历史，诉诸于有形的文字记录，同时也将其特有的价值与历史意识记载在文献之中"③。所以，应当交叉使用这三组资料，在引证的时候不能顾此失彼，结合起来使用会有意外的收获。同时，还应结合大量的口述资料，因为言语间可以透露出当地民众对历史与现在

---

　　① 具体可参阅董晓萍、〔法〕蓝克利《不灌而治——山西四社五村水利文献与民俗》，中华书局 2003 年版。

　　② 连瑞枝：《隐藏的祖先——妙香国的传说和社会》，生活·读书·新知三联书店 2007 年版，第 12 页。

　　③ 同上书，第 13 页。

的把握，实际上是指向未来的，过去、现在与未来都是不可分割的。本书采用的另一组实地调查资料包括一份田野调查报告①，它和前述三组资料有所不同，因为它所提供的资料是一种经过不同程度的消化，之后作出的分析报告，已非原始素材。我们还是应该着重强调对第一手资料的掌握，同时，调查报告所提供的一些线索，可以丰富我的田野访谈内容。在本书中，我使用了大量的图表、照片，除作特殊说明外，均为本人亲自绘制与拍摄。

---

　　① 董晓萍、〔法〕蓝克利：《不灌而治——山西四社五村水利文献与民俗》，中华书局2003年版，第三部分"四社五村田野调查报告"，第171—393页。两位作者也说明了撰写本报告的目标："第一，在描述上，将阅读水利簿、碑刻与使用田野调查资料结合起来，在这一过程中，充分反映当地村民本身对待和使用水利历史文献的观念与行为特点。第二，在水利簿和碑刻的注释上，应用地方史志文献、水利技术报告、村民日记和民间口头解释等多种资料，揭示基层社会理解和使用水利碑的共同点和相异面的不平衡性。第三，在阐释上，采用了与田野调查步骤大体相同的顺序分章进行，以使读者容易了解我们认识四社五村不灌溉水利制度的工作过程和跨学科的研究方法。"

第一章　生态、生计与亲属关系

2012 年的初冬，我只身离开了上海来到四社五村田野点。此次行程安排先是乘坐火车由上海直达山西省会太原，需要耗费十几个小时，然后再从太原转乘长途汽车。由于晋中、晋南地区开通了祁县至临汾的高速公路①，使得从太原到霍州和洪洞的旅程便捷了许多，一般再花两个多小时即可到达目的地。这条高速公路经过四社五村的几处地段，在义旺村的东边不远处还设立了霍州市服务区。公路旁一段狭窄的土路将服务区和村庄打通，通过它可以自由地进出，这也极大地方便了周边村落出远门的村民。几次进入田野点，我都会选择在此下车，第一脚便可踏在"他者"家园的土地上。还有一种进村方案是乘车先到霍州市，然后再乘坐乡间公共汽车。这种班车一天之内会对向发车多次，一般半个多小时一趟，沿着主干公路霍陶线约 50 分钟便可到达线路的终点义旺村。

本区域交通的相对便利性营造了一种朦胧的幸福感，这种感觉一直伴随田野工作始终，稀释了每次进村长途乘车过程中的疲惫，也使我有更多的精力欣赏沿途所见各种自然景观与人文景观。一路上所经历的山西特有的区域景观貌态，使我首先注意到人群关系整合与社会结群方式是如何被地理生态所形塑的，继而，我会进一步思索，在这

---

① 山西省祁县至临汾高速公路是沟通全省南北主干线大同至运城高速公路的重要组成部分，于 2003 年 9 月全线贯通。这条公路恰好途经四社五村中的几个村庄，如刘家庄村、孔涧村、义旺村和杏沟村，占用了一部分农业用地。

一形塑过程中，人类的区域性社会实践活动又是如何再造自然的。自然改变了我们，同时，我们也改变了自然。

这一章主要探讨关于四社五村的自然地理、生计模式与亲属关系等方面的问题。首先，我将地理自然环境的局限视为区域社会孕育、成长与发展过程中不可或缺的要素。此处"局限"一词并不关涉褒贬之分与价值判断，而受此一"局限"注定了不同区域人文活动的实践会出现不同程度的差异，这些"差异"也无所谓美丑善恶之分。我们在避免陷入地理环境决定论的同时，应该注意到生态条件的限制有时候确实会极大地影响当地民众的生存抉择，所以，为了保险起见，在分析的时候还是要纳入"人类生态的历史研究"这样的视域。在考察历史时期区域社会成长的环境要素的时候，一方面，关注四社五村所处的晋南山区以及整个山西地区宏观的自然地理与环境变迁情况；另一方面，纳入生态人类学视角，探讨当地民众通过"选择"与"调适"得以自立于此地的生业基础，他们在漫长的历史过程中形

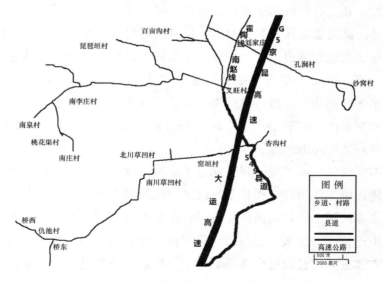

图1-1　经过四社五村几处地段的高速公路

资料来源：谷歌地图（http：//www. google. cn/maps/@ 36. 4541733，111. 7903743，14. 25z）。

成了怎样的适应环境的生存方式，他们拥有怎样独特的资源观与实践策略。在此基础上，其次，分析当地民众并非单一而是复合的生计模式，说明环境与资源、环境与社会、自然与文化之间的互动关系。生计模式直接关系到他们的持续生存问题，我将主要从以家户为核心的传统生业与性别和村际间产生的分化两个方面来进行说明。最后，在说明当地亲属关系的时候，我会着重考察家族与婚姻的力量在水利组织、资源利用以及地方秩序建构中的影响与作用。

一 自然地理与人文活动

地理生态是区域社会发育与成长的环境要素，黄宗智在关于华北民间社会的研究中曾指出：

> 研究朝廷政治、士绅意识形态或城市发展的史学家，不一定要考察气候、地形、水利等因素。研究农村人民的史学家，却不可忽略这些因素，因为农民生活是受自然环境支配的。要写农村社会史，就得注意环境与社会政治经济的相互关系。①

他将这种"相互关系"称之为"生态关系"，认为可以从现代出发往前进行追溯，以此探究农村社会的历史演变脉络。诚然，人与自然的互动形成一种生态关系的维度，而这恰恰又构成了地方人们经历与活动的场景。透过这层关系，我们可以窥见自然地理环境的局限、生产方式与生计模式的区域性特点，是如何影响当地历史上及今天的人群关系、村际整合与移民互动等人文活动。所以，有必要首先从宏观上把握四社五村所生活的区域社会之自然地理。

从太原出发一直到介休的路段，沿途视野较为宽阔，景观纷呈各异。远眺西边南北走向的吕梁山脉，在夕阳晚霞的映衬之下，那平缓

---

① ［美］黄宗智：《华北的小农经济与社会变迁》，中华书局2000年版，第51页。

起伏之态甚为壮观。晋南地区分布的吕梁山支脉又称西山、罗云山系，其山势低缓绵长，造成丘梁与涧河相间分布的特点。[①] 近观东部的太岳山脉支脉霍山山系，大致呈东北—西南走向，其山势则挺拔陡峻。过了介休之后，尤其在灵石地段，眼前的霍山越来越近，很多时候需仰视才行，而恰是在这近距离的观察中，我们才能感受到山之崇高与伟大。如果不是注意到公路两边的悬崖峭壁与深不见底的沟谷，很难会联想到渺小的自我是如何穿行在"自然的夹缝"中。在路线设计上，公路在有的地段会穿山而过，经过隧道时短暂的分分秒秒使人更觉时间的漫长，思绪会定格在自然景观向着人文景观转变的那一刹那。往南继续前行，两座山脉之间的距离越来越近，在霍州与洪洞交界之处，两山形成延续合拢之势。进入洪洞境域之后，吕梁山脉往南继续绵延，而霍山余脉渐趋低缓并最终在境内消失。这样，在洪洞北部平川轮廓逐渐展宽，形成近似喇叭形，在剖面上呈现多层状的开阔阶状山地，外围分布着大面积的丘陵阶地，自北向南连绵不断，多

图1-2　近观霍山（2012年11月22日）

---

① 张青主编：《洪洞县志》，山西春秋电子音像出版社2005年版，第二卷《自然环境》，第61页。

形成梁、垣、峁黄土地貌。① 整体观之，两座大山共同塑造了四社五村所在的洪、霍之地半山半川、东西两边高、中部较低的全境地势。

图 1-3　从霍山西麓远眺雾霭中的吕梁山（2012 年 11 月 22 日）

沿途尚能看到一条由北向南纵贯全境中部的汾河，发源于宁武县管涔山，由河津入黄河。各支流涧河的流向大体与汾河垂直，两侧的丘陵山地受涧河长年累月的切割与刨蚀，逐渐造成向汾河倾泻之势，因而形成我们今天所能见到的羽状水系景观。近半个多世纪以来，由于上游河水利用以及开发地下水引起基流减少等原因，汾河水流逐年锐减，水中泥沙也与日俱增。而在历史上，汾河水量曾经极为丰富，波浪浩荡，蔚为壮观。据《隋书》记载，大业四年，隋炀帝杨广曾率楼船千艘，从洛阳入黄河，经汾河逆水而上，可到达娄烦县的码头，盛况空前，说明汾河河道曾是山西物流的主渠道之一。基于自然地貌，以汾河为中心以东以西的人口、村庄分布呈现一定的规律性。汾河流域为河谷冲积平原，沿岸主要为历代河流的冲积物，地势较为

---

① 郑东风主编：《洪洞县水利志》，山西人民出版社 1993 年版，第一编《水利条件》，第 1 页。

平坦，两岸土地相对肥沃，水利条件良好，村庄密布，人口众多，成为农业耕作的集中区域。当地人习惯上以汾河为界，将境域分为河西与河东两个部分。冲积平原区外围东西部地区分布着大面积丘陵阶地，为水土流失最为严重的地带，土地相对贫瘠，因而村庄分散，人口稀少。丘陵阶地外侧为境域内的山区，石多土薄，水土流失也较为严重，与平原、丘陵地带相比，村庄更为分散，人口数量也更少一些。明清以来的这种人口分布态势未有较大改变。①

就气候条件而论，洪、霍之域地处温带维度，且深居内陆，东西傍山，大陆性显著，因而气候类型属于温带大陆性季风气候。②冬夏长，春秋短；冬春寒冷干燥，夏季炎热多雨。降水受到气候与地形的共同作用，尤其受地貌影响较大，形成属于本区域特点的分布规律。受季风作用，冬季以西北风为主，夏季则受东南风影响，冬夏季风转换季节，冷暖空气交换频仍，环流场较为复杂，因而降水时空分布不均，季节水量变化悬殊。受地形影响，降水分布特点是：山区多而平川少，西部山区多而东部山区少。这种分布规律的成因，《洪洞县水利志》中虽仅针对洪洞县而论，但可资借鉴分析洪、霍之境：

平川少雨的原因主要是由于气流自西向东越过本县时呈下沉状态，而下沉气流不利于水汽凝结，对云的发展有破坏作用，以至于雨量减少。西部山区多雨的原因，是因为这里山体庞大，建立了不同于其他地区的山地气候特征，其中罗云山脉的阻挡作用起了动力抬升作用，使越过这里的气流产生了上升作用，利于云的发展和水汽凝结，容易增大雨量的结果。东部山区山体较小，气流越过这里时，容易产生绕流现象，尽管从整体讲，有利于抬

---

① 关于人口、村庄这种对向阶序性的分布规律，具体可参阅张俊峰《水利社会的类型——明清以来洪洞水利与乡村社会变迁》，北京大学出版社2012年版，第26页。

② 张青主编：《洪洞县志》，山西春秋电子音像出版社2005年版，第二卷《自然环境》，第71页。

升气流的作用，但气流升至一定高度，即绕流而过，成云致雨的条件受到破坏，以致这里降水偏少。①

　　据霍州气象部门 1956—2006 年 50 年间降水量统计数据显示，霍州年平均降水量为 492.1 毫米，最少降雨量为 1986 年的 242 毫米，最大降雨量为 1975 年的 774 毫米，降雨量低于 300 毫米的年份共计 3 个年度②，降雨量多于 550 毫米的年份共计有 15 个年度③。比较来看，年降雨量呈下降趋势。而洪洞县气象部门 1952—1986 年 35 年间的观测数据更是不容乐观，洪洞年平均降雨量为 494.5 毫米，少雨年为 1986 年的 316.6 毫米，多雨年为 1964 年达 754.5 毫米，降雨量低于 560 毫米的年份竟多达 26 个年度④，低于 400 毫米的年份也有 8 个年度⑤。另据水文单位测算，降雨的评价指标为：中等丰水年为 655 毫米、平水年为 560 毫米，中等干旱为 430 毫米，400 毫米以下则为干旱年或大旱年。⑥ 基于降水数据及年际比较可以看出，洪、霍两地在多数年份中基本上维持在半干旱状态。

　　当然，以上数据统计只是两地降水状况的一般特点，历史时期尤其明清两代的具体状况与之相较势必存在较大差异。不过，若从一般

---

　　① 郑东风主编：《洪洞县水利志》，山西人民出版社 1993 年版，第一编《水利条件》，第 6 页。

　　② 这 3 个年份分别为：1986 年、1997 年、1998 年。参见晋从华主编《霍州市军事志》，霍州市军事志编纂委员会办公室，2010 年，第 17 页。

　　③ 这 15 个年份分别为：1956 年、1958 年、1959 年、1961 年、1962 年、1963 年、1964 年、1966 年、1969 年、1971 年、1973 年、1975 年、1976 年、1977 年、2003 年。参见晋从华主编《霍州市军事志》，霍州市军事志编纂委员会办公室，2010 年，第 17 页。

　　④ 这 26 个年份分别为：1952 年、1953 年、1954 年、1956 年、1957 年、1959 年、1960 年、1961 年、1965 年、1967 年、1968 年、1969 年、1970 年、1972 年、1973 年、1974 年、1977 年、1978 年、1979 年、1980 年、1981 年、1982 年、1983 年、1984 年、1985 年、1986 年。参见郑东风主编《洪洞县水利志》，山西人民出版社 1993 年版，第一编《水利条件》，第 7—8 页。

　　⑤ 这 8 个年份分别为：1952 年、1957 年、1965 年、1972 年、1974 年、1980 年、1984 年、1986 年。参见郑东风主编《洪洞县水利志》，山西人民出版社 1993 年版，第一编《水利条件》，第 7—8 页。

　　⑥ 郑东风主编：《洪洞县水利志》，山西人民出版社 1993 年版，第一编《水利条件》，第 7 页。

意义上进行分析的话，该特点还是值得参考的。下面我们再往前追溯历史时期，通过历代地方史志对洪、霍之域灾情的详细记录，更可以印证两地年际降水量丰枯不均、持续干旱的特点并非仅仅出现在现当代时期。方志中最早出现大旱的记载在汉魏时期，明嘉靖十三年至万历二十七年（1534—1599），洪、霍两地经历过5次最为严重的干旱，饥民竟"人相食"，受灾场面惨不忍睹。[①] 综合观之，在这样的生态条件下，为了保证旱作农业经济的可持续发展，寻求其他水资源利用方式至关重要。

二　生计模式与持续生存

四社五村这一区域小社会的农耕文明至今依然延续着传统的生计方式，属于典型的北方旱田作业。如果询问当地村民地里都种的什么东西，他们总会不假思索地脱口而出："种的庄稼啊！"或者用"粮食"一词作答。他们使用"庄稼"或"粮食"概念来统称地里的农业作物，而不再作进一步的区分，可能与传统种植结构较为单一、长期处于低度生产状态而形成的生存意识有关。受自然生态条件的限制，在传统时期里，村民一直保持着种植小麦的习惯，而基本上不再种植别的作物。所以，在他们的眼中，所谓的"庄稼"或"粮食"指的就是小麦。

由于属于旱作农业社会，不似洪洞那边可以"引泉""引河"与"引洪"进行灌溉，也不同于霍州境内霍山其他峪口之下的村落社会拥有相对来说较为富余的水资源，四社五村自古以来实行一种"耕而不灌"的农业生产方式，相沿成习。留存下来的清代水利簿抄本记载了这种特殊的生存方式："霍山之下，古有青、条二峪，各有源泉，

---

① 山西省史志研究院编：《山西通志》，中华书局1999年版，第十卷《水利志》，第100—107页。

流至峪口，交会一处，虽不能灌溉地亩，亦可全活人民。"① 因没有水利条件进行农业灌溉，村民至今还在使用传统的休耕法耕作，即一年只在一块地里种植一茬庄稼，收割后便不再补种其他作物。每逢山洪或雨涝，村民会采用洪水漫灌的方法对耕地进行灌溉，但在"十年九旱"的黄土高原地区，这种情况极为少见，平时他们完全沿用传统办法，对农作物只耕种不灌溉。这是一种"靠天吃饭"的无奈之举。

图1-4　四社五村水利簿清代抄本（部分）（2012年11月18日）

受限于特殊的地形地貌结构，该区域地势东高西低，村庄周围的黄土台地上分布着面积不一的农耕土地，并且呈现出错落有致的阶梯状景观。很少有哪个村民的农地是一整块的，几亩甚或十几亩的农地由多块土地组成，而且分布在距离村庄远近不同的地方，较远的地块甚至要走上近半个小时。在农忙时节，你会看到大部分村民来回往返于不同的田地之间。不用说，旱地作物的收获具有自己的特点，将收获物从田间运到家中或仓库以及长期储存，是村民必不可少的农活。

---

① 董晓萍、[法] 蓝克利：《不灌而治——山西四社五村水利文献与民俗》，中华书局2003年版，第二部分"资料：水利簿、碑刻与传说"，第55页。

四社五村属于传统的农耕社会，加上弯曲起伏的颠簸山路，搬运物资大多数要靠人力，由于收获和运输时间相对集中，所以这样的季节劳动量非常大，而且是家户成员协同作战，家户与家户之间合作的情况较少。

图 1 - 5　四社五村农耕土地分布景观（2013 年 4 月 9 日）

　　单一的农业种植结构只能得到极低报酬的生活维持来源，根据旱作农业特殊的生态条件以及正常年份小麦平均亩产量来推测，全体家户成员完全依赖农产品生存是根本不可能的。"自给自足"的小农经济只是一种分析的理想状态，人口的持续增长与单一种植结构下农作物产量的提升显然不是步调一致。在这样的情况下，他们必须寻求其他方式的生计来源，将改造自然的农耕与索取自然的采集两种实践方式进行组合，才能保证持续生存。因地处霍山脚下，村民还可以依赖霍山所赐予的山货资源以作副业收入。这是一片重要的天然山林，林木资源可作建筑用料，而丰富的林产品更是村民"靠山吃山"的生业选择。

　　从地方志资料中，我们可以窥见传统时期霍山野生动植物资源的盛景。《霍山志》曾言"霍岳草木畅茂，禽兽众多，药、菜、花卉繁不甚载"①，所记果属 9 种、木属 11 种、花属 10 种、草属 5 种、药属 40 种，动物近 30 种，可见至少到民国时期，霍山依旧能够为村民提供持续生存的来源。再往前追溯，霍山山货进贡朝廷的品种和数量非常可观，林产品如松香、药材、兽皮、果木等成为历代皇朝的贡品和纳税品。理所当然，它们也成为山区民众行销谋生的货源。在四季较为分明的自然环境下，一年之中，总有可供采集和狩猎的食物。而且，村民并不是凡能食用的都采集来吃，而是从不同季节可获得的众多品种之中，有所选择地加以利用——这种选择既有国家的力量，又有市场的作用，更有文化的影响。

在农忙之外，他们有充裕的时间，或者为了贡赋，或者为了生存，或者为了交换，而从事采集与狩猎活动。在传统时期，村民需要更多地依赖这种向自然索取的活动作为生存保障的副业。即使在如今温饱早已不成问题的情况下，许多村民仍然会抽出时间进山，采集如药材之类市场价值较高的资源。我曾专门采访过几位经常上山采集药材的小伙子，因为好奇他们凭着年纪轻轻为什么不到县城或更远的地方打工，而是专注于我所认为的"三天打鱼两天晒网"的采药行为。他们的一番解释使我恍然大悟，原来山上有一些现在市场价值极高的药材，如猪苓，一般进山采集一天便可获得上千元的不菲收入，这对他们诱惑极大。当然，采摘这种药材也需要依赖相应的地方性知识。所以，你会发现他们有时候一连好多天都无所事事，在村子里闲荡，而有的时候他们却一整天都待在山里。而且在调查期间，我也发现有的家户圈养了少则一只多则几只的猎狗，有的专门用来猎捕野兔。虽然现在霍山野兽多已退居深山之中，但是，村民也会偶尔带上猎狗、土枪上山打猎，算作对农家生活的一种调剂。在他们的自然生态理念中，村庄不远处的霍山就是天然的食物储藏库，任何时候只要需要，去获取眼前需要的食物，那就足够了。村民日常生活的一部分可以说

① 释力空原著，《霍山志》整理组整理：《霍山志》卷 1《地舆志》，山西人民出版社 1986 年版，第 6 页。

就是与霍山进行物质交换的过程。

　　虽然农民致力于通过种植农业作物适应自然进而改变自然，因而在这种意义上他们也被理所当然地称为"农民"，但是其中的大部分在从事农耕之外，也进行上述因地制宜的采集和狩猎活动，以获取额外的植物性与动物性食物。这样的生计模式一直在利用随季节变化的地形、植物和可食用动植物的微妙环境，具有多样性，因此能维持稳定的生存。所以，如果排除机械二分法采用整体论的观点来达致对生存方式的理解，称四社五村的人们为"农耕采集狩猎民"较为符合地方性情境。此外，村民还普遍饲养青山羊、绵羊和牛等家畜，尤其是羊成为历代必须缴纳的赋税之一①，这些家畜在增加副业收入的同时还可作畜力运输，保存着半牧业区的特点。总而观之，这体现了四社五村生存方式的整体性。②

　　当然，无论是传统农耕、采集狩猎，还是饲放家畜，当地群体也体现出一定的社会分工与性别合作。通过以下具体的分析，我们可以看到家户中不仅男性而且女性为生计的自给也做出了极大贡献。在传统时期不像现在可以使用农业机械设备③，农耕与收获属于需要较多体力的农事活动，男性肯定较女性更能胜任。不过，由于不能耽误农时以及以家户为核心的生业结构，在农业劳动的日子里，包括男女在内的大人们都会全部参加。在运输农产品过程中，大部分都依赖男劳力，女性则自己背负力所能及的一些杂物。如今，越来越多的村民已经购买了农用三轮车，这给了他们更多的农业自由。而且，拥有三轮车的家户会有更多的自豪感，虽然有的已经破烂不堪，但至少代表他

---

　　①　如明清两朝都是"羊一十五只"的赋税标准，具体可参阅明嘉靖三十七年（1558）《霍州志》和清康熙十二年（1673）《霍州志》。

　　②　人与自然之间究竟具有何种关系是生态人类学研究的最基本问题，如果要很好地回答这个问题，我们必须去研究一地人群生存方式的整体性，必须深入到他们的社会之中，与他们共同生活，详细地观察他们的生活方式，理解、把握其社会生活的整体脉络。

　　③　起初，我对呈阶梯状不规则分布的黄土台地能否像平原地区那样适用农业机械心存疑惑，后来在农忙期间看到大部分的田地都利用现代化机械设备从事收获工作，这节约了大量的劳动力并且提高了收获效率。而且在收获季节几次往返于乡村与县城之间的公路上，我经常能见到浩浩荡荡的联合收割机车队，它们正在奔赴希望的田野。

们曾经拥有。① 虽然在农忙季节，男性能够发挥较大的作用，但是，农闲时候像地里的除草、撒药等工作基本上由女性承担，而男性则会到周边村镇打点儿零工以补贴家用。

女性群体在采集霍山野生植物性食物中发挥了重要的作用，而且像这样的采集活动一般全由女性承担，除非要到山里更远的地方采集珍贵药材才由男性出面。采集的植物性食物中较多的是被当地人称谓的"山菜"或"山野菜"，这是一种生长在霍山上较为普遍的一种植物的叶子，整个春季正是它们旺盛的时节，此时采摘比较鲜嫩。村民一代一代流传下来，一直保持着采摘这种叶子为食的习惯。妇女们单独或几个人一道，带上背篓或蛇皮袋去采集。这种叶子可以适合蒸、炒、腌等多种方式的做法，味美可口。有的村民跟我讲："山菜在城里的饭桌上，一盘能达到二十多块哩，就是在村里的饭店里也得十多块啊。"一个春天的采集可以为妇女们带来较为可观的收入。除了植物的叶子之外，她们还采集其他很多种类的果实、坚果以及大果实内

图1-6 当地一名记者正在拍摄远处采集山菜的妇女（2013年4月3日）

---

① 实际上，真正融入他们的日常生活中，我才深刻地感受到农民其实是很容易得到满足的。

的大量种子等。可采集的植物种类十分丰富，妇女们在不同季节里采
集不同的食物。当然，她们也并非每天都去采集，而是交替时间进
行，因为她们知道什么时候去什么地方，用什么方式才能获取想要的
食物，怎样烹调才好吃，等等。她们具有关于其生活环境和动植物生
态方面的丰富知识，这些经验是其生活的保障。

图 1 - 7　霍山上的山菜（2013 年 4 月 1 日）

　　男性群体的狩猎活动也同样依赖于父辈传授下来的地方性知识。
动物一般很少在近山范围出没，所以狩猎多为男子数人共同进行，也
有单独活动的情况。猎获的动物包括山猪、狐狸、鹰子、獐、山鸡、
石鸡、蛇、蝎子等多种。古时老虎也经常出没于此，为害一方，故村
民有时也通过群体合作来共同对付猛兽。① 如果是村民集体围猎，那
么妇女就作为围猎的助手和搬运者参与其中。他们对于霍山山林和动
物习性尽管很熟悉，然而，狩猎活动从发现猎物到捕获，却有若干偶

---

　　① 《水经注》云："霍太山庙，鸟雀不栖其林，猛兽常守其庭。"《霍山志》又载：
"猛兽即谓虎也。唯虎人不易见，当休粮菩萨未灭度时，常有二虎为守门，遗有拴虎石，尚
存。明正德间，有虎下山为患。皂隶李者能，有勇力，县尹令捕之。能奉命往捕，即遇虎，
拜而告以故。虎果随之，患遂除。能殁后，邑人立庙祀之。清康熙十五年十月，虎又下山，
在仇池里一带为害。赴庙告祭，数虎悉被获。"

然因素。对于放养羊群的工作主要由家户中上了年纪的男性承担，羊群一般在村庄周边的杂草丛中啃食，而女性则照看圈养在家院中的家禽。所以，四社五村的家户之间各自为自己的生计活动奔忙，而家户内部的生活分工尚停留在性别区分这样极其有限的水平上，男女基本上都必须从事单独或协作的生计活动。虽说在家户里通常是共同负担家庭生活，但每个人都必须能独当一面。

以上述及的就是四社五村的人们以耐旱作物、山林资源、家禽牲畜等为媒介去适应特殊的生态环境，这种生业活动和自然环境的相互关系，只有在以人类和自然的关系为基调的整体视域下，才能彰显一地民众生计调适的多彩、充裕与和谐之景。男性与女性两个群体既有分工又有协作，村庄与村庄之间延续着相同的生计习惯，共饮一泉山水，相较自身，生活还算"富裕"，累代延续至今。这样的景观更多地适合传统时期，虽然如今他们仍然延续着传统生业模式，然而，由于市场经济的渗入、政府农村政策的实施以及资本、技术等外界因素的持续影响，其生活面貌实际上已经无可奈何地发生了些许变化，而且这种变化在一定程度上有越来越快的趋势。如果说，以前为了延续生存，他们更多的是与自然进行接触与调适，那么现在来看，他们越来越多地是在与外界非自然的力量打交道。进而，他们的生态观、生存观、价值观等逐渐地发生了变化，就在这些悄然发生的变化过程中，传统的生计模式也逐渐被边缘化，人际间、家户间、村际间不得不发生某种程度的改变与分化。

20 世纪 70 年代后期，义旺村率先响应政府号召，购置了小型手扶拖拉机，一改畜力运输的传统，在城乡之间跑运输，扩大了经济来源，搞活了经济，增加了一部分村民的收入，又没有加重用水负担，引来了其他村社的积极效仿。[①] 随着人口的增加，人与水之间的矛盾加剧，寻找新水源成为当务之急。仇池村此时首先引入深井技术，随

---

① 董晓萍、[法] 蓝克利：《不灌而治——山西四社五村水利文献与民俗》，中华书局 2003 年版，第三部分 "四社五村田野调查报告"，第 186 页。

后别的村庄也出现打井之举。不过，受限于不同的地质特殊情况，最后只有仇池村与南李庄村的深井较为成功。如今，仇池村的四口深井已能浇灌土地达 1500 亩，这又引起了种植结构上的调整，村民转而种植经济效益较高的蔬菜，以大葱、西红柿为主，形成规模化种植后还以村长为经纪人成立了一个蔬菜专业合作社，远销临汾、太原、河南和四川等地，年均销售量约 10 万斤。

进入 20 世纪 80 年代以后，受到改革开放思想的影响，村民也逐渐拓宽生计思路。义旺村大队为了提高村民收入，自发组织到外地考察并带回苹果树苗种植，同时，外聘技术老师开办农民果树栽培技术夜校。由于地处山区，温差较大适宜果树生长，村民一改传统单一小麦种植的农业结构，开始大面积栽种果树。此外，玉米的种植也逐渐增多，因为在正常年景，玉米亩产可突破千斤，是小麦产量的两倍多，而且玉米还可以作为养殖饲料的主要来源，这又带动了周边村镇养殖业和饲料加工业的发展。这样，义旺村的生计由传统时期的单一小麦种植，转变到后来的以苹果产业为主、小麦种植为辅，再转变到如今的以苹果产业为主、玉米种植为辅的生业结构。由于"粮食加果树"发展模式在整个乡里起到了"领头雁"的作用，义旺村还被评为霍州红旗党支部和临汾地区第一批小康示范村，成为灌溉地区和不灌溉地区的共同榜样。[①]

作为四社五村其他成员的村庄也竞相活跃起来，义旺村与仇池村给它们提供了成功的榜样。南李庄村也仿效仇池村，先后开挖了五口深井，出水量也较为丰沛，成为人畜饮水与灌溉用水的主要来源，而不再依靠之前四社五村共用的山泉水源。该村生计模式的变迁主要有三个方向：一是借由深井技术扩大了水浇地面积，在增加传统粮作产量的同时，逐渐扩大了蔬菜的种植面积，不过规模还是远逊于仇池村；二是果树种植品种比较丰富，除了苹果树之外，还有梨树、核桃

---

① 关于 20 世纪 80 年代以来义旺村所取得的成绩，具体可参阅董中旗《黄土地上升起的新星——来自阎家庄乡义旺村党支部的报道》，载中共霍州市委员会编《潮头劲歌》，内部资料，1994 年，第 131—135 页。

树、柿子树、杏树、桃树等①；三是男性群体大部分会选择到距村二十里远的辛置煤矿上打工，因而全村经济收入的很大一部分便依靠此种来源，村民较其他村庄要富裕许多②，而这也成为该村的一大特色。③虽然孔涧村与杏沟村生计模式的变迁没有以上三个村那样显著且比较有特点，但是，这两个村庄的种植结构也已经走向多元化发展，而且养殖业也逐渐崭露头角，农民开始寻求多种渠道来增加收入。附属村中较为典型的是刘家庄村，虽然建村较迟④，但是耕地面积却比其他村庄多⑤，这使得村民能够种植更多品种的粮食作物和果树。此外，更多的村民转向兼营养殖业与饲料加工业，而且还成立了相关的合作社。渠首村沙窝的情况较为特殊，大部分青壮年都不愿固守耕地，而是到更远的地方打工，留下来的也多以采摘霍山药材或到附近打零工为业。

可以说，在近半个世纪以来，四社五村的人们在与自然共生或抗争中，在与外界频繁接触中所发生的生计变化中，在以商品生产为媒介与外部社会的交流中，他们的生活通过各种各样的渠道与同时代的

---

① 近十年来，南李庄村依靠种树，积累了林业固定资产，发展了集体经济，总收入达7万多元。具体可参阅董晓萍、[法]蓝克利《不灌而治——山西四社五村水利文献与民俗》，中华书局2003年版，第三部分"四社五村田野调查报告"，第324—325页。

② 富裕程度通过生活条件的改善反映出来，全村300多户，安装太阳能的有100多户，家庭用轿车有60多辆。

③ 该村到矿上下煤窑的就有上百人，月均收入最低为6000元。当然，别的村庄也有村民下煤窑，但是没有该村人数多。村民的一大特点是赚了钱便会存起来，山西省农村信用社还专门在该村设立了一个分站作为办事处，专门负责该村的存款业务。据知情人反映，这一信用社的存款量位居全乡之首。

④ 道光五年（1825）《直隶霍州志》中没有该村的记载，另据村民根据父辈们流传下来的社会记忆推测，该村可能始建于清末民初，因刘姓人家始居取名"刘家庄"。逃荒至此的人也不在少数。日寇侵占霍县时，曾在该村建立永久性据点，设立伪区公所、警察所和碉堡，可见日据时期该村已成规模。笔者分别于2013年4月9日对刘顺平、2013年6月5日对刘荣贵进行访谈。所有访谈详情均可在附录一的口述资料中找到对应，下同。

⑤ 为什么刘家庄建村迟但是耕地面积多，这里有个民间说法。当地流传着"义旺村一长条，辈辈出个洋烟佬"的谚语，就是义旺村民过去有吸食大烟、赌博的恶习，本来他们的土地非常多，可是后来逐渐将土地包括坟地都卖出去了。而刘家庄的村风则较朴实勤勉，有点儿闲钱便会购买义旺的土地，所以到今天形成了义旺地少刘家庄地多的格局。笔者于2013年4月9日对刘顺平的访谈。

外部世界联系在了一起，这是我们实实在在所看到的。所以，想要了解当地民众生活方式的全貌，即便是对于受着现代化影响的社会，也只有掌握其真实的状况才是确实可行的方法。他们生计模式所发生的变迁，既是无奈之举又是希望所在，既是被动适应同时也是主动建构。正是这样的行为实践调适了以生态和技术为媒介在人类和自然之间结成的关系，以及与市场经济、资本力量、政府权威等更为广大的社会系统之间所逐渐产生的某些冲突。关于出现的这些变迁，村民的视角可以作为解释与总结："随着社会的发展，我们的思想也在变化，也在求生存求效益嘛；人总是在不断地摸索，不断地变化着嘛！"[①]

三　亲属制度与社会关系

许多因素交织在一起，使四社五村远离了官方视野中的权力结构，这不仅符合传统时期，而且在某种程度上也暗合现当代时期的这一逻辑。所以，我们会看到，尽管村庄在经济上依赖外界的程度越来越大并被包括在民族国家之中，它的社会关系却更多地是以亲属制度为基轴进行具体运作的。在大多数非工业社会中，亲近的人际与社会关系要么是基于亲族和婚姻关系，要么是模拟两者。需要指出的是，家族关系在维持四社五村的社会团结程度上一直保持着较为优越的姿态，如果非要加以区分的话，可以认为在传统时期，家族关系侧重显性影响，而在今天则倾向于发挥隐性作用。

所谓"家族"指的是，"当一个家庭发展出许多独立的家庭，而这些家庭大多数住得很近，相互之间保持着密切的联系"，同时这一群家庭"不仅通过家属关系，而且更重要的是借助于相互的义务和权利联结在一起"。[②] 村民经常会说他与谁谁是"一大家子的"，这里的"一大家子"指的便是他们同属于一个家族而非一个家庭。四社五村

---

① 笔者于 2012 年 11 月 18 日对郝永智的访谈。

② 杨懋春：《一个中国村庄——山东台头》，张雄、沈炜、秦美珠译，江苏人民出版社 2001 年版，第 131 页。

家族分布的总体态势是，每个村庄都有一个较占优势的家族，同时还有数个其他大小不一的家族与之相配。村民对家族"占优势"的理解主要基于家族成员的数量，而不是家族的质量，后者包括德行口碑、文化程度、控制能力、内聚力量等在内的综合实力。而且，村民对"优势家族"之外的其他家族都统一称之为"杂姓"。当然，家族实力也一直处于动态循环之中，可能属于一个长时段的过程，也可能在较短时间便会出现变化，有两个势均力敌的家族在村庄中同时占"优势"的情况也是有的。总之，家族的兴衰程度可以分为上升的家族、处于顶峰的家族和衰落中的家族三种类型。

在村民的记忆建构中，每一个村庄最初只有一个家族，或者说先是形成了家族然后才建立了村庄，而"杂姓"群体是周围或者更远地方的逃荒移民。有一则在当地流传已久的传说："汉代以前，有兄弟四人看到当地水草丰茂，便落居于此，同时他们各在渠边栽种了四棵小槐树苗，后来这四棵树苗茁壮成长，再后来它们长到了一起，形成一棵大槐树，而原先的四棵树成为这棵大槐树的四个枝干，再到后来又分出了第五枝，寓意着'四社五村'，以四兄弟为首的每一个村落便这样形成了。"① 还有一则关于当地郝氏家族的传说："当初，四兄弟之父母给他们起名，有的叫青蛙，有的叫蛇，有的叫河马，反正都与水有关。父母叫他们到有水的地方居住，所以四兄弟便从大同府搬迁出来，在后河底有兄弟两个，邢家泉一个，郝家腰一个。"② 当地村民正是以这样的风土传说与家谱为蓝本与载体，来看待家族与村庄的发展史。

结合村民标准与社会实际来看：仇池村是董氏家族占绝对主导地位，人口最多，势力最大，而且从传统时期以来一直这样，杂姓是马氏、高氏等；南李庄村以朱氏家族为主体，杂姓较多，包括张氏、李氏、武氏、黄氏、马氏、贾氏、刘氏、郭氏等；义旺村以王氏、刘

---

① 笔者分别于 2012 年 11 月 15 日对郝永智、2012 年 11 月 16 日对魏存根的访谈。

② 笔者于 2013 年 4 月 12 日对郝永智的访谈。

氏、崔氏居多，杂姓为乔氏、杨氏等；杏沟村主要是卫氏，其余为李氏、吴氏、陈氏、贾氏等；孔涧村则以谢、李、周三大家族为核心，杂姓人数较少。而附属村的情况则一般以一个家族为主，基本上没有别的大家族，例如百亩沟的宗氏、桃花渠的郝氏。当然了，附属村的形成是较为晚近的事实，无论从面积上还是人口规模上都是无法与主社村相比的。不过，随着人口的繁衍与迁徙，有的附属村也处于扩大状态，像刘家庄起初只有刘氏家族最早定居于此，这从村庄的名字上也可以反映出来，如今还容纳了其他家族，如张氏、乔氏、郝氏、任氏、朱氏，而且张氏家族人数已经超过刘氏了。渠首村沙窝的情况是以薛、刘、王三大家族为主，薛族的发展史要早于后二者，只是刘、王二族后来居上，薛族则中道衰微。

我们可以看到，像中国南方的许多大村庄完全由同一家族的家庭组成，在四社五村范围内无论从初始建村还是今天，其发展轨迹基本上是在一个家族组成的村庄基础上扩展的。而且，大部分的村庄至少有一个以上的大家族，有的则是几个势均力敌的家族并存。① 在有些村庄中，同一家族并不一定都有血缘关系。随着家族的发展一般会分成几个分支，有些分支之间保持着密切的联系，而有些已经游离出去，在同村或者外村其他家族的领地上安了家。例如，我的主要田野报道人郝永智，在他爷爷辈便从世居的桃花渠村举家搬迁到义旺村。现在他的家庭仍然与桃花渠的郝氏族人保持较为密切的联系，但是与郝氏家谱记载的后河底、邢家泉、郝家腰的郝氏族人已经不再来往。

---

① 艾米利·埃亨（Emily Ahern）曾根据中国宗族组织内部的不同关系，将宗族组织分为三种类型：第一种类型为单一宗族占统治地位的村庄，宗族内部分门较细，门户观念较强，门户利益高于整个宗族的团结；第二种类型为势力相当的多宗族村庄，各宗族之间既有合作又有竞争，促使同族更为团结，一致对外；第三种类型亦为多宗族村庄，但其中某一宗族势力较其他各族为强，这可能导致大宗族控制小宗族，或者是众小宗族联合起来与大宗族相抗衡。具体可参阅［美］杜赞奇《文化、权力与国家：1900—1942 年的华北农村》，王福明译，江苏人民出版社 2010 年版，第 83—84 页。艾米利·埃亨虽然讲的是宗族关系，但是同样适用于我们分析四社五村的家族情况。而且，四社五村家族关系所呈现的状貌满足上述三种类型。如仇池村、桃花渠、百亩沟属于第一种情况，义旺村、孔涧村、刘家庄、沙窝村属于第二种情况，南李庄村、杏沟村属于第三种情况。

然而，家族联系仍然为所有村民承认，只是认同的程度在逐渐降低而已。在一般的社交场合，同族成员与其他家族的邻居之间的关系可能比同族关系更为密切，但如果出现涉及家族的争端或同族中某家有特别高兴或悲伤的事情，家族成员仍然会相互寻求和提供帮助。

韦伯（Max Weber）从社会学的角度提出，用"家族结构式的社会"这一概念来认识中国社会的特征，认为家族在中国社会生活中起着非常重要的作用，依靠地缘关系组成村落共同体，以习惯和规范为纽带，在内部实行自给自足的自然经济，是一个一切以传统为准绳的封闭而又自律的社会生活组织，政治组织和社会组织自上而下都打上了父系家长制的烙印。[①] 虽然韦伯考察的是 20 世纪 20 年代的中国，而且用家族文化作为中西方社会区分的标准，但是，这种认识对我们更深入地从理性上认识四社五村亲族关系的特征具有启发意义。诚然，我们并非关注家族间孰优孰劣、孰强孰弱、孰盛孰衰，而是要看家族关系在社会实践中的指导意义。"从社会的角度看，家族制度不止是地方社会组织和经济的基础，而且还是地方政治的结构。"[②] 在过去，家族发挥了重大的作用。虽然在整个乡村地区，家族意识总体上在削弱，家族组织也正在衰落下去，但是，直到最近，它仍然一直在发挥着隐性的作用。下面通过与村民的对话，表现了普通民众对家族的感知与认识。

问：村里有大家族吗？

答：有啊，每个村都会有的，很早就有了。

问：每年还搞什么祭祀仪式吗？

答：现在不搞了，以前还挺隆重的哩。

问：什么时间？

---

① 苏国勋：《理性化及其限制——韦伯思想引论》，上海人民出版社 1988 年版，第 153 页。

② 王铭铭：《村落视野中的文化与权力》，生活·读书·新知三联书店 1997 年版，第 77 页。

答：春节，还有清明节。

问：具体怎么个情况？

答：就是一大家子的人聚集在一起共同祭祖。

问：现在为什么不隆重了？

答：早就不在一起搞了，有十多年了吧，现在都各忙各的了，对这个不怎么重视了，过节的时候在自己家里祭祀一下就行了。

问：也就是说现在家族势力的影响不大了，可以这么看吧？

答：怎么说这个事呢，在一些事上还是有联系的。

问：哪些事？

答：过事的时候。

问："过事"是什么意思？

答：孩子换媳妇①啦，生娃啦，乔迁啦，白事啦。

问：在别的地方有没有影响，比如当村干部，还有日常生活的其他方面？

答：能当上干部的都得有家族背景啊，没有个大家族给你撑腰，没有人听你的。② 嗯，对，尤其是选举的时候。还有对我们吃的这个水有影响，尤其在以前。以前结婚上还讲究个门当户对呢，越是大家族越讲究这个。还有村里的庙会，维持治安也得需要家族关系。

---

① 当地称娶媳妇为"换媳妇"或"改媳妇"。

② 家族背景除了影响村干部的产生，还影响着村干部的治村行为。曹锦清曾有过这样的经验描述："村书记，直接面对数百户，许多得罪村民的事要他去干。没有大族强宗的背后支持，是干不成事的。因为没有人会听他的话，也可能在村选举中落选。如今改革开放，农民自由了，村里能干的人，自己外出去找各种赚钱的门路，他们根本不想去干这种吃力不讨好的苦差事。那些没有能力的人，想干也干不成。乡政府为了推行各项农村工作，只能去找那些想干且有能力干的人来当村支书，当村长。在目前这个情势下，想谋求这一职位的人，往往有谋取私利的动机，而能干者往往有大宗强族的支持。这样，村干部拉帮结派、欺压弱小、贪污腐败之事往往而有。这就是说村委一级存在着宗族化、地痞化的极大可能性。当然已经宗族化、地痞化的村委，如今毕竟是极少数，但苗头已出现。"参见曹锦清《黄河边的中国——一个学者对乡村社会的观察与思考》，上海文艺出版社2000年版，第96—96页。

问：这是好事还是坏事？

答：没法说，也好吧，也坏。有的家族名声好，有的则仗着人多来野的，蛮不讲理，挺讨厌人的。①

对于四社五村亲属制度的考察，还有一个较为重要的方面是通婚圈与姻亲关系。四社五村的通婚范围在不同的层级上表现出不同的选择倾向。从最低的层次来看，传统时期在婚姻取向上讲究门当户对，家族越大越讲究这个。另外，以单一家族为主的村庄更倾向于与周边村庄里的大家族联姻。在次级层面即涉及村庄与村庄之间的通婚偏好上有三种情况：一是因历史上曾经出现过水利纠纷而互不通婚；二是因洪、霍两域风俗的不同而一般不选择通婚；三是沿着水系分布而形成的通婚圈。第一种情况如洪洞县下游村庄与霍县上游村庄历来容易发生用水矛盾，在历史上霍县一方的南李庄村与洪洞一方的北川草凹村因吃水问题曾经发生过械斗，参加村民达120多人，伤亡人数共计11人，以后两村都免谈婚嫁，甚至到现在还都对儿女婚事讳莫如深。② 第二种情况并非绝对，最明显的体现在霍州一方的义旺村与洪洞一方的杏沟村，两村人一般不会主动去选择通婚，当地人普遍的说法是"洪、霍两边的风俗习惯不同"，而其他村庄也一般首先选择在本县范围内通婚。第三种情况又分为几种类型：一类是同一水日内的村庄联姻，最典型的莫过于主社村孔涧与其附属村刘家庄共用一个水日，因而两村历来互相结亲；一类是同为主社的村庄倾向于彼此通婚。在更高一级的层面上，四社五村会选择与历史上周围其他的村社组织联姻，如过去原霍山义城峪四社五村组织曾允许现四社五村的一些缺水村庄吃水，双方因而有长期的结亲往来，并相沿至今。③

---

① 笔者于2013年5月2日对郝永智的访谈。

② 董晓萍、[法]蓝克利：《不灌而治——山西四社五村水利文献与民俗》，中华书局2003年版，第三部分"四社五村田野调查报告"，第188页。

③ 同上书，第187页。

第二章　"四社五村"的知识考古

在大多数有文字的社会里，文字记录的权威是掌握在占据统治地位的精英人物手中的，而不是与"草根"阶层直接或间接相关的。即使是在没有文字的社会里，社会里的人群、人群中的不同小群体以及小群体中的不同个体，他们都有一套自己的社会记忆方式以及保存下来的内容，像是随时展现的历史档案，活在每个人的日常生活之中。所以，我们会看到社会记忆与知识传承的多元景观——既有官方的，又有民间的；既有上层阶级的，又有下层阶级的；既有精英人物的，又有普罗大众的；既有文本的，又有口传的；既有集体表征的，又有个体解释的，如此等等。记忆与表述过去的载体或者方式也是多种的，如正史、野史、碑刻、方志、神话传说、民间故事、仪式行为等，不一而足。不同的知识载体可以告诉我们许多单从某一种类的言说中所无法确知的东西；而同样真实的是，"地方性知识"可以使我们看到有关一个社会其他资料忽略或者没有明显表达出来的许多东西。地方性知识具有多维面相，反衬出的是不同的知识载体其背后的表述策略问题。

这就需要我们在面对不同文本的时候，抱持一种"知识考古学"（the archaeology of knowledge）的态度。这种态度源自福柯（Michael Foucault），他强调应当将文本（text）置放于特定的场域（context）中进行阐发，解读文本背后的符号（symbol）、话语（discourse）以及意义等体系，这便是对"知识"进行一番所谓的考古实践。① 之所以会有"考古"追寻，或者为什么要建立知识考古学，这源于后现代主义思潮的影响。因为，在福柯的视野里，"客观性"只是一个幻觉，它的存在是缥缈的，"历史客观性"仅是话语建构所为，而且也并不存在跨知识型的客观性，只能在特定的知识型或认识中谈论它才具有意义，所以，"应当使历史脱离它那种长期自鸣得意的形象，历史正以此证明自己是一门人类学：历史是上千年的和集体的记忆的明证，这种记忆依赖于物质的文献以重新获得对自己的过去事情的新鲜感"。② 循此理念，知识考古一反"依赖时间坐标所敷衍的延续性、叙述性史观"，转向"从空间坐标出发，强调历史的断层性及物质性——就像考古学的遗址遗物一样，层层积累、错综零碎，有待我们不断地挖掘拼凑。"③ 这样一来，当我们面对不同历史现场的时候，应试图挖掘历史"文献"与"文物"的不同层面，寻求"知识"在不同层面中的不同形态，追究其之所以可能的理由。

福柯认为，"我们不是只有'一'个历史，因此也不应在史学研究中汲汲营营的找寻'一以贯之'的'中道'。"④ 继而，知识考古学要发掘的东西，就是要揭示在一定历史背景之下，性质迥异的"话语"是如何形成的，有什么样的构成规则。福柯的立论也是基于"话语"加以展开的，但是他并没有将"话语"局限在语言分析的范围，而是扩大其定义，泛指人类社会历史长河中"所有知识讯息之有形或无形的传递现象"⑤，以此综观，特定的话语存在于社会的各个层面，各种各样的话语组成了我们的历史文化，它们之间相互推衍联结便形成了可以辨识的"话语形构"（discursive formation）。对"话语形构"的探讨离不开对其所统辖的诸如"陈述"（statement）与

---

① ［法］米歇尔·福柯：《知识考古学》，谢强、马月译，生活·读书·新知三联书店2003年版，第218页。

② 同上书，第6页。

③ ［法］米歇尔·福柯：《知识的考掘》，王德威译，台北麦田出版社1993年版，第5页。

④ 同上书，第40页。

⑤ 同上书，第29页。

"句子"（sentence）的组织、规则与策略相关研究的"推理式实践"（discursive practice）——作为一种"推理式实践"，"话语"不仅仅是语义学、符号学的对象，而且也是知识考古学的"档案"（archive）。"知识"的"档案"如同其他考古发掘的文物一样，成为理解不同时代思想之火花的例证，而并非只是存在于特定时空脉络之下具有连续性意义的封闭系统。

　　"四社五村"作为一种整体性的知识话语表述，我们对其关照的知识历程也有若一个考古学研究的历程。从福柯知识考古学的观点而言，每一项关于四社五村的知识记载与表述信息，都如同语言中的"句子"那样隐藏着某种信息源。"句子"代表着"陈述"，并且昭示着意义。更进一步来看，"句子"与"句子"之间、"陈述"与"陈述"之间的关系更是错综复杂，相互交织。这样，在解读与四社五村研究相关的每一项信息资讯的时候，都像是穿行在"句子"与"句子"、"陈述"与"陈述"所编织的意义之网中，努力去找寻各种各样的解读方案——然而，这种对意义的寻找与发现也是在不同的历史与社会文化脉络背景之中，在许多彼此具有竞争或交融关系的各种"势力"之下进行的。换言之，对于四社五村"知识"的解读是在公共领域中由单一或多元"势力"所建构出来的场域下产生层累意义的，而每一种"势力"场域所形成的解读或了解都是一种"话语"的展开，而"话语"的累积形塑了一个"知识档案"的建立。"四社五村"也就是如此这般地拥有许多知识的论述与档案。同时，虽然本章以对"四社五村"的知识考古作为研究的重点，但我们也希望最终能够看到的不仅仅是关于四社五村不同的知识史，而是在本书研究主题即乡村协作机制的框架下，在具体的历史演变中，各种不同因素之间的竞争和互动：村社地方角色的变化，它所遭遇的挑战和应变，村社与官府、会社执事、民间精英、仪式专家、家族、联姻之间的关系，等等。

　　在这一章中，我们首先看一下官方背景下的记载实践，虽然在历代文献资料中未曾找见关于四社五村的蛛丝马迹，但是，这种忽视与遮蔽恰恰在另一种维度上照亮了另一片天地——我们可以更加清楚地观看官方知识话语的实践景观与表述策略。接着,我们会进入到地方性情境下不同文献与"他者"的表述场域中,自由地游走在"过去"与"现在"之间。更确切地说,我们所面对的四社五村是一个长期以来未被官方文字书写与表述的世界,通过阅读官方文献白纸黑字的"话语陈述"(历史学),通过分析民间遗存的地方性文献(民俗学和考古学),通过目睹与聆听当下民众的日常实践和口传故事(政治学和人类学),去接驳、想象、构拟与展示四社五村这一世界里的人们,从当下的维度一直上溯到上千年的文明形态,也即迁移、定居与"发明传统"的历史。

一 官方文献的记载与表述策略

四社五村究竟起源于何时现在已无从考证,清代手抄本水册曾自述"自汉、晋、唐、宋以来,旧有水利",可见其历史应该较为久远,但是历代山西方志却均未见记载。四社五村水册共计 15 例,虽然文字并不太多,但内容丰富翔实,大体涉及水册渊源、分水日程、交水时间、祭祀方式等。① 水册所记四社五村水源地为青条二峪之峪泉的交汇之地,也即今天当地人通称的"沙窝峪",可是被梁启超列为有清一代光绪朝优秀通志之首并且搜罗最丰富的王轩本《山西通志》,详细到了记录沙窝峪附近的十一条渠道、十二道泉水,也未曾提及青条二峪,足见其被忽略的程度。②

这种"被忽视的历史"或"未被书写的历史"之情状是可以理解的。中国既是文明古国,也是水利大国。除水害兴水利历来是治国

---

① 这是目前洪洞县记载最早的一本渠规,参见薄生荣《洪洞春秋——乡土社会的文化通览》,三晋出版社 2011 年版,第 109 页。

② 董晓萍、〔法〕蓝克利:《不灌而治——山西四社五村水利文献与民俗》,中华书局 2003 年版,第一部分"导言:不灌溉水利传统与村社组织",第 7 页。另外,亦可参阅(清)王轩等撰修《山西通志》卷 67《水利略二》,"霍州"条目,清光绪十八年(1892)刻本,中华书局重印本,1990 年。

安邦的重要事情，历代的治水文献典籍可谓汗牛充栋。从官方的视角来看，官方文献所关注的或者要刻意突出的是灌溉水利工程，包括官方管理的渠道和官方部分参与管理的民间渠道，因为这是封建王朝的权威体现与利益保障。然而，四社五村的"优势"恰恰在于它完全实行不灌溉的水利民间契约，强调"耕而不灌"的用水理念，并始终不渝恪守这一信条，所以，它的"被忽略"意义既由其自身的历史传统也是官方的意识形态这两方面的力量所共同塑造的。或者，也可以这样理解，通过反读"强势者"生产的文献、陈述的话语以及关注的焦点等，我们企图理解"强势者"制造这些"东西"的历史，并且从中读出"弱势者"的生存状态和实践策略，从而把作为能动者的"他者"重新置放在历史与社会变迁的图景之中。

从历史时期的总体来看，地处中国北方地区的山西省，水资源匮乏的总体格局与以农为主的经济结构，导致了在水资源条件较好的山泉峪水和大河沿线适合水利开发的地区，形成了山西农业经济的重心，具有点线结合的特点。这些水利条件较好的地方，往往是一个地方经济与文化相对发达的区域，大型集市、庙会和各种物资交流活动较诸其他区域频繁，是一个地方的中心聚落，发挥了极强的辐射作用。相比之下，在水利条件较差的区域如四社五村，便出现了极端用水形式的独特人文类型。由于全省的水资源分布与农业耕地不相适应的矛盾十分突出，而水利对农业的丰产和维持社会稳定具有重要的意义，历代统治者都十分注重水利工程的建设，大力提倡兴修水利，鼓励农耕。

在中国古代社会里，历代朝廷专设负责水利建设的机构和官员，并在长期实践过程中逐渐形成一套相对完善的运作体系。古代的水政系统主要包括行政管理机构、工程修建机构、中央职官系统、地方职官系统、中央派驻地方机构、文职系统以及武职系统等。对水利机构和职官的设置，有力地说明了水利事业是中国历史上一项非常重要的政府职能和政府行为。历史上管水的官员大多将注意力放在防洪、灌溉等方面，对其他方面则关注甚少。

就官方而言，几千年来形成的水利社会，只是封建皇权的一种代表，自上而下的各级官员所能尽到的责任，就是确保水资源和土地的国家所有权，"溥天之下，莫非王土"始终是坚不可摧的信条。无论是泉水还是河水，只要水附着在土地上，王权国家就对其拥有最终的主张权。因此，大型水利工程的兴建、渠道的开挖以及用水秩序的维护等，仍然需要各级政府官员进行必要的管理，只是官方力量渗透的程度有大小之别而已。对北方干旱半干旱地区而言，水资源的丰歉程度以至水利的有无，不仅关系到民生问题，关系到社会经济及区域社会的持续发展问题，更是关系到封建国家的赋役税收问题。所以，我们在历代方志与水利志等史料中会看到官方表达意识形态的某种倾向性，这也从侧面解释了为什么像四社五村这样的地方不被关注的原因。

山西省历代地方志和水利志等都记载了省内的水利工程史料，其中也涉及县级以下的水渠，包括洪、赵、霍三县水渠。综观这些丰富的水利史料，可以看到官方文献的一些表述策略。其一，官方运用"有所为，有所不为"的社会管理技巧。历史上各个封建王朝都设有专门的官吏专管水利事业，舜帝曾令伯益作司空专门负责水利，秦汉之际专设管理水资源的都水长丞，及至西晋南北朝沿用此制，隋唐以降又置水部侍郎，此种基本格局一直沿用至清代。落实到地方，府、州、县官就是基层水利的实际管理者与调控者，但是，在几千年的封建社会运行过程中，封建皇权并没有管到具体的每个水系和流域。一方面，州县官员人数有限，一个县官既要管生员，又要管判案，还要管水利，不可能管深管细、面面俱到；另一方面，老百姓也不愿意与官府过多地共事。这两方面的原因决定了官方既要聚集威严"有所作为"，又要适时下放权力"有所不为"。具体到洪、赵、霍三县来说，官府对水利的管理主要是发布文告，组织规模较大的水利工程，审核渠册，颁发凭信和处理纠纷，而对于各渠的具体事务并不过问。这种在水利公共领域与民间占一定自主性的情况下所形成的一种共同管理格局，从各县的水利碑刻与渠册中也可以看出。

　　其二，有意突出水利事业的公益性质，塑造一种道德典范，注重社会效应甚于技术规模。这种表述策略的背后实际上掩饰着的是国家税收利益之目的，因而官府要通过加强水利的社会动员力量以保障地税。现在所能见到的山西地方志都是明清以后的书面记载，在明清两朝，山西与国家税收的关系以按照耕地面积向国家纳税为主。为了克服干旱缺水的困扰，官方政府大力动员社会各界兴修水利。政府动员的社会人力之广泛，鼓励参与的社会阶层之众多，外省少有。而且，官方刻意在方志中记载有功人员的姓名、村名和水利组织名称，世代表彰，以明确体现官方的提倡态度。在一些方志中，洪、赵、霍三县使用官渠南、北霍渠的条目多处可见，记录有功人士姓名和相关村名、社名达 30 余次。清代中叶以后，水利灌溉管理的社会分工愈加发达，在水源、水量、流经村庄和总支渠的分布上，都做过相当细致的测量和记录，对水渠所流经村庄的限水份额提供了详细的量化资料，洪、赵、霍三县也不例外。这些区分细致而微，显然是出于官方的意图，能提高全社会参与管理的热情和水平。

　　其三，注重官方的政绩评估与社会后果。虽然黄土高原的坡面土质和干燥气候极易造成水渠改道、渠道淤积和水量不稳定，使水利工程不能发挥应有的作用，但是，破坏性最大的还属旱涝灾害。每逢大灾来临，水利工程往往会丧失送水能力。需要注意的是，官方文献表述的侧重点在于——在评估灾害影响方面，只讲社会后果不言水利工程；在救灾措施及力度方面，也只述官府体恤民情之姿态，松动相关纳税政策，而较少或者根本就不谈水利工程的改造与维修等技术手段。例如，被方志记载的水利工程分为两类，一类是官渠；另一类是民渠，前者由政府出资监管和养护，实行农田水利灌溉，以完成国家土地纳税，后者则由所在行政区界进行管理，令其灌溉耕地，以补官渠纳税之不足。可是，由于民渠的蓄水能力低，农耕产出量少，加之十年九旱的特殊生态环境，老百姓有时卡在"水没颈项"的生存极限点上，所以，方志会记载一些地方政府实行减税或免税的让利政策。原洪、赵、霍三县民渠较多，存在一些被免税的记录，如清朝光绪三年、光绪四年，洪、赵、霍三县连遭大旱①，政府一次性豁免洪洞县"地二十五亩二分二里二毫"、赵城县"地一十七顷二十亩三里"、霍县"地八十一顷二十四亩九分"②。如遇发生洪水灾害淹没土地情况之时，官方会免除土地税收，洪洞县志这样记载一条史料："明洪武五年……汾水浸塌，没四千九百六十四亩……村移内地。又高公沟，嘉靖间河断水绝，分贾村沟水为小沟，入副霍渠借流。田去赋存，民甚病之。万历九年，知县乔因羽丈地免粮，始免征。"③

其四，粉饰与夸大官府的政治权威与调处行为。官方史料在对政府管理的介绍上不免有粉饰之嫌，如写到三县著名的官渠霍泉渠时，曾涉及官方对民间用水活动的管理，指出该渠灌溉洪、赵、霍三县土地历来有纠纷，自清代官员刘登庸在洪、霍之间修建了分水亭和订立了三七分水之制后，从此争端平息。这显然是夸张失实，因为后来的用水争端一直连年不断，并不像方志言说得那么轻松自如，况且三七分水制度也是民间习惯法，而不是哪个人物想出来的。而且，通过史料所反映的官方解决民间水利冲突"率由旧章"④的调处策略，也能够窥见一些表述上的夸张成分。方志在谈及三县用水规约方面，主要选取民间渠道原有的规约并加以肯定，表面上承认民间原有制度安排的文化合理性，深层原因实际上是官方对现实社会中因水资源紧张和用水需求量增加引发的制度变革要求的一个被动应对，因此，其外部表征便是"率由旧章"的表达策略。例如，方志引用了赵城水规："赵城旧有五渠。北霍、南霍、清水三渠，源发于霍山麓；上广济、下广济二渠，引汾河水由霍县而入赵城也。旧例各渠岁举老成正直

---

① 山西省史志研究院编：《山西通志》，第十卷《水利志》，第四章《水旱灾害》，表36《山西重大旱灾一览表》，中华书局1999年版，第100页。
② （清）曾国荃等撰修：《山西通志》卷59《田赋略二》，"洪洞县""赵城县""霍州本州"各条目，《续四库全书》，六四四，史部地理类。
③ （清）王轩等撰修：《山西通志》卷67《水利略二》，"洪洞县"条目，清光绪刻本，中华书局重印本，1990年。
④ 张俊峰：《率由旧章：前近代汾河流域若干泉域水权争端中的行事原则》，《史林》2008年第2期。

一、二人充渠长，给木戳以专责成。渠长下设水巡数名，查水之上下。又设沟头，理渠之通塞。至于引溉，凡各村总汇地，俱设陡口一座，平时则闭，需时则开。轮日按时，周而复始，由近及远，由高至卑，无违渠制。"①

二 地方文献背景下的谱系考掘

就官方视角来说，四社五村是一个不被表述的一隅之地，它的存在所呈现出来的是一种"边缘化"的特性，也即在霍山脚下，位于洪、赵、霍三县灌溉水利区域边缘地带的夹缝中求生存的处境，其用水特点、制度模式与人文类型也是在三县的历史地理环境中长期孕育发展而形成的。王明珂关于族群边缘的讨论对于本项研究具有一定的启发意义，他对"边缘"的说明指出了其在本体论上的特性。通过圆形构图方式的比喻，王明珂指出正是"边缘"（圆形的线条）才建构出整体性的意义："当我们在一张纸上画一个圆形时，事实上是它的'边缘'让它看起来像个圆形。"② 他所谓的"边缘"主要关注的是"时间上的边缘"、"地理上的边缘"与"认同上的边缘"。③ 对于四社五村这种边缘性的考察，并非仅仅局限在地理意义上的边缘——虽然它的村庄聚落确实位于所在行政区划的边缘——而是更倾向于取其广义用法，如时间维度的边缘、官方叙事的边缘、灌溉制度的边缘、生态资源的边缘以及文化认同的边缘。我们对四社五村所展开的考古追寻，也正是在这种"边缘"的进深上加以审视与阐释的。

虽然在官方的"表述地图"里，四社五村完全是一个盲点，但是，如果进入到地方性民间场域里，这里展现出来的却是一种全新的

---

① （清）觉罗石麟等监修：《山西通志》卷30《水利》，文渊阁四库全书，史部三〇〇，地理类。

② 王明珂：《华夏边缘——历史记忆与族群认同》，台北允晨文化实业股份有限公司1997年版，第11页。

③ 同上书，第13页。

景观与视域融合，可以这样来概观之——几乎"村村有庙，庙庙有碑，人人有言"。每村的村庙数量少则一二多则四五，神庙与特定村落空间的结合，形成了专属于村落的祭祀中心，成为村庄公共性的代表。而这样的公共空间成为碑刻的存藏之地，有的碑刻与庙墙砌为一体，可见其对村庄有着较为重要的意义；有的碑刻则被一直深埋在特殊位置的地下，也是另一种具有独特意义的保存方式。关于村庄的"事儿"，村民们基于各自的叙述态度、关心主题、行为逻辑和精神世界，都能说出个一二道出个三四，流传在乡民之间丰富的民间传说更是他们追溯过往、传承记忆的文化网络。至于村社水册作为一项民间法律实践，未被纳入官方书面文献系统予以保存，可是在民间的社会时空里保存了下来，融入地方文化遗产之中。上述这些地方性文类编织了一幅民间视角下的知识表述图景，涉及不同的意义场域。

那么，如果从整体性的观点来看的话，通过分析与钩沉不同的地方性资料，我们会发现，"四社五村"既是一种社会组织、一项制度实践，同时还是一个文化象征。在这一节中，我们先来考察"社会组织"与"制度实践"的维度，下一节将通过当地人的视角来展现"文化象征"的维度。无论着手于哪个维度的分析，我们都应力图既注意到它在时空脉络上的动态演变过程，又要关照到每个村落具体的存在情境。安德森（Benedict Anderson）在论述"想象的共同体"（imagined community）时宣称，国族的意识形态来自于社会集体对"过去"历史的选择、重组与重新诠释，甚至是虚构而成的。① 虽然他面对的是近代国族主义形成的问题，但是，如果仔细检证四社五村如何对其过去进行选择、重组与重新诠释时，我们会发现它的过程不是静态的、片面的，是有其知识史的传承，而此一选择、重组与重新诠释的机制是动态的，也有其历史性的基础。当然，"组织的"、"制

---

① 虽然"想象的共同体"是"文化的人造物"，但是，它"不是虚构的共同体，不是政客操纵人民的幻影，而是一种与历史文化变迁相关，根植于人类深层意识的心理的建构。"参见［美］本尼迪克特·安德森《想象的共同体——民族主义的起源与散布》，吴叡人译，上海人民出版社 2005 年版，第 17 页。

度的"和"象征的"这三个维度并不是绝对分立的，我们的目的也并非要作类型学意义上的分析，而是希望借由不同知识载体不同表述的"诗学与政治"，反观"四社五村"作为一种颇具弹性的机制，在历史发展与社会变迁中的具体运作情形。而且，这三个维度实际上也是有交集的，对任何一方面的考察都会或多或少辐射到其他层面。所以，只是为了叙述与分析的方便，才对"四社五村"作这样知识考古之下的类型划分。

作为一种社会组织，四社五村在水资源管理问题上将数个村庄凝聚在一起，形成具有联盟性质的民间水利自治体系。关于这一村社组织的最早历史，"金明昌七年霍邑县孔涧庄碑"① 给我们提供了一些线索，这是一通官司碑，记载了当时的水利纠纷事件，兹将全文摘抄如下，以窥其貌：

沙凹泉水碑记（碑阳）

秦壁村上社与孔涧庄窃闻天德□□四月间，李庄人□乐兴夜梦神□□□庄东三□里□□内，并力一千余工，淘出□□泉水，通流到庄牛羊（以下看不清）。年□月初五日，李庄村头目人张厚、□□陈告（以下看不清）省□□逐谷管地分山水河道□□地土，缘李村自□□□牛羊秦壁村上、下社（以下看不清）村东，□孔涧谷，□城县东山青、条谷两处山谷长流水□合并渠，流行□村，分定日数牛羊次。北胡桃凹有山泉一眼，自来被秦壁村上社人广强□□，固将泉眼堵塞不放，往下通流所□无用涧内，致李村与秦壁村下社人户不得使用。余幸省府踏逐山泉河道□地，有李村人户俟令得尽圆头□陈告，允自奋其力，另开淘两处山泉，蒙牒委泉水系有主山泉，虽流行并次，下更有□□□，相去秦壁村上社约四里以来，沙渗微细，只可浇溉彼□，小止有淋浸

---

① 董晓萍、〔法〕蓝克利：《不灌而治——山西四社五村水利文献与民俗》，中华书局2003年版，第二部分"资料：水利簿、碑刻与传说"，第84—91页。碑存孔涧村玉皇庙旧址。

水，小岁流行约一十余步，沙渗□□，别无□落残水，委实是端
的，本县备申府，倚照验节。以李庄人户商议为张厚□主泉，却
作无主山泉，□乱陈告，得行昏赖，因以□排，杨和、乔俊、何
全初、裴兴夜梦神人兴工开淘，并见立碑记□，龙堂所一所显
迹，连名陈告，张厚与李村下社人户王用告指李庄小程皋地内，
靠山沙凹泉水，要行开淘。蒙官中前后三主簿踏逐定验，并堪会
得附近邻村义城□村头目乡老梁德等定验，得所争泉便是和等。
李庄人户从来所使有主沙是无主山泉，勒张厚准伏了当申过，府
衙转申，提刑使□照验□有奉□回降，指挥不令张厚等开淘。自
后张厚□又告，□□下石崖内泉□□□开淘□，□牒□□□主簿
定验，得石崖泉□□沙凹泉水，张厚又行准伏了当。杨□□□年
深被张厚等计构匿了文案，将水再行□□日□□□□□□陈告，
于明昌五年九月二十四日，官中给到公据收执。后□当年十月
内，张厚王用又经府衙陈告，本县将村东石崖内无主水泉与小程
皋地内泉水特不相干，却作有主泉水，偏曲归断。蒙府官□台
者，批状下县如所告，是具依理改正。若虚亦仰就□□□□□
写□，当使张□批□。为此，再蒙牒委□县尉颜盏忠、武勾到不
干□青郎村头目李信、□方、李宁、晏村头目□□□□□
□□□□□口仲地，邻□□地主小程皋孙男程六对张厚、王用当
面□□程皋通检户以并隣人得买契凭，□□□□□□□□□□
旧石崖泉水，委实在小程皋地亩，四至数内不禁□。

霍邑县孔涧庄（碑阴）

□□□□□□□勒本人准伏其张厚等又于县官公坐处告覆，以
元契凭不实，致将出水泉眼打量在小程皋地内，蒙
□□□□□□□公议，若不同来定夺，词讼不绝。以此当年闰
十月初十日行马同来所争地头，对众踏逐定验，得出水处委在小□
程皋□□，与主簿县尉前后数次定验得相同。及蒙县官当面省会，
张厚除所争小程皋地内泉水外，勒李指引无主石崖泉眼，□面官中
受理，便得开淘来此。上县官又行省会逐人即目县官同来定夺，别

无宥顺偏向，蒙勒张厚、王用招讫前后所告虚罪，申过府衙，却奉回降该会法断定逐人各杖六十，依数归结了当。杨和、乔俊再经县衙陈告，然蒙依理归断，尤恐已后年深，张厚等计构匿了文案，将水再行昏赖，乞行给据。又于明昌六年六月二十五日，给到印署，公据当行，司吏常法今来本庄人户同议，然有官中公据二本见行收执，诚虑岁久倘有无失，又致争讼，枉遭被害，今将公据节略要言并公据内县官职位，请命名匠开石镌碑，以为后记。

明昌七年正月初十日碑

立石人：乔俊、何明、张谨、裴进、程四、吴当和、王安、王三奇、任小三、耿元、何千、兰朱僧、何贵、何小大、赵和尚、韩张僧、张元、耿四、杨迪、杨远、杨进、大杨仲、小杨仲、靳智、程六奇、裴高、任兴、杨珪、张管僧、张当僧、乔三、靳原、何全

图2-1　金明昌七年霍邑县孔涧庄碑
　　（2012年11月16日）

管内立石：杨和　石匠：赵城县高显　书丹人：杨法、乔五、任全

明昌五年九月二十四日公据一道

忠武校尉行县尉颜盏

忠武校尉行主簿高押

怀远大将军行县令乌古论押

明昌六年六月二十五日公据一道

行县尉颜盏押

行主簿孟差出

行县令裴满押

图 2-2 存放"金明昌七年霍邑县孔涧庄碑"的玉皇庙旧址
（2012 年 11 月 16 日）

从这份资料来看，早在 800 多年前，这一地区便已经形成固定的社会群体，而且出现了"社"的记载，表达了一种地缘性的村落关系，不过，此时"社"的含义还非常模糊。碑文中出现的秦壁村上社也即沙窝村所在地，而秦壁村下社则为孔涧村所在地，那时候，秦壁社作为一种民间水利组织，管理霍山青、条谷两处山谷也即沙窝峪里的泉水以及其他散泉。值得注意的是，这通石碑除了刻过"老二"李庄与"老五"孔涧的名字外，没有出现"老大"仇池、"老三"义旺和"老四"杏沟的名字，可能与水利纠纷案件的性质有关。另外，仅从文献时间来看，四社五村碑刻的历史要比水册的历史长得多，所以，这一水利纠纷反映出来的可以视为村社联盟的雏形，是四社五村水利组织萌芽阶段的痕迹。这一个案之所以特殊，之所以被历史与当下的民众所选择与重视，还在于它从侧面反映了其他一些在地化的知识面相。

我们先来简要梳理一下案件的具体过程。水利纠纷的原因最初为李庄村头目张厚告官，因秦壁上社人广强将泉水堵住，致使李庄与秦壁下社人户不得使用；继而于明昌五年十月，张厚告东石崖泉为无主泉水，县衙偏曲归断；后在明昌五年闰十月初十日，张厚告原不实。因为事情琐碎复杂，所以，前后经过了明昌五年的初判、明昌六年的再判，最后结案于明昌七年立碑。断案和参与人员包括主簿、提刑使、指挥、县尉、义城头目、邻村头目、乡老等。结案判词主要涉及水权的归属问题：允许另开淘沙凹泉本县备申府依照验节；东石崖泉为无主山泉依理改正；张厚等各杖六十；县衙令来本庄人户同议，将公据节略要言并公据内，再令刻碑。

　　这样，通过这通官司碑，它所牵扯出的一些问题及其侧重点便清晰地摆在了我们的面前：其一，作为一种组织形态的"社"，兼具国家（官方）和地方（民间）的特性，这为我们提供了另一种看待地方历史的可能——在四社五村的例子中，"社"一直存在于地方社会中，其作用和影响构成了传统地方历史的另一种节奏。"清道光二十年义旺村议定章程碑"① 和"清光绪三十三年义旺村振理前二甲碑"② 这两通石碑便反映出这种两面性，至晚清四社五村仍然受到官方力量的较多影响，需要为县衙选举里正和甲总，遴选标准为"举报时，必择人品端方、家道殷实者充应，不得挟私捏报"③，可见，四社五村是一个介于"官"与"私"之间的组织平台。其二，它所要刻意突出的是抑上扬下的官民关系，因为比较洪、赵、霍三县其他水利纠纷个案，几乎都是渠首村对下游村实行用水压制，县衙在受理此类案件时也大都维护渠首村的利益，同意先上后下的水渠管理制度，而本案中渠首村与下游村争水失利并让步，官府也一反常态，成为下游村征服渠首村的典型特例。

　　这通石碑距今已历八个多世纪，在四社五村所有碑刻中属于年代最为久远的，而其余的则都为清代古碑，时间跨度如此之长。通过不

---

　　① 董晓萍、［法］蓝克利：《不灌而治——山西四社五村水利文献与民俗》，中华书局2003年版，第二部分"资料：水利簿、碑刻与传说"，第110—117页。碑存义旺村坡池畔。
　　② 同上书，第136—143页。碑存义旺村坡池畔。
　　③ 清光绪三十三年《义旺村振理前二甲碑记》，参见董晓萍、［法］蓝克利《不灌而治——山西四社五村水利文献与民俗》，中华书局2003年版，第二部分"资料：水利簿、碑刻与传说"，第143页。

同类型碑刻所反映的社会事件来看，四社五村组织所经历的历史阶段比较复杂，虽然我们不能据此看出什么发展线索，不能恢复四社五村水利社会的全貌，但依然能够窥见这一组织的变化程度。清代古碑共计8通，最早的一通是"清乾隆二十八年李庄村结义庙百人摇会碑"，最晚的为"清光绪三十三年义旺村振理前二甲碑记"，前后历经144年。这些碑刻的内容涉及确定水源地共有共用的合法性，指出水权村的水日分配与水利工程的样式，管理水利设施与地税的具体措施，说明经济组织成员的产生办法以及民间摇会组织的经济中介角色等。在100多年的时间里，这几通石碑所涵括的内容可谓非常丰富，几乎每一通石碑都是一种议事说理的代表，甚至有的一通石碑竟然能够说明好几个与组织相关的问题。这一通通石碑看似一个个独立的个案，实际上它们是在一代一代文化传承中被地方民众所精心选择过的，它们共同组成了一个水利组织的整体，也说明四社五村作为一种地方公共性的组织机构在有清一代更加成熟和制度化了。

　　"四社五村"不仅是一种社会组织，它还具有制度实践的意义。通过对地方文献的知识考古，其制度实践的历史能展现出一个地方人群的生活和组织过程，在不同时期人和人之间关系得以建立的机制——这个动态的而又具体的关系机制包括了我们以往所说的政治制度、经济制度、基层组织制度、民间法律制度以及宗教信仰制度，等等。这是一种"乡土社会"意义上的制度实践，是一套人们生活于其中、在生活中理解、在生活中创造、在生活中发明并表达的秩序系统。制度虽然在一定意义上限制着地方人们集体选择的可能性，但同时制度的形成过程和实施力度又被各种关系所限定。在这种对制度的理解中，制度不再是死板的条文，制度的形成和运作过程为各种关系提供了展演的舞台，但是制度仍然被认为是一种制定出来的，供人们遵循、破坏或改造的"法令"与"规章"。

　　虽然我们无意在一种历史考据学的意义上去还原四社五村的来龙去脉，不过对于村社历史的简单回顾还是有助于更好地把握本案的制度实践。"社"是一个古老而多义的概念，几乎贯穿于中华文明的历史长时段过程中。有关"社"在传统中国里的多重含义，陈宝良曾考其源流，认为不外乎以下五种：其一，土地之神；其二，古代乡村基层行政地理单位；其三，民间在社日举行的各种迎神赛会；其四，信仰相同、志趣相投者结合的团体；其五，行业性团体。① 据顾炎武之辨析，"社之名起于古之国社、里社。故古人以乡为社……后人聚徒结会，亦为之社。万历末士人相会课文，各立名号，亦曰某社某社。……今日人情相与，惟年、社、乡、宗四者而已"②，可见"社"作为人群集合的含义是相对晚近的，大概出现在宋代以后。在四社五村的例子中，虽然"社"只是在几个有限的朝代里曾经作为基层社会组织的一部分，但最晚自金元以来它一直存在于地方社会中。同时，自上古时代以来一直到清末，与"社"相关的祭祀都是乡村中最为重要的仪式活动之一，而且，在大部分情况下，"社"同时兼具了作为聚落的"村"和这个聚落中宗教信仰组织的双重意义。从这个角度来看，我们对"村"与"社"二者相互结合的把握便不难理解了："村社"应该指涉一个有着相应地缘空间范围的，并且围绕着"社祭"活动凝聚在一起的基层组织。

具体到四社五村，作为乡土制度的村社集中体现在对一种不灌溉水利制度的联村"发明"与实践——"四社五村"为一方水土之上社会具体运行的自治性提供了一个制度性的框架。由于特殊情境使然，迫于缺水压力，在周围洪、赵、霍三县灌溉水利管理体制的包围中，唯独四社五村实行不灌溉自治管理。因之，我们从地方文献自身的角度认识到的四社五村尤其强调对这种特殊用水制度的设计与描述，彰显出一套民间自运行的村社制度实践。上述金代的水利官司碑反映了不灌溉制度萌芽阶段的迹象，不过官方视角存在灌溉的意图，因为当年渠首村尚有灌溉可能性，但空间不大，因为"沙渗微细，只可浇溉彼□，小止有淋浸水，小岁流行约一十余步，沙渗□□，别无

① 陈宝良：《中国的社与会》，中国人民大学出版社2011年版，第1—6页。
② 顾炎武：《日知录集释》，商务印书馆1935年版，第106—107页。

□落残水"①。及至清代，"清乾隆三十一年孔涧村让刘家庄水利碑记"对于新增水户刘家庄作了严苛规定，"刘家庄人、物吃用，不得浇灌地亩"，而这一个案从侧面反映出渠首村已经完全接受了不灌溉的水利制度。时隔61年后的"清道光七年四社五村龙王庙碑"是唯一明确议定不灌溉制度的标准文献，指出三项制度要素即自下而上用水秩序、水权村水日安排以及水利工程式样。再相较同一时期的水册，"清道光七年水利簿"是在原水案遗失后大明洪武年间设立水册基础上的再次重立，因为明时水册"其簿残缺，难考其文，断续莫辨"，所以"因将旧例残缺者补之，失次者序之，因录水例于左"，这一水册便成为不灌溉水利制度的详细载体，可见该碑刻已有水利簿的基础。总之，如果我们将这些水利文献串联起来进行整体性分析的话，能够看到村社制度实际运作的生动过程，还能够看到一个负责的、矛盾的和具体的水利社会运行图景。

图2-3 人类学者张佩国在查阅"清道光七年四社五村龙王庙碑"

（2013年8月13日）

---

① 金明昌七年《霍邑县孔涧庄碑》，参见董晓萍、［法］蓝克利《不灌而治——山西四社五村水利文献与民俗》，中华书局2003年版，第二部分"资料：水利簿、碑刻与传说"，第87页。

图 2 - 4   存放"清道光七年四社五村龙王庙碑"的龙王庙
（2013 年 4 月 1 日）

三   "他者"的理解与智识取向

在上一节中，我们用了较长的篇幅来论述在地方文献背景下所认识到的四社五村特点，主要对其作为一种社会组织与一项制度实践进行了一番知识考古。我们也早已申明，这样的划分只是出于理解与分析上的需要，实际上在当时当地具体的社会运行图景中，这些所谓的类型学意义上的区分是相互涵括在一起的，也即"四社五村"在地化场域中既是"组织的"，又是"制度的"，更是"文化的""象征的"，等等。对任何一方面的偏倚与强调，都将影响四社五村在地方性情境中的"整体"意义。在当下"他者"表述与实践的过程中，这些维度更是弥散在他们的意识形态之中。本节将以"文化象征"作为切入点，来考察当地人对"四社五村"的理解与智识取向。

在这一严重缺水的地区里，四社五村不仅仅在生存意义上成为几个村庄相互依赖的聚合体，而且更是在象征意义上分享共同文化的、具有地域认同意识的并且通过共同的身份感而团结在一起的社会群体。也即是说，"四社五村"一直以来作为一种地缘关系的联系机制，和以文化象征为纽带的水利组织一起共同构筑了地方的人文关系网络。这样，在文化的维度之下，便涉及文化认同与群体意识。陈宝良通过对"社"与"会"的考察来推论群体意识的形成：

> 社与会渊源于春祈秋报的乡饮社会，滥觞于民间的结会互助，大张于士大夫的聚会讲学，至明末复社这种文人士子的结社，已是洋洋大观，达臻全盛。清兵入关，这种盛况一度中断。但到了清末，由于西方各种社会思潮的涌入，会社团体如雨后春笋，破土而出，再度兴盛。无论是妓女结成"盒子会"以显示烹调手艺，武将结社以习练武艺，抑或释子集会以联络宗教感情，文人学士雅集以消闲余生，所有这些，都源自"人以群分"这样一种群体意识。①

所谓的群体意识，指的是有某种相互联系的一群人，基于所面对的共同问题，"一起为之兴奋，为之鼓舞，或者一起干一件事时的心理状态"②，它是人们生活方式的精神动向，无论这种动向是经济的、政治的抑或文化的。王明珂在关于民族与族群的研究中指出：

> 虽然社会人类学者与社会学者在族群研究上的关注焦点有差异，但他们却有一个非常有意义的共识：那就是，"族群"并不是单独存在的，它存在于与其他族群的互动关系中。无论是由"族群关系"或"族群本质"来看，我们都可以说，没有"异族意识"就没有"本族意识"，没有"他们"就没有"我们"，没有"族群边缘"就没有"族群核心"。③

---

① 陈宝良：《中国的社与会》，中国人民大学出版社2011年版，第506页。
② 同上。
③ 王明珂：《华夏边缘——历史记忆与族群认同》，台北允晨文化实业股份有限公司1997年版，第24页。

　　无论是"精神动向"还是"互动关系"的视角，同样都是适合于对四社五村的考察。在霍山以西霍州境内，像四社五村这样的民间水利组织原来不止一个。霍山一共有 13 个峪口①，形成 13 条峪泉，顺着地势自东向西注入汾河。四社五村所在的沙窝峪只是其中之一，其他峪口都位于沙窝峪以北，自南而北依次分布。沿着这些峪泉所形成的渠道水系，自古以来分布着大大小小的自然村落，孕育出各自独立的流域社会，形成具有一方特色的乡村文明。相较平原的地理环境易于凝聚较大型的社会组织，各自分立的峪泉社会更利于形成小规模的民间组织——围绕着泉水资源的开发与利用，一个个少则数村、多则数十村的微型社会便星罗棋布地出现在霍山之西。因共饮一泉山水涉及水权与水利治理问题，所以，这些峪口下的村庄也都有过自己的民间管理组织，地方上习惯称之为"四社五村"，其作为一种民间组织只是一个统称，各组织中所辖的村社数目不等，依历史成规而定。例如，陶唐峪四社五村包括成家庄、茹村、南程村、青乐坪村和辛庄五个村落；义城峪四社五村包括义城村、南杜壁村、闫家庄、南王村和双头垣五个村落；悬泉山峪四社五村包括贾村、南李泉庄等三社；小涧峪四社五村包括小涧村、柏乐村等二社三村。民国以来直到中华人民共和国成立后，县农业水利部门的资助以及深井技术的引入改善了当地民众的用水条件，这些组织便自动消失了。虽然现实性的水资源使用与管理模式已不复存在，但是，有的不用泉水的村庄至今仍通过一种古老的仪式行为来保证自己饱含着历史传统的社会记忆不致失传。例如，上面提及的陶唐峪四社五村之一的青乐坪村早已不吃该峪口的泉水了，但是，为了传承这一历史传统，每年有一次放水仪式，届时陶唐峪的泉水沿着古时的渠道，行程 10 多公里，刚流到该村坡池即可。这种象征性的水资源管理模式对于这些村落来说意义重大，通过放水仪式来体现自身拥有水权的正统性。

---

　　① 这 13 个峪口的名称分别为：沙窝峪（青条峪）、陶唐峪、义城峪、罗涧峪、贺家庄峪、悬泉山峪、小涧峪、杨家庄峪、七里峪、山底峪、梨湾峪、东王峪、油盆峪（干节峪）。

这样，沙窝峪的四社五村便成为至今仅存的一个民间组织了。而就在其他民间组织式微、衰落乃至消亡的过程中，四社五村却逐渐无意或有意地加强了自身的群体意识与文化认同，他们更加在意己身不灌溉水利制度的特殊性与传承性，在意己身用水历史传统所形成的社会秩序有别于其他地区。此外，因为现在越来越多地受到内外多种力量的冲击与影响，四社五村无论作为一种社会组织还是一项制度实践，已经不再能够发挥原有的作用了，所以，其原初意蕴逐渐地让位于一种文化象征。也基于此，在某种程度上而言，"四社五村"更多地成为一种形塑自身传统及绵延形象的资本，一种节水水利民俗的非物质文化，一套在干旱地区协作生存的可持续经验，而所有这些指向的都是一种具有符号表征价值意义上的文化象征。

就在我田野调查期间，刚进村不久，每每与村民聊上几句，他们总会有意无意地将话题引向一棵槐树身上。这棵古槐坐落在义旺村西边的田间地头上，有一条"丁"字形乡间小路绕其而过。关于古槐的年龄谁也说不上来，不过它需要四个成年人才能合抱过来，应该有较为久远的历史了。古槐的形状比较特殊，粗壮的主干上端又分出五个枝杈。正因此，村民将古槐与四社五村的起源联系在一起，进而有两则传说便在这一区域社会内部流传开来了——其中一则是关于社与树孰先孰后的；另一则是关于树与四社五村历史发展过程的。传说内容大致这样：

　　传说一：很久以前，这里环境优美，泉水长流，有四个人来此定居，繁衍成村社，后来他们在靠近水渠的地方栽种了一棵槐树，由于经常受到渠水的浇灌，这棵槐树逐渐茁壮成长至今，先有社后有树，村民都把它叫作"社爷树"。

　　传说二：汉代以前，有兄弟四人看到当地水草丰茂，便落居于此，同时他们各在渠边栽种了四棵小槐树苗，后来这四棵树苗便茁壮成长，再后来它们便长到了一起，形成一棵大槐树，而原先的四棵树便成为这棵大槐树的四个枝干；再到后来又分出了第五枝，寓意着"四社五村"。

　　我们再来看一下 20 世纪 90 年代末先期学者首次搜集到的关于
"社爷树"传说的样貌：

　　　　它这一棵树呢，肯定是先有社，后有树，群众都把它叫作
　　"社爷树"。在四社五村的范围内，它的年龄最大，估计是这么
　　看。在一个社的范围内，这棵树最大。①

　　可以看到，十年之后我所搜集到的同一则传说加入了更多的细
节，而实际上这些传说是当地人在岁月的涤荡中"编造"出来的。
我的报道人就直言不讳地用"编"字来说明这一问题，究竟谁是始
作俑者已不可考甚至也已不再重要了，至少传说样文在村民那里早已
耳熟能详，而且他们也乐于接受这样的附会，没有人质疑它的问题，
没有人考究它的来源，这也可以看作是一种群体合谋下对历史传统与
文化象征的发明。

图 2-5　冬日里的古槐（2012 年 11 月 16 日）

---

　　① 董晓萍、[法] 蓝克利：《不灌而治——山西四社五村水利文献与民俗》，中华书局
2003 年版，第二部分"资料：水利簿、碑刻与传说"，第 165—166 页。

图 2-6 古槐近景（2012 年 11 月 16 日）

图 2-7 古槐近景（2013 年 3 月 29 日）

　　如果说上述传说是近十年来的一种发明，那么下面属于一个体系的传说则具有较为久远的历史渊源，是四社五村人们世代口耳相传的历史记忆与文化遗产，而且它们是有水册、村碑等相关文化背景的。我们看一下这个传说系统：

　　"老大"传说：聊的传说呢，历史上我们社就是首社，我们村子大、人多、说话也算数，也有人力，也有物力，可能也敢打。我们村在魏国时期就是勇敢城嘛，是个城池，很早，五千年前就住着人哩。你像义旺村、孔涧村、仇池村、杏沟村，这是很早很早哩。

　　"老大有水跟捞油锅一样"传说：老大一个是势力大，一个是打人打死得过多。再有一个水，是怎么来的呢，就和广胜寺那流传的一样，就是广胜寺那水，三、七分渠，油锅里捞小钱，你捞得多了，你就多，过去就凭这种形式。

　　"义旺村嫁女带水"传说：孔涧村历史上还有一个故事哩。这孔涧村和我们这一个村，是归我们社管。不属于那三个社管。过去我们这七枪水都是我们的。我们村里的一个闺女，嫁到孔涧村啦。过去都是父母包办。她不去，说没有水吃。就这呢，当时我们村就给了她三枪水，说你嫁过去就给你三枪水，这个闺女哩，就是我们村的一个闺女把水带走了。为了去，带走了，一直把那一个村拉入到这四社五村里头，成了"五村"。过去我们是四社，后来加了一个村，成了五个村。

　　"孔涧村干部的女儿嫁给刘家庄"传说：刘家庄的一日水，是孔涧给的。孔涧的一个人呢，可能是当村干部的人，他闺女给刘家庄了。给刘家庄呀，家庭也好，女婿也好，去去就吼。她爸问她哩，说："女子你吼啥哩，没有吃的？没有花的呢？"女子说："啥也好，就是没有洗脸水。"她爸说："你合上（方言，指拿上）一日水。"也是孔涧这人能，敢予，把孔涧的水予去，你也不能把我怎么样。

　　"孔涧村给刘家庄一日水一条渠"传说：孔涧村嫁给刘家庄一个女子，这个姑娘回到娘家说："就是没水吃。"他爸说："没事。"女子又哭呢，是没水吃，给上一日。这姑娘又哭了，说："可是没有渠。"她父亲又说了："没渠，给你犁上一犁。"拿的牲口拿的犁，从上往下一犁，就形成我这个沟，就是我门外的沟。那就是一犁。这几百年就成了一个小沟。

"刘家庄吃孔涧村的洗脸水"传说：旧社会就是刘家庄的人当放水员，先给孔涧村放满了，再给自己村子放。这村没有水，人家闺女回去了，说是连洗脸水也没有。刘家庄娶的孔涧的女，孔涧给他姑娘送的一口洗脸水，咱们这村吃的还是洗脸水。咱们吃那老丈人水哩嘛。①

我们将这些传说进行整体分析会看到，一个民间组织所形成的区域小社会无法凭空自行产生一套"真正的"历史作品，但是，当地民众会在既定的文化象征空间与架构中，调整并创造他们可以接受的过去，但对过去的描述也决非凭空虚构，而是与当时历史场景下的具体经验直接相关的。"社爷树""老大"与"老大有水跟捞油锅一样"的传说是以清道光七年《四社五村水利簿》与"清道光七年四社五村龙王庙碑"为背景，而"义旺村嫁女带水"、"孔涧村干部的女儿嫁给刘家庄"、"孔涧村给刘家庄一日水一条渠"、"刘家庄吃孔涧村的洗脸水"等传说则直接以"清乾隆三十一年孔涧村让刘家庄水利碑记"为依托。虽然当地人们对于四社五村文化象征与社会秩序的想象，使得传说在流传与流变的过程中出现许多"分歧"而又细节不同的版本，但是，这些版本之间仍然享有共同的文化架构——人们生活在这样的架构中，认可某种可以被接受的过去。我们并非仅仅从分析的角度来理解这些传说的内容指涉，而是更加关注什么样的社会需要这些传说的问题。

传说反映的是社会实践与运作的过程，它既提供社会群体运作的动力，同时，面对巨大的改变时，社会本身也会主动地在传说既定的架构下，修正传说的细节与内容。综观这些传说有三个重点，说明其社会结群文化象征的背后逻辑：第一是祖源谱系；第二是兄弟关系；

---

① 以上传说参见董晓萍、［法］蓝克利《不灌而治——山西四社五村水利文献与民俗》，中华书局2003年版，第二部分"资料：水利簿、碑刻与传说"，第154—165页。

第三是联姻关系。当地民众对祖先与村落来源有一种说法，宣称最初是四个人或兄弟四人来此落居后世代繁衍。这种宣示是重要的，因为传说中的渊源往往给社会秩序安排一个合法性的定位，表示占据主体的四个村以及后来的第五村是拥有共同历史基础的，于是他们可以合理地承袭祖先传下来的霍山沙窝峪的水权。传说中的兄弟关系体现的是一种联村共治的精神，彼此之间是以对等的平行关系共处，反映了水利组织运作时社会结盟的重要性。另一方面，在这平等关系之中又蕴藏着不平等的逻辑，存在着一定的级差秩序，即第五村在权力位置上实际上要略低于其他四村的。最后，无论是义旺村嫁女带水还是孔涧村嫁女带水，体现的都是在联姻关系下对水资源的再次分配问题。民间资源的分配与再分配是需要别人的认同，联姻可以起到结合与串联不同势力的效果，这样联姻关系便成为扩大合法性基础的一种方式。

图 2 - 8　清乾隆三十一年孔涧村让刘家庄水利碑记（2012 年 11 月 16 日）

　　四社五村因享用共同的水源而结社自保，历史地理学者韩茂莉对社的具体范围进行了界定："沙窝用水区具有大社性质，四社五村则分别结为小社。就直线距离而言，从沙窝水源之处至用水区的西缘南

图2-9　夕阳掩映下的孔涧村玉皇庙（2012年11月16日）

泉，约6.8公里，从用水区北缘百亩沟到南缘桥东村大约5.4公里，这就是四社五村构成的大社基本范围。"[1] 四社五村不仅仅是一种具有地理生态学意义上的环境适应个案，它留给我们更多的是对"人文类型"多样化的人性思辨与文化沉思。从知识考古学的视角出发，对四社五村所作的一番知识考古，只是从整体上研究乡村协作机制的一部分抑或一个维度。知识考古的历程并不只是局限于说明它的历史渊源，而是更多地落脚在"诗学政治"[2] 与表述策略的问题层面，也即不同的传承载体与知识生产对四社五村表述的不同智识取向和文化选择。在异文化或"他者"文化类型研究的过程中，一个研究者总是从蛛丝马迹中找寻曙光，终有一大堆的资料也总觉得残缺不全。我们对作为整体意义的四社五村之关照，也有若一个知识考古的历程。四社五村研究所研究的对象并非没有主体性，问题是我们如何看待研究的知识主体。本章的知识论基础也是从片断的资讯所提供的叙述性了

①　韩茂莉：《十里八村：近代山西乡村社会地理研究》，生活·读书·新知三联书店2017年版，第104页。

②　[美]詹姆斯·克利福德、乔治·E.马库斯编：《写文化——民族志的诗学与政治学》，商务印书馆2008年版，第41页。

解过程中慢慢建构起来的，每一种了解都是某种"势力"的开展，而多元了解之间的关系又是合作的、竞争的、相互抵触的或相互支持的。总之，抱持一种知识考古的态度与自信，我们的异文化研究之旅将会极大可能地避免"在地化"经历的陌生性。

第三章 "泉域社会"的整体协作

　　研究以水为中心的山西区域社会，不能不提及类型学视野下的分析工具与相关概念。行龙在突出差异性方面指出，基于水资源禀赋及对其开发利用模式的不同，相对应的社会组织、经济发展水平以及文化发达程度等也会有所不同。[①]　行龙及其学术团队曾从类型学角度出发，将引泉、引河、引洪和引湖四种不同利用水资源模式所对应的区域社会，分别称之为"泉峪社会""流域社会""洪灌社会"和"湖区社会"，并以此作为开展"水利社会史"研究的分析工具。井灌也是不同水利条件下的一种利用形式[②]，而且井灌方式较常见于山西西南地区。不过，囿于资料的限制，张俊峰指出，井灌虽然是一种较为重要的灌溉方式，但无论在规模、数量还是效益方面都不可与上述四种方式同日而语，并认为井灌的真正大规模普及应该是在 20 世纪的"农业学大寨运动"之后。[③]

　　就明清两朝的山西社会而言，引泉、引河与引洪都是重要的水资源利用形式。早在 2005 年，张俊峰曾撰文提出过"泉域社会"的概念，并从类型学的角度作过初步剖析。他以山西介休洪山泉为实证研

---

　　①　行龙：《"水利社会史"探源——兼论以水为中心的山西社会》，载张江华、张佩国主编《区域文化与地方社会："区域社会与文化类型"国际学术研讨会论文集》，学林出版社 2011 年版，第 30—42 页。

　　②　陈树平：《明清时期的井灌》，《中国社会经济史研究》1983 年第 4 期。

　　③　张俊峰：《水利社会的类型——明清以来洪洞水利与乡村社会变迁》，北京大学出版社 2012 年版，第 258 页。

究的具体案例，从争水传说、历代水案、水资源开发、水神信仰和地
方水治等方面，对"泉域社会"这一概念进行了定义，认为围绕着
泉水资源的开发与利用，形成的一个个少则数村多则数十村的各自相
对独立的微型社区，它们在山西各地星罗棋布并且在区域社会中发挥
着非常重要的作用，这些微型社区可以称为"泉域社会"。① 同时，
他对泉域社会应该具有的特征也进行了一定的归纳：

> 一是必须有一股流量较大的泉源，水利开发历史悠久；二是
> 基于水的开发形成水利型经济，诸如水磨、造纸、水稻种植、瓷
> 器制造等；三是具有一个为整个地区民众高度信奉的水神，如晋
> 祠的水母娘娘、洪洞的明应王、翼城的乔泽神、曲沃的九龙王、
> 临汾的龙子祠以及介休源神庙等；四是这些地区在历史上都存在
> 激烈的争夺泉水的斗争，水案频仍；五是在一定的地域范围内具
> 有大体相同的水利传说，如跳油锅捞铜钱、柳氏坐瓮传说就遍及
> 山西南北。②

这五个方面是我们考察泉域社会的切入路径，以之作为分析工具
可以把握泉域社会发展变迁的基本规律。就地方性具体情境而言，不
同地域的泉域社会所呈现出来的面貌特征也并非一概而论，甚至能够
表现出更多丰富的层面。泉域社会可以包括不同的社会类型，表现出
不同的结群方式。例如，在行龙对太原晋祠难老泉与张俊峰对洪洞广
胜寺霍泉的研究中，两地呈现出的是一种灌溉治理模式，而本书的四
社五村个案围绕着霍山沙窝峪泉水资源的开发与利用所形成的民间水
利组织，则体现出一种不灌溉治理模式。当然，无论"有灌而治"
还是"不灌而治"，二者可以被视为华北地区水利社会的两个极端，
不过，它们共同分享"泉域社会说"的一些基本特征。

---

① 张俊峰：《介休水案与地方社会——对泉域社会的一项类型学分析》，《史林》2005
年第 3 期。
② 同上。

　　另外，以"泉域社会"的概念作为本项研究的分析工具，探讨特定区域社会里的人们如何建立和维持一个秩序井然的地方社会的问题，尚需结合"地域社会论"以及相关的学术视野。日本学者森正夫于1981年首次从方法论的角度，提出了对此后日本史学界明清史研究卓有影响的"地域社会论"观点，并区分了实体概念上的地域社会和方法概念上的地域社会，认为：

　　　　我们所使用的地域社会概念是作为广义上的再生产的场的、为着总体把握人们生活的基本的场的方法概念。既孕育着阶级矛盾或差异，同时为着广义上的再生产而面对共同的现实问题，个人被置于共通的社会秩序下，被统一于共同的指导者或指导集团的指导之下，我们将这样的地域性的场设定为地域社会。……地域社会是贯穿于固有的社会秩序的地域性的场，是包含了意识形态领域的地域性的场。①

　　所谓"人们生活的基本的场"并非指涉单纯的地域概念，而是一个包含经济、政治、法律、道德、思想和意识形态等层面交互作用的统合体。台湾学者施添福受到森正夫观点的启发，引申了"地域社会"概念，将其作为一个历史研究的分析概念和工具，认为经由这一概念的诠释可以体现出区域社会的独特性，从而成为探讨地方感与地方认同的理论基础。② 他的相关研究从形塑地域社会的"环境"与"国家"这两个内在机制出发，同时，对血缘层面上的"姻亲"与"宗族"以及地缘意义上的"维生"与"信仰"这四个领域进行交互分析。他对清代台湾北部内山地域社会的研究，便是一个延续此种思

---

　　① ［日］森正夫：《中国前近代史研究中的地域社会视角——"中国史研讨会'地域社会——地域社会与指导者'"主题报告》，载［日］沟口雄三、小岛毅主编《中国的思维世界》，孙歌等译，江苏人民出版社2006年版，第499—524页。
　　② 关于"地域社会"的概念，具体可参阅施添福《社会史、区域史与地域社会——以清代台湾北部内山的研究方法论为中心》，中国人民大学清史研究所网（http：//www.iqh.net.cn/info.asp？column_id=8252）。

路的整合性研究实践。① 施添福的视角可以视为一种"小地理区"意义，阐明了"地理区不是学者为了研究上的方便而切割出来的便利空间，而是需要经过阐释始能界定的未知领域"②。张佩国进而提出"地域社会秩序场境"概念，认为在具体研究上，不仅要关注地域社会的观念史意义，而且还应将行政区划、市场网络对于地域观念形成的意义纳入分析与比较的视野之中。③

　　上述概念与分析工具的引入，其初衷都是为了提供一个较好的诠释方式。回到本项研究，鉴于水资源的严重匮乏以及水在当地社会中的重要价值，霍山沙窝峪泉域下的四社五村这一乡村社区历史地形成了一套以"水"为中心的社会关系体系，我们可以将其视为四社五村的"水利社会"或者沙窝峪下的"泉域社会"。虽然，四社五村作为一个小地理区范围以现实中存在的地域框架为依托形成了一套村际协作模式，但是，"四社五村地域"并不仅仅是单纯的实体概念，而是总体把握人们生活的社会秩序场景的方法概念，它整体性地呈现了乡村协作机制的权威体系、技术治理、地域崇拜、社区认同、祭祀礼仪、司法实践、水权纠纷、道义经济和象征支配等要素的多维度历史实践。这样，我们便能够全息地、多方位地理解四社五村整体协作的景观、规律与总体特征。接下来，我们在具体操作上将分而述之，只有通过发现所有的文化制度——社会的、政治的、经济的、宗教的、技术的、市场的、道德的以及民俗的等制度是怎样相互联系的，才可能真正理解乡村整体协作的文化体系，即在可能最宽广的背景中观察协作机制的各个有机组成部分，以便理解它们之间的相互关系和相互依存性，以及地方民众是如何把它们和日常生活融洽地糅合在一起

---

　　① 施添福：《清代台湾北部内山的地域社会及其地域化：以苗栗内山的鸡隆溪流域为例》，《台湾文献》56（3），2005 年；《清代台湾北部内山地域社会——以罩兰埔为例》，《台湾文献》55（4），2004 年。

　　② 施添福：《区域地理的历史研究途径：以清代岸里社地域为例》，载黄应贵主编《空间、力与社会》，台北"中研院"民族学研究所 1995 年版，第 68 页。

　　③ 张佩国：《祖先与神明之间——清代绩溪司马墓"盗砍案"的历史民族志》，《中国社会科学》2011 年第 2 期。

的。此外，这一章在时间把握上将以明清至民国时期为主，因为乡村社会的总体协作实际上在传统时期展现得较为完善，而中华人民共和国成立后四社五村的实际运作与传统时期早已不可同日而语了，它的实践逻辑已经发生了较大程度的变化。

一 权威体系

四社五村中每一个村庄的单一村落政体与作为共同体的组织机体，二者的具体运作如同齿轮组一样，实际上是相互咬合在一起共同带动利益链条向前滚动，概言之，它们交错且重叠。我们在前文章节中曾扼要回顾过"社"的历史，此处针对四社五村的个案，再具体说明一下社与村落政体、水利组织以及祭祀组织的关系。在古代，社是某一地域神庙所属的信徒组织，并以社为单位进行迎接与恭送神明和举办社火的活动。[①] 对于本案来说，通过社的形式最早将这五个村庄聚合在一起形成联村结盟组织，为的是共同解决兼具公有与共有属性的水资源问题。霍山沙窝峪之峪泉顺着地势自东向西流淌而来，这些自然村落的命运从此便与水结下了不解之缘，继而围绕着水资源的共同开发与利用，在相应的制度安排与群体协作中形成了一种"水的文化网络"——社的形态便是这一文化网络中的重要部分。由社所联结的这些村庄不仅仅是一种具有宗教信仰意义的祭祀组织，同时也是一个在现实中对资源进行有效管理的水利组织。作为祭祀组织的神威，保证了神圣性空间中年度龙王祭典的秩序进行与人们精神领域中的信仰共享；而作为水利组织的权威则统摄所有村落政体，使后者为了整体的利益而甘愿臣服于前者。这样，由社所衍生出的组织与村落或家户之间便有着重要的结构联系。一方面，祭祀组织与水利组织是重叠在一起的；另一方面，四社五村将所有村落与家户共同"网结"

---

① 秦建明、[法] 吕敏：《尧山圣母庙与神社》，中华书局 2003 年版，第一部分"尧山圣母庙与神社"，第 30 页。

在这一组织之中。

　　此一乡村协作组织的政治核心由两级权威层组成，二者相互配合，共同构建了一方水土的整体社会秩序。四社五村的两级权威可以视为一种级差权威，而由之所形成的政治阶序体现出的便是一种级差秩序。一级权威掌握在四社手中，或者说社的层次与地位是最高的。四社具体掌管控水分水、主持祭祀、维修水利、存修水册、监管科罚与人员调配等多种权力，地方民众又称此"权"为"水权"，将之解释成四社自古以来理所应当拥有的"水日子""几枪水"或"放水天数"①。四社是用水级别最高的水权村，按照各村距离水源地的远近，分别为仇池社、李庄社、义旺社和杏沟社，对内仿照家庭制度中的排序，自称"老大""老二""老三"和"老四"。二级权威归属于四社五村中的第五村即孔涧村，距水源地较四社最近而成为渠首村，内部称之为"老五"。孔涧村所拥有的权力仅为渠务管理的"渠权"与监督协商的"参政权"。四社依据历史水权来管理水资源与维护水利工程，按照自下而上的传统祖制轮流坐庄，从老大仇池社到老四杏沟社，每社拥有一个年度期限的管理权。值年之社称"执

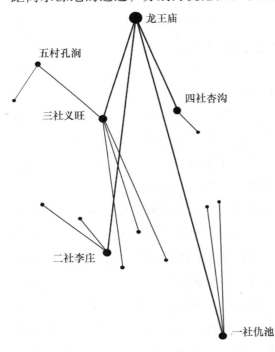

图 3 - 1　四社五村祭祀范围、权威系统与
地域网络关系

---

① 笔者于 2012 年 11 月 21 日对郝永智的访谈。

政社"① 或"坐社",四年一个循环,周而复始。所以,这一体系也可以看作一种由四个独立的水权有机体和一个渠权有机体组成的分立性民间社会制度或结构,或者,如果你愿意如此称呼的话——权力体系。

孔涧村之所以成为"第五村",而没有进入到一级权威层次,在于当初它不具备单独成立社的条件,但是又必须与其他村庄联合开发水资源以保证人畜吃水,所以只能或者必须就近加入一个社。这样,孔涧村与义旺村便同属于义旺社,这又进一步解释了人们为什么将这一组织称为"四社五村"或"五村四社"。关于孔涧村就近入义旺社成为第五村的问题,义旺社一位原副社首讲述了一则"嫁女带水"的民间传说来说明其中的原因:

> 孔涧村历史上还有一个故事哩。这孔涧村和我们这一个村,是归我们社管。不属于那三个社管。过去我们这七枪水都是我们的。我们村里的一个闺女,嫁到孔涧村啦。过去都是父母包办。她不去,说没有水吃。就这呢,当时我们村就给了她三枪水,说你嫁过去就给你三枪水,这个闺女嘞,就是我们村的一个闺女把水带走了。为了去,带走了,一直把那一个村拉入到这个四社五村里头,成了"五村"。过去我们是四社,后来加了一个村,成了五个村。②

不过,当地坊间一直普遍流传着的说法是"从前,孔涧村规模小,人口不足五十户"③。义旺社原社首郝永智认为这一说法是可靠的,据他回忆:

---

① 董晓萍、[法]蓝克利:《不灌而治——山西四社五村水利文献与民俗》,中华书局2003年版,第一部分"导言:不灌溉水利传统与村社组织",第19页。
② 同上书,第二部分"资料:水利簿、碑刻与传说",第163页。
③ 笔者于2013年6月6日对谢俊杰、李兴国的访谈。

为啥我知道孔涧村入社的事呢，当初，仇池社的社首董升平得病了，我去看他的时候，正好他拿出一本书，那书都保存得发黄了呢，书上的字还是这么着从右边往左边念的，就是老书那样。他给我拿出来，翻了一会儿，指到一处说："永智，你看这儿！"我看他指的地方，那儿说了这么一句，我记得大体意思是：以前，这个社不足五十户人，不能单独成立社，要就地邻村近的参加一个社。最早的时候就是这么一回事，孔涧村入的是义旺社，义旺社包括孔涧村和义旺村这两个村子。①

孔涧村"入伙"四社的具体原因，除了人口达不到一定规模不能立社之外，还有一个重要细节为当地人所认可。据说，有谢姓、李姓和周姓三户最早来到孔涧村居住，他们顺理成章地共同治水。起初，孔涧村给四社看庙，因为外来户贫穷，只能做这样的事情。作为回报，他们被允许耕种庙地，还可以吃粮免税。在吃水问题上，他们要向四社交纳头份钱，由于交的比老大仇池社要多，最终被允准入社。②不过，我们大可不必过多地纠结于孔涧村入社的原因与条件，而应当关注这样一个历史事实，即孔涧村自加入义旺社之后便成为这一组织的一员，从而共享了霍山沙窝峪的泉水资源，同时也分享到水利组织中的一部分权力，成为一个拥有二级权威的村庄，这无形中抬高了它在周边其他村庄中的地位。

按照民间法律观念与实践中的"先来后到"原则，四社五村——或者更严格一点来讲是四社——所拥有的水权是绝对的。从民间的视角出发，这种绝对水权为自然所赋予，因而人们也将其理解为"自然水权"。在他们的观念中，自古以来就是这个样子，而且还有流传下来的传统水册作为他们"引经据典"的来源。沿着这一逻辑推进，四社五村的权威也是一种自然意义上的"天赋

---

① 笔者于 2012 年 11 月 21 日对郝永智的访谈。
② 董晓萍：《田野民俗志》，北京师范大学出版社 2003 年版，第 657 页。

权威"。在"皇权不下县""天高皇帝远"的年代里，当地民众更多地专注于水利组织及其具体运行，而较少在意村庄的各自政体。或者可以理解成，国家的力量从未真正渗入四社五村内部，其有序运行体现的完全是一种自给自足、自主治理的民间模式。实际上，每个村落各自的政体被覆盖在水利组织体系当中，二者共同组建成宇宙论层次上的基本机体单位，其自身具有封闭性特征，并生成于泉域社会里四社五村的文化土壤之中。即使在现代社会中，各村之政体与水利组织之领导核心是一套人马，后者中的权威人物也是前者中的村庄干部。平时，他们依靠政治动员来贯彻政府的相关政策，一旦涉及水资源管理，他们就会灵活地将政治动员转化为民俗动员，去解决当前面临的许多官方政策解决不了的水利问题。①

就这一权威体系的具体结构而言，四社五村水利组织与村庄非常相似，可以看作是一个"大写的村庄"——按时召开有关水利的定期会议，主要是清明节前夕的祭祀活动筹备会与水利工程调控会，平时如遇紧急情况（如水事纠纷、决堤溃堤、自然灾害等）也会立马发出鸡毛信，组织临时会议，风雨无阻；渠务管理，兴建水利设施，提供公共福利；亦有特定的、通常以文字形式出现的"规约"，以确定基本原则、集体工作义务、公共仪式活动，等等。一如村庄，水利组织可以确定罚金数额，实施罚款，解决争端，拥有财产并自行决策，独立于任何外界权威或超凡权威。差别之处仅在于这些权利与义务的具体内容，它们实行的社会领域以及它们被引向的结局。村庄将一群邻人之间的日常社会互动形塑成一种和谐的公民友情模式；而水利组织则将辖下所有村庄一般村民的资源（如劳力、水、技术甚至心态等，和在非常有限程度上的资金设备）组织成卓有成效的协作与生产机器——协作的是实践，生产的

---

① 董晓萍、［法］蓝克利：《不灌而治——山西四社五村水利文献与民俗》，中华书局2003年版，第一部分"导言：不灌溉水利传统与村社组织"，第24页。

是秩序。

这一权威机器的主要职能当然是对沙窝峪水资源的管理与对水利工程的实际控制。水利工程之建造及维修、水在各村庄及各家户之间的分配与用水监督和水作为共有资源的可持续利用，这三者是作为一个整体的水利组织最为关心的问题。这些任务中的第一个任务是通过严密的组织与人力（即村民本人的劳力）的持续使用而得以实施的；第二个任务的实施通过在既定民俗传统招引之下，对公平与公正的目标尽量保持原汁原味，并使之永葆青春的不懈追求；第三个任务且亦可想见这是一件最为棘手的事情，这需要达致整个社会范围内的群体共识，可持续发展认同意识的获取路径离不开广泛的民俗宣传与社会动员。这些主要问题关乎村民的生存、村庄的发展与一方社会秩序的长久安定。一如在村庄中，水利组织之成员决非仅是"一介草民"，他们亦是能够主张水之使用权的权利之人，他们拥有不可剥夺的个人用水利益与私人处置权利，水利组织也不能予以侵犯，而是尊重每个人的权益。然而，在公共权利与公共利益占据主导地位的日常用水生活领域中，权威体系中的命令在民间社会里就是法律，具有神圣不可侵犯性，而对命令的公然或隐秘的冒犯即是对权威的挑战，因而最终也会导致众叛亲离。

这便是四社五村的权威结构与力量所在，主宰了乡村群体协作的统一步伐，任何不协调的声音在它面前都会显得杂乱无章、嘶哑无力。至此，我们再近距离看一下权威体系中的核心领导人物，即社首集团之群像。每一个社的领导人物也即民间俗称的"主事头目"，被统称为"社首"。"社首"有正、副二职之分，正社首一名，副社首二、三名。相应地，老五孔涧村的领导人物则被称为"村首"，也有正、副职之分。当地民众将四社五村的领导核心统称为"社首集团"。正社首是决策集团，担负用水方案的调动、水渠工程的规划、管理经费的决算以及水事纠纷的调处等之责；副社首则主要负责管理社内的财产账务、用工摊派、操办祭祀以及检查渠道工程等，协助正社首办理各种日常渠务。① 本节开篇曾述及四社轮年执政掌权，而就在四社权威交替的历史车轮年复一年的滚动之中，社首集团的成员也经历了一个交接继替的过程。② 社首地位的获得，由多种复杂因素决定。家族、姻亲、财富、地位、德行、能力、宗教等因素在形成个人权威，帮助某些个人成为社首集团之一员或者最终取得社首位子的过程中，具有整体性影响。进而，我们可以沿着这一思路再往前走一步：水利组织及其社首权威自治制度是以某些制度为基础的，如家族制度、姻亲制度、经济制度、宗教制度等。社首制度管理的核心要点是集权分治与轮流治水。巩固这种制度的关键所在，是调动和运作水利工程以保证人畜吃水的可持续发展。社首集团抓住了这一点，就控制了村际联盟之间协作的命脉，因而也就顺理成章地控制了这一区域小社会。

二　技术手段

技术上的分水与送水系统也完全暗合政治上的自主治理模式，即不依赖那些不在水利组织直接控制之下的诸种设施，或者说，不存在任何类型的由官方占有或官方掌握的水利工程。相较那些规模宏大的在地方经济社会发展过程中具有主导或支柱性的工程来说，四社五村的这种水利工程可谓渺小至极；如果那些地方是中心的话，这一隅就是边缘，甚至是边缘中的边缘，是一个不被官方关注的角落，对于外界来说，他们是"没有历史的人民"。这些水利工程也不是任何类型的超水利组织自主性团体的财产，当然也不归它们掌管，实际上再没

---

① 董晓萍、[法] 蓝克利：《不灌而治——山西四社五村水利文献与民俗》，中华书局2003 年版，第三部分"四社五村田野调查报告"，第 189 页。

② 从实际调查来看，在 1949 年以前，正社首大多为多届连任或隔界连任，因此一个社的正社首大致就是那么几个人；1949 年以后，实行新的行政制度，社首同时担任村长或村党支书一职。但是，无论怎样变化，四社五村社首集团有自己的循环轮替规律。参见董晓萍、[法] 蓝克利《不灌而治——山西四社五村水利文献与民俗》，中华书局 2003 年版，第三部分"四社五村田野调查报告"，第 189 页。

有其他无论在规模上还是控制范围上能够超越这一组织的民间团体。任何村庄及其所有村民都全然依赖水利组织的全部设施（如蓄水堰、分水亭、沉沙池、分水闸、引水渠、水坝、堤岸、坡池等），因为水源供应是由一个独立的水利组织（如果你愿意的话，可以视之为一个共同体）来独立或采取合作形式进行修建、管理和维修的，每一个人都是这一组织中拥有全权资格的成员，同时若用法律术语来说，他是这个组织中与他人完全平等的成员。

作为一个资源分配与调控系统，四社五村水利组织可以从宏观上定义为（而村民也将其理解为）：从同一条主干水渠引水使用的所有村庄与家户的联合。这条作为水利组织共有财产的水渠引自霍山沙窝峪南北二峪之峪泉的汇合。村民将这种汇合之成就归功于先人的自发开挖，地方史料虽未言明，但他们还是通过当下的实践来追溯过往的历史。这样中华人民共和国成立后，四社五村三次水利工程中群众热火朝天的干劲，成为村民慎终追远的社会记忆的现实依据。共有产权的观念以及"自汉、晋、唐、宋以来，旧有水例"的口传民俗，使得水利工程当之无愧地归属于四社五村共有，每一个村社都会在建造与维修水利工程过程中起到重要的作用，在历史的长河中曾经如此。在通常情况下，维修工作在四社之间进行分配，水利设施如有破坏，"小则使水之社自行修补，大则会同四社公同修补"①，劳力与经费均按照各自拥有的水日子摊派，"夫则按日均做，钱则按日均摊"②，这些都是由传统习俗确定下来的。在偶然的情况下，例如当蓄水堰或者水渠管道等水利设施被山洪冲毁时，即必须在短时间内投入大量劳动力时，工作会由四社五村的首领成立"临时指挥部"，非正式地共同组织实施，但同样也是在老习惯的指引下。还需强调一点，尤其在这样的情况下，水利组织广泛进行社会

---

① 清道光七年（1827）《四社立水利簿》，参见董晓萍、〔法〕蓝克利《不灌而治——山西四社五村水利文献与民俗》，中华书局 2003 年版，第二部分"资料：水利簿、碑刻与传说"，第 55 页。

② 同上。

动员，也会征调周围其他村庄里的劳力，而后者必须表现出"义无反顾""不计报酬"的姿态，而且也必须这样实践。

当地先民将二峪之泉开挖疏导，使之交汇于一股，以发挥其最大利用价值。但是，由于沙窝峪的峪泉属于霍山植被蓄水，不能保证较为稳定的出水量，在干旱季节更是形势严峻，仅能供给人畜饮用，遑论灌溉地亩了。在共享这一方有限的水资源过程中，水量的技术分配与调节尽量保持公平与公正的原则。村际间内部的地理生态变化当然存在，水量的控制也远没有非常精确，但是，水利组织通过技术手段辅以民俗习惯，不仅在现实中成功地保证了用水秩序，减少了水利纠纷发生的次数，而且在观念上营造了一幅水网井然有序的和谐图景。或者，这幅观念景观也可以这样理解：水的分配不是我们平常理解的物质平均主义，而是在民俗秩序中求取的平等，即按照地方风俗、人情道理和习惯办事，获得民心公平的效益。用现代术语说，这是一套主观评价指标体系。而观念上的"假象"又进一步衍生出一致的认同、共有的信仰，后二者恰恰是他们群体协作凝聚力的核心。正是在这环环相扣的发展过程中，水利组织把一条水量不多的渠水有序地送到饮水对象那里，送进他们世世代代居住着的村庄。下面我们就来看一下四社五村水利工程具体的技术治理。

大、小峪泉分布在南、北二峪之处，不少明泉顺着地势自东向西流淌，在到达峪口之前，它们要流经一段较长路途的坡地——当然也有一些泉眼分布在靠近峪口的地方——彼此错综交织在一起，由涓涓细流逐渐汇合至峪口。之后，这些泉水顺着洪水冲刷、天长日久自然形成的明渠继续向西奔流，在到达它要"滋润"的村庄之前还需流经相当长的渠路（在某些情况下长达十多里，即使最近的也需要一、二里）。越往下游走，水的渗漏与蒸发量越大，流到村庄后仅为一小股水流，更不用说遇到干旱的年份与季节了。为了最大限度地利用有限的水资源，不致浪费，村民通过一些技术手段进行有效的治理。他们在峪口处距水源地不远的地方人工开挖蓄水池，因水池地处沙窝村，该村自然成为渠首村——虽然沙窝村不在四社五村范围之内，但

图 3 - 2　霍山沙窝峪南、北二峪（2013 年 4 月 3 日）

却要受到后者的监督与管理。村民也称蓄水池为"蓄水堰"，其功能
有二：一是积蓄泉水，待蓄满一池水后再行开放，较大水流的冲势可
以减少行程过程中的渗漏与蒸发；二是保证不同村社间用水量的公平
配给，在这个意义上它又具有分水的功能。堰内西侧的坝堤上安置一
处分水机关——在一整块石板上开凿三个直径相同的圆孔，上插三根
圆木，类似于放水闸门的开关。这样便将沙窝峪泉水总量或者说堰以
上的干渠（总渠）分成三条较小的水渠（支渠），它们分别给不同方
向村庄里的坡池送水。每村都有坡池，"坡池"是方言，指村庄里的
公共蓄水池塘，类似于中国南方村庄里的水塘。坡池属于每村独自拥
有的水利设施，又分为"人坡池"和"牛坡池"。前者专供人吃水，
后者则供牲畜饮用。两者位置上下错开，届时，让渠水先流入牛坡池
中，等到渠水较为清澈之时，再使之流入人坡池。此处，需要注意一
点：坡池容量大小无碍，因为当地特殊的自然生态环境导致经常缺
水，没有水时，坡池再大也没有用，在村民的记忆中，未曾见到坡池
蓄满一池子水的时候。① 水利组织对每村坡池开挖的规模大小也没有
严格控制，所以，基本上可以印证水资源一直处于紧缺状态。之后，

---

① 笔者于 2012 年 11 月 16 日对魏存根、党向福的访谈。

由家户到坡池提水和存水。这样，由总渠向支渠送水，再由支渠向坡池送水，再由家户到坡池取水，构成水利工程的送水系统，三点一线，布成水网。

图3-3 霍山沙窝峪泉眼（2013年8月13日）

图3-4 如今杂草丛生的明渠遗址（2013年4月3日）
（注：远处可见现代化电网设施）

图 3 - 5　站在堤岸上俯视蓄水池遗址（2013 年 4 月 3 日）

图 3 - 6　蓄水池分水装置（2013 年 4 月 1 日）

图 3 - 7　坡池（2012 年 11 月 24 日）

　　水量的分配也体现出几个层次的秩序安排。首次分配在四社范围内进行，这是四社五村水利簿与水利碑刻中言明的规约，在清道光七年（1827）《四社立水利簿》《四社五村龙王庙碑》中均有详细记载。① 由于地跨两个县域，水日的分配首先在两县之间分配。考虑到阴历一个月份中有 29 天与 30 天之分，故以每月 28 天为期，洪、霍两边各分得 14 天水日。其次，根据各社距离水源地的远近再行划分：洪洞一方的仇池社为 8 天、杏沟社为 6 天；霍州一方的李庄社为 7 天、义旺社为 7 天。义旺社距水源地较李庄社近，之所以能分得 7 天水日，因义旺社包括义旺和孔涧两个村庄，孔涧加入的是义旺社。② 再次分配在村社之间，义旺社由两个村庄组成，这样义旺村分得 4 天水日，孔涧村为 3 天。第三次分配则在主社村与其他村庄，而且仅局限在孔涧村与其辖下村庄即附属村③刘家庄之间——孔涧村将属于自己的 3 天水日中的一天分给刘家庄，这样刘家庄便拥有了属于自己的 1 天的水日子——这在四社五村中是一个特例，这种特殊情况的形成既有民间传说的流布又有水利碑刻的佐证。清乾隆三十一年（1766）的《孔涧村让刘家庄水利碑记》明确记载了刘家庄获取水日的经过及其每年所要承担的义务。④ 关于孔涧村给刘家庄一天水日的民间传说多达 5 个，即"县官判给刘家庄一天的水""孔涧村干部的女儿嫁给刘家庄""孔涧村给刘家庄一日水一条沟""刘家庄吃孔涧村的

---

　　① 董晓萍、［法］蓝克利：《不灌而治——山西四社五村水利文献与民俗》，中华书局 2003 年版，第二部分"资料：水利簿、碑刻与传说"，第 55、105 页。碑存沙窝村龙王庙旧址。

　　② 笔者于 2012 年 11 月 21 日对崔栋梁、郝永智的访谈。

　　③ "附属村"的称呼是 1950 年以后合作化时期开始使用的。参见董晓萍、［法］蓝克利《不灌而治——山西四社五村水利文献与民俗》，中华书局 2003 年版，第一部分"导言：不灌溉水利传统与村社组织"，第 20 页。

　　④ 董晓萍、［法］蓝克利：《不灌而治——山西四社五村水利文献与民俗》，中华书局 2003 年版，第二部分"资料：水利簿、碑刻与传说"，第 101 页。

洗脸水"" 娇子沟"。① 第四次分配则针对除四社五村与刘家庄之外的村庄，又分为渠首村沙窝与其他附属村两种不同的情况。沙窝村位居霍山脚下，离霍山最近，且有几股泉水自然汇集该村，具有傍山依水的天赐条件，② 因而水利组织规定不允许其自挖沟渠，而只能通过"瓢舀桶担"的方式来使用水利工程的峪泉。水渠沿途供养的附属村由于无其他可资水源利用被允许享用该渠，但是只能使用四社五村的过路水和剩余水，而获取这样的用水资格是以分担修渠的劳力与经费为条件的。

　　水量分配各有所属之后，在用水秩序上也尽量追求公平与公正的原则，即制定"自下而上""轮流使水"的民间规约③，这样的技术表达在地方文献中也多有体现。清嘉庆十五年（1810）三月《四社公议照旧合同抄誊水利簿》言明"四社轮流使水，周而复始，永无乱沟之日"④；清道光七年（1827）《四社立水利簿》与清道光二十八

---

　　① 前四则传说参见董晓萍、［法］蓝克利《不灌而治——山西四社五村水利文献与民俗》，中华书局 2003 年版，第二部分"资料：水利簿、碑刻与传说"，第 162—165 页。后一则传说为孔涧村谢俊杰提供，笔者于 2013 年 6 月 6 日对谢俊杰、郝永智的访谈。"娇子沟"传说内容大致为：孔涧的干部将女儿嫁给刘家庄，因看到其女儿没有洗脸水，就给刘家庄一天水，用牲口耕地的犁，犁了五六寸深的小沟，结果，天长日久，水把小沟冲成了一个大沟；因为这个闺女嫁给的是乔氏家族，刘家庄放水，只有乔家的人才能到孔涧村放水，其他姓氏的人不敢来放水。坊间还流传一句顺口溜："一头耕牛门前过，谁人能知乔子沟。"

　　② 沙窝村 86 岁的刘荣贵曾跟我讲起过一些情况："日本人来的时候在刘家庄住，他们不吃那儿的水，都到沙窝这边取水吃。沙窝就不是一股水嘛，像青条峪就南峪和北峪两股水。沙窝所处的地理位置，它不会跟大自然斗争，因为它傍山依水，就不考虑水利的事了。这五股泉水都汇到这个村了，现在能利用的有三股泉水。那两股泉水水量极小，利用价值不大，开发价值不高，不为利用。"笔者于 2013 年 6 月 5 日对刘荣贵的访谈。

　　③ 董晓萍与蓝克利认为四社五村在用水秩序上所体现出来的是一种山区人文地理调节，因为"从自然地理上说，水渠流经的所有村庄应该都是轮水村，可以自上而下地顺势取水，这是'合乎水性'的。但四社五村水利工程却世代代恪守自下而上的用水制度，强调在历史上建立起来的人际关系秩序中建立用水关系，并称此为'合乎人性'，这就使它的人文地理的精神被突现出来。"参见董晓萍、［法］蓝克利《不灌而治——山西四社五村水利文献与民俗》，中华书局 2003 年版，第一部分"导言：不灌溉水利传统与村社组织"，第 22—23 页。

　　④ 董晓萍、［法］蓝克利：《不灌而治——山西四社五村水利文献与民俗》，中华书局 2003 年版，第二部分"资料：水利簿、碑刻与传说"，第 52 页。

年（1848）三月十五日《四社五村抄水利簿》对四社五村轮流使水的日期与各社顺序作了详细的说明①。而在已发掘的所有水利碑刻中，除了金明昌七年（1196）《霍邑县孔涧庄碑》指出"上、下游共用"的用水秩序外，其余八通石碑对使水秩序的强调均与水利簿相同②，从这一点也可以反映出水利碑刻与水利簿并非各自独立，而是相互涵括的——水利簿是技术上分配与控制水量消耗的民间法中的制度性文书；水利碑刻则是水利管理事务中的执法文案。"自下而上"的用水秩序与下游村庄分得水日最多，二者的理念都是基于水资源极其匮乏状态之下一种民间制度的在地化发明。在"保证人人有水吃"的总体理念指导下，一方面，首先保证下游村庄能够得到规定水量的饮用水，其次依次保证中游与上游村庄的用水；另一方面，首先确保四社五村优先用水，然后再轮到附属村与渠首沙窝村。这种在有限的水资源环境中尽最大努力地寻求"一碗水端平"的做法，既让下游和中游的关键村社满意，也照顾到了附属村，上游村也无话可说，进而确保了整个社区的有序合作与稳定团结。③

三　文化理性

　　作为一个村际联盟协作体的水利组织的结构，是由作为一种从霍山沙窝峪引水到村进而再到各个独立家户的人工机构水利组织的结构

---

① 董晓萍、［法］蓝克利：《不灌而治——山西四社五村水利文献与民俗》，中华书局2003年版，第二部分"资料：水利簿、碑刻与传说"，第55、65页。

② 具体可见董晓萍与蓝克利对水利碑刻的分解与归纳。参见董晓萍、［法］蓝克利《不灌而治——山西四社五村水利文献与民俗》，中华书局2003年版，第二部分"资料：水利簿、碑刻与传说"，第152页。

③ 董晓萍与蓝克利曾指出："送水系统管理的秩序从下到上，以示公平，这种做法不止于四社五村，陕、山古代官方灌溉水利系统也很重视自下而上的分配用水秩序，本丛书（指《陕山地区水资源与民间社会调查资料集》）中的陕西泾阳、三原卷就有这种例子，我们在山西洪、霍及其他灌溉水利地区搜集到的古碑也反映了这种史实。四社五村是实行不灌溉水利制度的，但也提出了自下而上的原则，从这一点上，我们能看到这一制度被使用的共性。"参见董晓萍、［法］蓝克利《不灌而治——山西四社五村水利文献与民俗》，中华书局2003年版，第一部分"导言：不灌溉水利传统与村社组织"，第20页。

赋予的。水利组织的最终目标——在确保一方社会秩序的前提下保证人人有水吃——都在这一体系的最底层次上动员、组织、协调和实践，也即在家户或者家户成员个人层次上。或者换一种思考问题的方式：从整体意义上来说，水利组织所掌控下的任何一个村民都是在这一组织中拥有全权资格的成员，即是与他人完全平等的成员——没有高尚与卑贱、主人与仆人之分，哪怕是附属村的村民在"即将渴死"或"水没颈项"① 之时（当然这是最坏的打算），也有主张对水这种共有资源的权利。当然，"主社村"与"附属村"的概念指谓在用水实际上的不同地位，只是在结构意义上的二元划分，虽然现实中确实也如此。当具体到"人"的时候，我们就要从村民所普遍理解的"你能眼巴巴地看着他们渴死啊""他们也得喝水啊"等"人性"的意义上去考量。而且，在围绕如何更好地利用有限的水资源、如何尽量节约用水不浪费一滴水、如何尽到作为一个用水成员的责任与义务等等诸如此类的问题上，可以说所有村民都发挥着重要的作用，也只是在这种意义上每一个人都是平等的。

所以，家户与个人是水利组织中的基本单位，同时也是一方秩序长治久安的底层力量之源泉。费孝通在江村个案研究中曾指出，稻作灌溉农业中水的调节是需要通过合作进行的，当遇到紧急灌溉或排水的时候，家户中的成员无论男女甚至包括孩子，都会被动员起来在同一水车上劳动和及时把一塍地里的水从公共水沟里排出去，进而形成了一个很好的组织起来的集体排水系统。② 排水集体负责制的出现根源于"在同一塍地里劳动的人是共命运的"③，这是一种在灌溉农业文化中萌生的群体智慧。这样的文化逻辑同样适用于不灌溉农业文化的情况。对于四社五村来说，水的问题所要面对的是要解决人的生物性需求，即不喝水就会渴死。因而，在沙窝峪泉水所编织下的生命之网中的每一个人都是命运共同体中的一员。当威权无形或有形之中固

---

① 用来形容农民生存危机的词汇。
② 费孝通：《江村经济——中国农民的生活》，商务印书馆 2001 年版，第 152 页。
③ 同上。

化在他们的理念结构领域里，成为维持生存得以依赖的、能够驾驭自然力量的人文力量；堪与政治组织上的联盟模式相媲美的技术分配方式，在追求公平与公正过程中所达到的精致有序——也即当权威保证了尊严、技术保证了合理的情况下，落实到村民日常生活用水实践层面，则培育出一种群体节水省水意识与经济理性的行为法则。

　　用水和节水实践与每一位社会成员密切相关，村民的很多生活行为是法律、制度鞭长莫及的，节水需要发自内心的文化自觉。在水资源匮乏的生态现实与不灌溉水利传统指引下的节水省水意识，不是一蹴而就形成的，而是先辈行为实践的榜样在代代相传过程中在每个人心中所铸就的烙印，这是一种根深蒂固的社会记忆与意识传承，历史上曾经如此，今天也是如此。下面是与几位村民的对话，反映了他们的生存观与用水观。

　　　　问：现在田里还不灌溉吗？
　　　　答：嗯，没有水啊，光人喝就不够呢，还怎么浇地啊。
　　　　问：现在水利工程改造后，每家都通上管道，不是经常放水吗？
　　　　答：哪能经常放啊，即使放有的时候还没水呢。
　　　　问：地里的作物没有水能活吗？
　　　　答：我们这里靠天吃饭嘛，让庄稼自个儿长，能产多少就产多少。
　　　　问：我看到有的地里接上了管子，是不是能浇地了？
　　　　答：那也得花钱啊，那还是有井的村子呢，能浇上的也只是一小部分人，大部分还是浇不上，不划算的，很少有人用。
　　　　问：有用泉水浇地的吗？
　　　　答：谁敢！泉水只能用来吃的，不能浇地，那是要挨罚的，历史上都是这样的。现在泉水少多了，更应该是这样的。
　　　　问：大伙都能遵守吗？
　　　　答：这得靠自觉，要有节约用水的习惯，我们辈辈都是这么传下来的。当然有的人有私心，素质低，不道德。一群人中总会有那么几个不合群的，思想落后的。这样的行为，人们背后都骂。

问：大家都这么一直坚持着确实挺不容易的啊。

答：没办法啊，我们这里缺水，不像你们沿海地区，我们就得省着用啊。从小看着父母怎么用水，我们也就怎么用水。自然而然形成习惯了，大家也就不自觉地、无意识地不浪费水。这又不是开个座谈会，规定不这样不那样的，我们都是自发的，这是人心啊，每个人都要活啊。这是传统，我们是有历史的。①

可以看到，禁锢村民行为实践的因素主要有两个：一是资源的稀缺性，二是习惯的传承性②。所以，他们的不灌溉动机是一种具有"先赋"意义的行为实践，属于他们自己的人文类型。家户用水普遍都十分节省，凡是洗菜、做饭、刷锅、刷碗筷、洗手、洗脸、洗脚等用水一概不准浪费，而且用水量和次数尽量压低到最少，事后还要喂牲口、家禽，或者洗抹布、打扫卫生，或者倒在院子里浇花、浇树、除尘等，使水发挥最大的循环利用之功效。这些家庭用水的主要工作大都由女性完成，而男性需要做的任务就是无条件地去配合她们的工作。在这个意义上说，虽然在水利工程的实际运作中有分工的差别，女性一般不直接介入相关的工程事项，但是，她们默默无闻地成为男性群体的坚强后盾，更是四社五村水利事业中家庭技术用水的恒久支持者与维护者。从几个妇女的谈话中，我们可以看到日常生活中的省水细节：

---

① 笔者于 2013 年 6 月 2 日对郭亮、刘红光、李新平、刘玉莲、杨志高等人的访谈。

② 关于传统水利规约对村民用水行为的影响，兹不赘述。党晓虹曾以四社五村为例，说明了在严重缺水的恶劣环境中，村民们凭借严格遵守与执行传统的水利规约和用水伦理道德，成功地以最小的用水代价换取了与缺水生态相平衡的最高环境利益。参见党晓虹《传统水利规约对北方地区村民用水行为的影响——以山西"四社五村"为例》，《兰州学刊》2010 年第 10 期。

早上起来先洗脸、洗手做饭。家里第一轮洗脸，他爸先洗，出门。老人洗脸。小孩先上学，后洗脸。剩下水自己洗。洗完水倒在屋地下，扫地。刷锅水喂鸡、喂猪。蒸馒头水喂猪。洗衣服水倒院子里，扫院子。男人后来洗手、洗脸。晚饭后，小孩刷牙、洗脸、洗脚。老人不洗脸、不洗脚。四十岁以上的女子都不洗澡，结婚也不洗，太贵。夏天热，擦身子。[1]

以上是家户日常用水系统，在特殊用水系统中更是严格贯穿节约用水的经济理念。特殊用水系统指在诸如人生仪礼、婚丧嫁娶以及祭祀仪式等事项中，进行象征性的用水实践，水的使用量非常少，主要以"意义"为衡量标准，"点到为止"即可。当地女子结婚一般不洗澡，小孩子刚出生也不给他洗身子，地方上的解释是"水硬，怕坏肚子"或者"不脏"；产妇也不洗澡，一直等到满月了再洗，地方上的解释是"汗毛孔张着，怕中风"。[2] 红白喜事中的用水对于四社五村来讲是一件大事，在这些场合下社首集团的成员会更多地予以介入，负责仪式组织与限水管理，而此时女性群体则处于节水配角的地位。通过近年"老二"李庄社操办红白喜事仪式的一份组织者名单，我们可以清楚地看到社首集团成员掌握了仪式活动中的要职，从而把住了用水的关键限度。[3] 从这些不同的用水实践层面，我们能够看到四社五村民众的另一个精神世界——不灌溉水利社会中的节水文化，他们的节水理性是在严重缺水的资源危机中萌生与发展的，已经深深地渗透进他们的人生价值观之中，并适时转化成一种伦理道德，规范着每一个人的用水行为。他们还习惯于放大水资源紧缺的危机，这也就等于无形中放大了节水的实际效应。继而，在整个社会中便形成了一种普遍的共识，即水是通过人人合作省出来的，只要最大限度地节约

① 董晓萍、[法] 蓝克利：《不灌而治——山西四社五村水利文献与民俗》，中华书局2003年版，第三部分"四社五村田野调查报告"，第263—264页。
② 同上书，第264页。
③ 同上。

用水就能够世世代代有水。由此，在四社五村水利组织所提供的实践框架之下，形成了一种民俗高压，人人都把节水行为看得非常重要，节水已经渗透到社会生活的细节之中，成为一种文化。

总之，节水属于用水范畴，在人水关系中具有最基础、最广泛的社会性，涉及家户生活和社会再生产问题。通观中国古代社会水文化传统，治水、管水、灌溉、漕运等方面的内容，在物质载体、典章制度、群体意识等方面都有着相应的体现。但是，有关节水的制度、法规、理念等则相对匮乏。当然，在历史上的干旱年代和干旱地区也有节水行为，但往往只是一种临时应对的措施，一旦旱情解除，节水行为随之消失。四社五村的个案正好相反，它长期为干旱所困，节水已然积淀成一种生活习惯，产生了相应的思想意识和文化规范，最终形成了这一小范围区域的节水文化理性。节水文化理性的内涵就是，尽可能地少从自然水体资源取水，少用水，少耗水，使取用的每一滴水都能发挥它的最大价值。这些节水民俗习惯做法都超出了器物、制度层面，作为一种文化像血液一样遍布整个社会躯体。它们很多都不立文字，也不成条文，但对人们具有内在律令的约束效果，在长期的行为实践过程中，已成为世代流传并自觉执行的惯习，浓缩为一种浸润人心的价值观念与环境伦理，反映出节水的民间智慧。

四　象征支配

同时，水利组织也与特定的仪式活动相联系，进而使乡村社会中的群体协作也纳入了民间宗教信仰的意涵。在水利社会与农业社区中，宗教起着非常重要的作用。水利社会世俗组织的地位、威信和命运，是与他们的神圣保护者的地位、威信和命运紧密联系在一起的。毫无疑问，水利组织都渴望强调他们的超自然护佑者的伟大，以此来巩固和保障他们的威严和合法地位。

杜赞奇通过广泛的区域个案研究认为，水利管理组织的宗教仪式在中国十分普遍，而且像这类组织可以说是遍及中国，"职务性的、祭祀性的、政治性的、经济性的各种等级制度、乡绅网络以及帝国行政机构等相互作用，共同塑造着乡村的政治、经济、文化生活"[1]。他以河北邢台地区的水利管理组织为典型案例进行研究，将其作为一个观察"权力的文化网络"如何运作的绝好机会。[2] 格尔兹在关于巴厘岛的历史民族志中，发掘出灌溉会社组织"在地范畴"的象征意义和运作机制，即通过特殊的仪典体系形成一种总体性协作框架："仪典体系提供了一种总体性的协作框架，在这种协作框架之中，各灌溉会社无须强行推行来自集权化国家的强制性权力就能够调控它们的工作。"[3] 按照这样的视角来审视四社五村——也确实如其现实中的具体运作一样——作为能够为乡村社会群体协作提供整体性框架的水利组织，也是政治的、经济的、宗教的等多重维度的复合机体。而且，仪式活动的民间宗教属性并不是一种点缀的装饰品，恰恰相反，它是具有象征性支配意义的，是为其确立实际权威和以之为轴心的协作机制所必需的。

与水利组织管理体系基本上相并行的是供奉龙王的祭祀体系。不仅各村都有自己的龙王神像，而且四社五村也有作为一个水利组织的整体意义上的龙王神像。这样，属于各村的龙王成为"小"龙王或"私"龙王，而相对应地水利组织共同祭拜的则成为大家一致认同的"公"龙王。村民并不会将这两者相提并论，因为它们的地位和职责是完全不同的。在他们看来，虽然都是龙王爷，但是"公"龙王负责所有村庄的事务，而"私"龙王专管一村之事。村民所理解的"公""私"相对便是在这个意义上展开的。村民对此有如下回答：

① ［美］杜赞奇：《文化、权力与国家：1900—1942年的华北农村》，王福明译，江苏人民出版社2010年版，第11页。
② 同上书，第11—20页。
③ ［美］克利福德·格尔兹：《尼加拉：十九世纪巴厘剧场国家》，赵丙祥译，上海人民出版社1999年版，第96页。

问：你们供奉几个龙王？

答：大家共同祭祀的那个最大，是大龙王，是公的龙王；各村都还有自己的呢，是小龙王。

问：除了四社五村，其他村子里有自己的龙王爷吗？

答：那些村就没有这些龙王了，只有这五个村有。

问：大龙王和小龙王有什么不同？

答：小龙王只管一村事务，大龙王厉害着呢，管这一片儿呢。

问：不在四社五村范围之内其他村庄的人向这个大龙王的庙里烧香祭拜吗？

答：没有。烧了也没用，不灵验。①

木制的"私"龙王神像装在一个有一人多高也是木制的长方体笼子里，整个造型像个塔，被称作"神楼"。② 因为村里并没有龙王庙，所以，村民平时一般将神楼放置在村庙中供奉着，只是在举行祭祀活动的时候才将其抬出来。每个村的村庙数量少则两三座，多则四五座，这也成为四社五村的一大庙宇景观。村民会将神楼放在他们心目中占重要地位的那个庙宇里——当然，这个庙所在的位置也具有风水上的意义，被村民一致公认为"对村子好"。

问：龙王放在村里什么地方？

答：像我们村（指义旺村）就放在五神庙里。

问：不是还有其他的庙吗，为什么要放在五神庙里？

答：五神庙是村里的大庙啊，别的都是小庙不能放龙王，而且五神庙占的位置霸道。

---

① 笔者于 2012 年 11 月 21 日对崔栋梁的访谈。

② 村里只有 80 多岁以上的老人才能依稀记得这样的细节，另据清道光六年（1826）《四社公立水利簿》相关记载。参见董晓萍、［法］蓝克利《不灌而治——山西四社五村水利文献与民俗》，中华书局 2003 年版，第二部分"资料：水利簿、碑刻与传说"，第 53 页。

问："霸道"是什么意思？

答：就是占的位置好，这个庙对村子好，要讲究风水的嘛。①

而作为"公"意义上的龙王则一直被安放在龙王庙里。龙王庙距水源地很近，就在蓄水堰的附近，且所在地方属于渠首沙窝村。虽然村民日常若涉及它，都会指谓"沙窝的龙王庙"或"沙窝那儿的龙王庙"，但是，实际上龙王庙与沙窝村根本没有什么瓜葛，村民当然不会认为龙王庙属于沙窝村的，因为无论从象征角度还是现实意义上，它都属于四社五村的神圣性领域里的公有财产。适应于当地的地理生态，如同人们所居住的窑洞一样，龙王庙也是窑洞构造，过去是土窑现在是砖窑，但是只有一孔。公龙王神像则不是木制的，而是泥塑的，形体高大，占据一孔窑洞空间的四分之一。

图3-8 龙王庙与蓄水池的位置关系（2013年4月3日）
（注：最左侧一孔窑为龙王庙，一名当地记者站在堤岸上拍摄蓄水池。）

---

① 笔者于2013年6月5日对崔富贵的访谈。

图 3–9 与"私"相对的"公"龙王（2013 年 8 月 13 日）

　　上文我们曾经提及过，在现实层面的水利管理上，四社五村水利组织是一种具有结盟性质的联村组织，超越了村庄、市场及区域体系，因之，这套龙王祭祀体系自然地便成为一种跨地区性的民间宗教仪典。每年四月清明节前后，各村抬着装有本村龙王神像的神楼恭诣龙王庙举行祭拜活动。祭祀仪式使水利组织神圣化，从而赋予它更大的权威，并得到公众的承认。当然，每年"例行公事"地举行这些繁复礼仪，也是为了解决建立这一水利联盟的村社为确保当地民众愿意随时保卫其水资源的过程中会遇到的一些问题。如果哪个村民或者哪个村庄违背历史的传统与组织的意愿，私下侵犯别人的用水之权，便会危及整个合作体系和控制机制，也会被认为亵渎龙王爷的圣灵。因此，这个龙王爷是一尊可怖的塑像，双手执笏，怒目圆睁，背后是一条巨大的神龙正在海上翻云覆雨，目光深邃，口吐白浪，好像急欲惩罚那些觊觎一己之私利的猥琐之徒。祭祀体系既保证了现实层面一套水权运作逻辑的合理性与合法性，而且也安排了相应的惩罚体系，对违规者的处罚从较轻的让他向龙王祭献贡品，到较重的"禀官纠治"，再到"庙前打死庙后埋"。

问：对偷水的事情怎么办？

答：如果当场发现，打死就打死了。事后发现了，让他给龙王送贡品，或者抓他见官去。①

可以看到，龙王庙不只是区域团体的代表，而且也是权威的象征。龙王庙作为四社五村里的公共空间，具有重要的象征意义，反映了一种权力格局与秩序安排。它将泉域内有资格用水的村庄与无资格的村庄区别开来。正如我们看到的那样，获得水权的村庄会通过隆重祭祀、捐资等方式，来确证、暗示、加强其用水资格和特权的合理性。此外，还需要指明统一的共识是，龙王爷和龙王庙的存在以及在庙中展演的仪式并非直接为了哪一个县域、村庄或团体的利益，而是为了作为一个整体的土地、水利和民众的利益，为了给在象征意义上支持四社五村不灌溉农耕文明一体性的普泛观念增添一种象征性的意旨。接下来勾勒一下仪式的具体过程，以近距离观摩这一象征机制。

祭祀仪式于每年四月清明节前后举行，分"小祭"和"大祭"。小祭于节前一、二日举行。大祭讲究"不过清明"，一般紧跟小祭的第二天举行。小祭前一天由下社始发鸡毛信，通知各村社参加仪式活动，表示一年一度的祭祀龙王活动正式拉开帷幕。鸡毛信的信封为长方形封套的牛皮纸，上方有红绿两个圆点，红色代表四社，绿色代表第五村。三根鸡毛粘于红色圆点上，表示要求众社首必须风雨无阻，按时参加。鸡毛信的格式遵循日常书信格式，有称呼、正文、署名和日期。信的主体内容大致为：决定于哪月哪天哪时哪刻在哪社召开四社五村水利祭祀会议，希望届时参加，风雨无阻，不得有误。并附加信的传送路线。鸡毛信必须在当天传送完毕，最后返回到初始发信社，以证明所有村社都已通知到。社首们在接到通知后，必须按指定时间

---

① 笔者于 2013 年 4 月 6 日对董泽国的访谈。

于午前到达指定地点，风雨不误，违者重罚。

四社五村水利组织所有相关人员及自愿参加群众，按照鸡毛信的要求于第二天到下社同吃祭饭。之后，四社五村社首、副社首、上下社的放水员和总放水员，一同步行到沙窝峪水源点至分水亭一段的总堰上，检查上社去年维修水利工程的质量。之后，四社五村社首到沙窝村龙王庙进行小祭，主祭社为上社。由主祭人燃香、焚表、奠酒，指挥助祭放鞭炮。主祭人对龙王爷神像说："都是神龙爷的弟子在这里。"众社首按兄弟排行顺序，从老大到老五磕头，行三叩九拜之礼。之后，众社首返回到下社开小祭会议，会议日程大致如下：下社宣布会议开始；宣读会议致辞；宣读当年水规新制度草案并征求四社五村社首的意见；上社说明上年工程项目与经费开支和交接账目；社首们讨论检查工程的结果，对不足之处提出批评；下社根据社首们的讨论意见，提出下年工程摊派方案；会议总结、散会。

接下来的第二天或隔一天是大祭。大祭在当地又叫"祭堰"。各村将各自的"私"龙王爷抬到大祭仪式主要活动地点，即渠首高地。"私"龙王爷为木质的神像，高约两米，安放在长方体木质的神楼里面，平时一般将其放于本村的神庙里。大祭当天，各主社村将安放龙王爷的神楼抬上，从本村出发，走到沙窝村，再将其安放在沙窝峪总堰上祭祀。一路上锣鼓喧天，鞭炮齐鸣，热闹非凡。在总堰上，四社五村各主社村的神楼按各自指定地点安放，不准错位，不准越界，此为禁忌。上社宣布龙王庙大祭开始。祭祀过程大致如下：上社主祭人在龙王庙内指挥助祭燃香、焚表、奠酒、鸣炮；四社五村社首按兄弟排行顺序，行三叩九拜之礼；龙王庙外，锣鼓喧天，鞭炮齐鸣；戏班子唱《苏三起解》《贺后骂殿》等戏段。祭毕，各自把龙王神楼抬回本村，不准绕行他村，此为禁忌。各村神楼在本村绕境，群众集体跪拜。

下社在本村召开大祭社首聚会，集会地点一般选在本村庙宇内，之后，吃席看戏。会议过程大致如下：鸣放鞭炮后，下社宣布大祭社首会议开始；下社社首致辞；下社当众宣读水规（即水利簿）；下社宣布当年的新制度；四社五村社首按兄弟排行顺序讲话；放水员代表讲话；下社农民代表讲话；下社社首总结发言，散会。吃席看戏过程大致如下：在下社庙宇内古戏台上演出《贺后骂殿》《朱春登舍饭》等神戏剧目；众社首在戏台对面的庙廊看台上边吃饭边看戏；主社村、附属村向"下社"交纳水利工程摊派经费和接受摊派劳力的指标。①

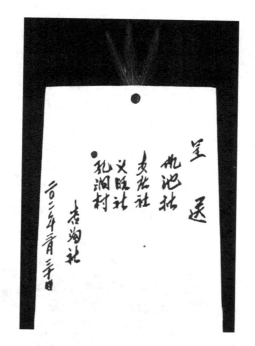

图 3 – 10 四社五村鸡毛信信封
（注：来源于山西省霍州市文体广电新闻出版局摄制的四社五村"申遗"资料片）

---

① 笔者于 2013 年清明节之前全程参与观察了四社五村祭祀龙王仪式活动，当年为李庄坐社。另据笔者于 2013 年 4 月 6 日对董泽国的访谈，以及参考董晓萍、[法] 蓝克利《不灌而治——山西四社五村水利文献与民俗》，中华书局 2003 年版，第三部分"四社五村田野调查报告"，第 207—214 页。

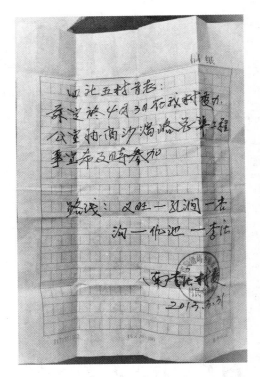

图 3-11　四社五村鸡毛信内容（2013 年 4 月 1 日）

图 3-12　参与祭祀人员同吃祭饭（2013 年 4 月 3 日）

图 3 – 13 水利组织成员检查分水亭（2013 年 4 月 3 日）

图 3 – 14 水利组织成员检查漏水管道（2013 年 4 月 3 日）

图 3 – 15 四社五村小祭会议（2013 年 4 月 3 日）

图 3 – 16　前往龙王庙举行祭祀仪式的村民（2013 年 4 月 4 日）

图 3 – 17　抬着祭祀供品的村民（2013 年 4 月 4 日）

图 3 – 18　在龙王庙内举行祭祀仪式（2013 年 4 月 4 日）

图3-19　在龙王庙内举

行祭祀仪式（2013年4

月4日）

图3-20　在龙王庙旁边

的祭祀堰上举办酬神活

动（2013年4月4日）

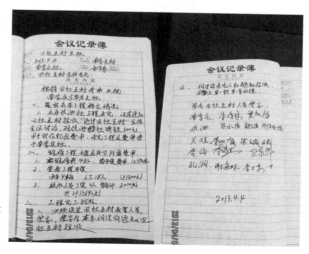

图3-21　大祭会议记录

（2013年4月4日）

　　四社五村并没有固定的仪式专家，但基本上每个村庄都有一两位老者对仪式过程以及每个环节的象征寓意了如指掌。而且，他们更多地还与"风水"相联系，因而也属于风水专家。由于村庄领导班子的年轻化，社首们越来越需要依靠这样的仪式专家作为指导。2013年是李庄坐社，董泽国全程指导了仪式活动的细节。我也参与并记录了这一过程，在活动结束后对他进行了专访，以下是他对于祭祀仪式的认知。为了保持文化认知的原貌，我基本上未对他的讲述进行修改。

　　有很多东西并不是那么神秘的，也是有规律可循的。规律也是人摸索下来的，什么东西也是有规律的嘛！

　　平时，神明（指龙王爷）一般不在庙里这个位置上，一烧香，一上香，它就来了。和人一样，他总不能老在家里待着嘛，他也要出去转转。因为龙王庙里的龙王像是人塑的，既然是神明，他的神灵就不经常在这里待着，哪里都有他的神灵。当烧香的时候，神灵就知道了，就来了。就像现在给他打个电话，香一烧，烟就上去了，就能勾到他了。"神仙争的是一炷香"就是这个意思。一点香他就马上到位了，你不上香他不来。

　　响的那个炮，是炮就行，礼炮也行，只要带响的鞭炮都行。第一次是迎接。社首在庙里边把香烛点着的同时，就点炮，意思是欢迎神明回来。这是一个礼节性的东西，跟迎接人的道理一样。进去之后要按照大小个，一、二、三、四、五上香。去年是仇池坐社，要它先上香；今年是李庄坐社，当然就李庄先上香了。因为现实中的这一年的执政，寓意着神界中的做正位子。比如，今年李庄坐社，它先上香，之后便是仇池上香，因为它是老大嘛。接下来，再按照传统的排行轮流有序上香。这是个规律性的东西。

　　到龙王庙的时候，先点蜡，再燃香。先点蜡有两个意思：一个是物质利用，接下来燃香便直接可以利用蜡烛的火焰；另一个意思是神明回来的时候，明明亮亮的。哪个神仙都是这样。需要啥就求啥。比如需要儿女的话就去求管这个的神仙。

比如，子孙三代到庙里烧香磕头。父在前，子在后，孙在末。四社五村，仇池是老大。谁坐社谁先上第一炉香。然后再按照大小排，轮流上香。

烧高香一炷。上坟两炷香。一炷就一根香。偶数属阴，奇数属阳。神仙最多九炷香。家庭指祖宗三代，实际上应该包括所有祖先。辈高的上香，就能代表下边的后代，然后给上溯三代敬香。只是用"祖宗"概括了"列祖列宗"。祖宗三代最熟悉，至亲不过了。祖宗三代有两层意思：一是代表性的，代表祖先；二是代表祖孙三代，至亲不过。

没有四炷香的说法，这跟两炷意思一样。如果祭拜神仙，都是三、五、九炷香。九炷是最高的，只有皇上才能给神仙上九炷。像咱们那天祭拜龙王烧的就是五炷。这有两个意思：一是咱们烧的是最高的香了；另一个意思代表咱们四社五村是五个村。为什么拿了五张表（黄纸）呢？一个村一张。四社每社一张。第五村是孔涧，在这个时候呢，你不能把人家有代表性的范围缩小嘛，所以，该到人家点的时候还得点嘛。毕竟人家也算是，不是社也是村嘛，实际上人家与义旺属于同一个社——义旺社。它也是兄弟，只不过它小。这五个村在神仙面前是平等的嘛。像两个放水员最后去烧香，就没有这张表，因为他们没有这个分量。放水员属于随从人员，随从者。就像周仓等只是给关羽扛大刀的。周仓说了一句话："我借你的荆州今日在，你借我的东风何日还？"当时，刘备借的孙权的荆州，火烧赤壁是诸葛亮借的东风嘛。周仓给关公扛大刀的，在一旁立着呢。关公此时正在与另一家谈判呢。这时候，周仓插了上边这一句话。关公就说他："国家大事，与你无碍。"说明放水员没有权利点黄表，只有权利上香，而且也自觉地烧了三炷香，要比四社五村烧得少。

倒酒必须举着超过鼻子，大约与眼睛齐平，必须两个手举着，恭恭敬敬。如果举得低了，神明会认为你不恭敬。然后将酒洒到地上。龙王爷是泥塑的，按理说他也不会喝。按理，这酒应该往空中洒，因为神明在空中，在天上嘛。可是往空中洒，你能洒多高，最终落下来还在地上，还不如就地一倒。

酒提前倒了三盅，倒下以后，神明就闻到味了。神仙不会喝酒，不会吃猪头，但是它会闻到味，它是"领味"的。像观音、释迦牟尼等佛教的神仙，不上酒不上肉，必须上瓜果桃李核桃等，因为它们不吃肉不喝酒。核桃必须把外壳去掉，保证核桃肉完整。西瓜必须切开。还有要献花，这些都可以。

倒酒一杯不行，必须三杯。倒酒完后，就开始点黄表。就从咱们那天说起。去龙王庙，要祈祷龙王风调雨顺，让峪水四季长流。在心里默念，算是祈祷词吧。这样就印在表上了，形成文字性的东西了。一点，表就飞起来了，有飞得高的，有飞得低的。然后，神明就晓得你祈祷的是什么内容了。表一点，许的愿，龙王就知道了。表一点，你许的愿，神仙就如同记账上了，如果愿望实现了，要还愿的。天旱，到龙王爷求雨。祈祷如果下雨了，我给你唱一台戏，或放一场电影，或说一台书。如果下雨了，到时间后必须还愿。"表"体现的就是这个东西。

许下之后必须还愿，不许不用还愿。每年四社五村祭祀龙王爷，并不是去许愿，也并不是去还愿。如果峪水断水了，那祭祀的时候要比这还隆重，到龙王爷那许愿。四社五村一年一度的活动只能称为"祭祀"，因为这是一个组织活动性的行为。

焚表烧成的灰按迷信的角度有说法，有飞得高的，有飞得低的，看诚不诚心。按物理角度来说，黄表卷成一个筒，底下没有空气了，它就飞不高，有空气就飞得高。卷的筒实就飞不高，卷的筒不实就飞得高。还有，点的时候，火大，不是热空气就多吗，就飞得高。

"一勺二亮"是怎么回事呢，"勺"是一种古代盛酒的器皿，一勺就是二两，古代的二两不是现在的二两，十六两为一斤，这就叫作"一勺二亮"。还有一种说法：在祭祀过程中，"一勺"就往地一倒，"二亮"指再亮一亮杯子，证明自己诚心。

再有，孔涧村也参与祭祀活动的，孔涧村不是社而是村，地位要略低于四社，就像不是明媒正娶的那样。

摆放贡品的位置也有区别。猪头放的位置有讲究，像人吃饭都是拿右手吃的嘛，与现实相符。以前的贡品要献给龙王爷全猪，要放正中，而且头朝向龙王爷，背上还要插上一把刀。现代人简单了，就献一个猪头，再放四个蹄蹄（指猪蹄子），代表一个整猪，放西边，只不过没有五脏了。这样的话，在放的时候，猪头放右边，对咱们来说是右边，对龙王爷来说是左边，因为"左"为上嘛。

祭祀龙王爷的猪必须是黑的，而且必须是公猪。黑的是纯洁（净）的，意思是一切不好的东西它都能遮盖了。敬品都是公的，和人一样，母猪要生产，女人比男人烦琐嘛，又是生孩子又是月经，也寓意要纯洁的东西。如果用不纯洁的东西，就是不虔诚了嘛！

"好好敬天不客气，离地三尺有神祇。"意思是不能欺瞒神。神无处不在。

猪（头）用不用"氽"呢，给猪脱毛的时候就同时氽了，因为不氽，毛脱不下来啊。不能把猪煮熟。当然献给神的猪也不能鲜血淋漓的。

祭祀完后，集体出来鸣鞭，意思是给神仙说一下祭祀已经结束了，你该干啥就干啥去吧。

沙窝有个村民，也想趁着这个搞一下祭祀，但这不是一回事，你不能插入中间搞祭祀。我们四社五村放完炮之后，你愿意祭祀你再搞，这是你的事，你不能与我们混在一起祭祀。

究竟这个祭祀的猪头应不应该拿回来呢，献完神之后，猪头拿回来可以分享于众人。无论小孩大人，谁吃了谁都好，但是一个人吃了就不好了，必须大家一起吃。一个人吃算吃独食。结果，有放水员提醒，猪头应该放回去，因为这几年来，由于有了看庙人，无形中形成了贡品不拿回去，让看庙人拿回去。①

水利的日常实践与年度祭祀龙王庆典实际上是重叠在一起的。每一轮的年度祭祀活动同时也是每一轮四社权力的一次交接。现实层面管理的秩序性通过宗教神圣象征系统得以再次确认。没有必要再对仪式细节过多言说，只要了解这一过程便会感受到其中的象征意味。对仪式活动的讨论将不太偏重于细节的描述，因为那些所有具体活动为一个整体的水利组织体系提供了一种合作机制，为了能够良好运转它必须具备这样一种体制。它并非控制着水利工程和大批劳力的高度集权化政治机构，并非追求一种"全权"的统治，然而能够促使四社五村水利系统顺利运作并赋予它以形式和秩序。它是在社会上逐级分层、空间上散布四方、行政上非集权化而是联盟化且道德上实行强制性的仪式义务团体。下面，我们再来看一看四社五村是如何作为一个"道德社区"价值意义的。

图3-22　四社五村仪式专家（左一）（2013年4月6日）

---

① 笔者于2013年4月6日对董泽国的访谈。

五 道义经济

四社五村作为一种水利组织固然有很多常规性操作，基本上是按照水利碑册的条规执行的，但也有很多在我们看来非常规性的操作，即是按照民俗秩序办事，以讲究"通情达理"为主。这也可以视之为一种决策的"安全第一"原则，因为"生存伦理"对于农民的经济活动与日常实践具有重要的意义。斯科特（James Scott）是这样考察前资本主义的农民社会"安全第一"原则与"生存伦理"的：

> 我赖以立论的基本思想是简单的，但却是有力的，它产生于大多数农民家庭的主要的经济困境。由于生活在接近生存线的边缘，受制于气候的变幻莫测和别人的盘剥，农民家庭对于传统的新古典主义经济学的收益最大化，几乎没有进行计算的机会。典型情况是，农民耕种者力图避免的是可能毁灭自己的歉收，并不想通过冒险而获得大成功、发横财。……首先考虑可靠的生存需要，把它当做农民耕种者的基本目标，然后考察他同邻居、精英阶层和国家的关系，看他们是援助还是阻碍他满足这一需要。……这条"安全第一"原则，体现在前资本主义的农民秩序的许多技术的、社会的和道德的安排中。①
>
> 以生存为目的的农民家庭经济活动的特点在于：与资本主义企业不同，农民家庭不仅是个生产单位，而且是个消费单位。根据家庭规模，它一开始就或多或少地有某种不可缩减的生存消费的需要；为了作为一个单位存在下去，它就必须满足这一需要。②

从四社五村水利组织来看，它是全局性地方社会—政治—司法—

---

① ［美］詹姆斯·C. 斯科特：《农民的道义经济学：东南亚的反叛与生存》，程立显、刘建等译，译林出版社 2001 年版，第 6 页。
② 同上书，第 16 页。

经济体系，在最广泛、最总体性提供乡村群体协作制度框架层面上，还使这一乡村聚落作为一个道德社区的意义而存在。在严格用水与严密监控之下的协作景观也弥漫着浓浓的道德气息，生存伦理植根于农民社会的经济实践和社会交易之中。山区的人文地理调节将对水资源的利用从"合乎水性"转到"合乎人性"，再进一步转向"道义经济学"意涵的"合乎德性"，象征着村民对共有产权的道义理解，同时也传达出水利组织的道德一体性。

如同上文曾提到过，关于孔涧村给刘家庄一天水日的故事在当地耳熟能详。每当问及此事，村民总会脱口而出："孔涧村干部的女儿嫁给刘家庄了"，"孔涧村给刘家庄一日水一条渠嘛"，"刘家庄还吃孔涧村的洗脸水哩"。当然，其中也可能有穿凿附会的情况，我们更没有必要考察哪个版本更符合历史事实。它们共同指向的是一个拥有水日的主社村将一部分水日给予了附属村，恰恰这"一日水的嫁妆"使刘家庄与其他附属村不同。董晓萍等学者认为，孔涧村用"嫁女"传说来解释自己怎样在刘家庄面前成为一个水施主，这样孔涧村成为父亲村，刘家庄成为女儿村，在叙事结构上跟四社排行一样，也是一种家庭秩序关系，这是为了弥补孔涧村在四社中得不到水权村地位的象征模仿。学者们还进一步从修辞学的角度指出，孔涧村允许刘家庄吃水比作嫁女牺牲，或用"女儿"暗喻"水"，以"父亲"暗喻"水权"，来抬高孔涧村的管理级别，这是孔涧村对四社权力的模仿。[1]其实，如果我们换个角度从"道义生存"的逻辑出发，这些传说体现出的或者警示后人的是一种民间的人文主义道德关怀。

清乾隆三十一年（1766）《孔涧村让刘家庄水利碑记》[2]则一改传说中通过婚姻作为桥梁而实现的水日分配，不但只字未提"嫁女"一事，而且体现更多的是"尧之遗风"的"仁让、义让"精神。现

---

① 董晓萍、［法］蓝克利：《不灌而治——山西四社五村水利文献与民俗》，中华书局2003年版，第三部分"四社五村田野调查报告"，第228页。

② 董晓萍、［法］蓝克利：《不灌而治——山西四社五村水利文献与民俗》，中华书局2003年版，第二部分"资料：水利簿、碑刻与传说"，第101页。碑存孔涧村玉皇庙旧址。

将部分碑文抄录于下，观其大略，以作进一步探讨。

> 从来有无相济，仁者之心也。故己有余则不忍坐视人之不足，凡物皆然，何独至于水而疑之？刘家庄吃水，旧在青、条峪，累年以来，其水渐微，人、物之用不足。幸有泉子凹水眼数处可以通用，但其水属孔涧村，于刘家庄无干。乃于三十一年四月二十六日，刘家庄设酒席，央乡亲友，恳乞孔涧村义让。孔涧村念临邑之情，合社公议，每半月内，本村先使水十一日，其余四日情愿让刘家庄人、物吃用，不得浇灌地亩。周而复始，以日出收水为度。刘家庄许每年六月初六日，备盘羊纸酒，在泉子凹神前祭祀，请孔涧村香首盘头主香。祭毕，公享祭物。至于修理水道，刘家庄独任其事。其一应条规，合同载明，刘家庄务遵条规，孔涧村亦不得格外滋派。是举也，有无相济，孔涧村不至有余，刘家庄不至不足，庶几仁让之风再见于今矣。但恐人心不古，积久生变，故勒之瑱珉，以世永远云。……

"泉子凹水眼数处"位于沙窝村中部靠霍山处，也即恰好在南沙窝与北沙窝村中间，至今仍有泉水出露。据调查，"泉子凹"的水从沙窝村下来，经一条人工沟壑——村民又称"小坡沟"，穿过孔涧村玉皇庙前的村路，通向刘家庄，水道依稀可见，这便是刘家庄与孔涧村独立使用的一条泉水渠。为了表示感激之情，形成了每年六月初六刘家庄祭拜神灵的仪式习俗。此碑从现实层面说明了孔涧村将泉水义让刘家庄的过程，"从来有无相济，仁者之心也"，"孔涧村不至有余，刘家庄不至不足"是一种水资源紧缺状态下的道义呈现。

其他附属村与沙窝村也同样享受到这种生存上的道义补偿。四社中的每一社都有自己的附属村，这些后来才陆续加入四社五村的村庄，虽然没有自己独立的水日，但是它们并没有被剥夺对水资源共享的权利。在履行了相应的义务与责任的同时，它们也是合法的用水村。虽然在地位上要依附于四社五村，但是，就生存权利而言，每一个村庄都是平等的。附属村的村民对此有如下看法：

> 问：你们历史上吃的是哪里的水？
>
> 答：沙窝峪流下来的水。
>
> 问：这水不是由四社五村控制的吗？是不是属于他们的？
>
> 答：是归他们控制，因为他们比我们早，但是，我们也要喝水啊，他们能不让我们喝嘛！
>
> 问：但要首先保证他们有水，是吧？
>
> 答：嗯，这是历史规矩嘛，总得有个顺序吧，毕竟他们来得早嘛。①

沙窝村的一位村长表态非常明确：

> 这水是四社五村的，从我们这儿流过。四社五村在下面哩，我们沙窝村是必由之路。这水经过沙窝村，沙窝村就自然吃水。我们村里没有水地，因为底下的人吃水都不够。从道德上说，人家吃水都不够，你还浇地，就不可能了。②

四社中村民的回答也倾向于一种道义上的考量：

> 问：你们吃的这水属于谁的？
>
> 答：属于我们的啊。
>
> 问：为什么？
>
> 答：我们建村最早，别的村是后来的事了。
>
> 问：为什么让别的村也吃这个水？
>
> 答：他们也得活啊，你能眼巴巴看着他们渴死嘛。不过，他

---

① 笔者于2013年6月7日对郝益盛、宗虎娃的访谈。

② 董晓萍、［法］蓝克利：《不灌而治——山西四社五村水利文献与民俗》，中华书局2003年版，第三部分"四社五村田野调查报告"，第224页。

们在用水上要按照规矩来，不能胡来。①

所谓的"规矩"在《四社五村水利簿》中并没有写明，而是在现实用水过程中自然形成的一种具有"准水利簿"的"主观水规"，这是由四社五村给附属村制定的，大致内容如下：

第一，对四社五村水渠的供水只许引用，不能灌溉。

第二，在使用水渠沿线的过路水时，只能在所属主社村的水期内，随主社村的方便，酌情用水，不能影响主社村用水，不能越界他取，只许"勺舀担担"，不许超量取用，更不许引渠导水，造成用水秩序的混乱。

第三，可以修坡池蓄水，但每村只能修一个。坡池的大小，由所属主社村决定。

第四，每年分担所属主社村的水利工程摊派，摊派数额由主社村按人头划拨，在大祭时公开公布。

第五，在主社村提出要求后，应在主社村的水期内，替主社村看渠放水。放水的顺序是先主社村、后附属村，主次不乱。酬劳自付，与主社村无干。

第六，在主社村打井后，经主社村的准许，可在主社村的水日内，使用主社村的全部用水，但同时需承担主社村的全部水利工程费用。主社村如果是水权村，仍掌握水权，可以根据水权随时收回自己的水日和重新分配用水。

第七，如违反水规，主社村按《四社五村水利簿》给予严厉制裁。②

可以看到，"道义"的施行也是有条件的，不过四社五村在缺水

---

① 笔者于2013年4月8日对李玉良的访谈。
② 董晓萍、[法]蓝克利：《不灌而治——山西四社五村水利文献与民俗》，中华书局2003年版，第三部分"四社五村田野调查报告"，第225页。

环境中，仍能分给其他用水村以适量的用水，这的确是一种了不起的义举，是社会公益行为。从中，我们聆听到的是群体协作中跳动着的道德音符。

六　纠纷调处

水最初作为一种社会生活的公共资源，供农田灌溉和人畜饮用，具有很大的随意性。随着社会经济的不断发展，对水的需求量逐渐增加，水资源的有限性决定了它在满足一部分人群和村庄的同时，难以同时满足另一部分人群和村庄，于是就产生了谁先谁后、用多用少等一系列用水纷争。应该说，这是一个不可避免而具有普遍意义的社会问题。用水纷争固然受到分水技术的影响，但这并非问题的关键之所在。水资源利用率的提高、调配方式的改进以及管理模式的突破，并没有与水资源稀缺性加剧的形势相伴相随。相反，自然灾害、土地增垦、人口增长等方面，才是当地民众不得不面对的现实处境。在此种严峻状况下，水成为他们的生存之本，"得之则生、弗得则死"促成水权意识日趋强烈。

水资源的紧缺性以及一种没有水的危机感，将这些村庄凝聚在一起，通过文化的手段来解决生态的问题。没有一个权力的顶点，没有一个垄断的团体，当然也并不是一盘散沙状的松散联合，而是有一个水利组织的权威领导与管理集团。权威的力量是在各村社利益咬合滚动之中酝酿的，权力的取得则是通过民俗传统来进行配置，其结构并不是永恒的，而是处在持续的变动之中。这并不是说这一体系就是民主的，它决然不会如此；它也不是自由主义的，它的自由意味更加单薄。而是说，它是一种——彻头彻尾的、根深蒂固的——联盟性的、自主治理的民间事物。水资源分配的技术手段追求公平与公正的理念，确保了"一方水土养育一方人"的延续性生存。水利设施的生态分布与调节，能够避免过多的水资源浪费，从中体现出"他者"的生态观与民间智慧。进而，在日常生活用水方面，他们也把节水的理念发挥到了极致，"宁肯吃口馍，不愿喝口水"便成为与水斗争、与干旱为伍的生动写照。水利的日常实践与年度祭祀龙王庆典重叠在一起，现实层面管理的秩序性通过宗教神圣象征系统得以再次确认。群体协作氛围之中的道德芬芳在弥散的同时，也让人们领会到生活的真谛与生存的意义。

这样来看，乡村群体协作如同一幅自然画卷，其中的生态节律环环相扣，徐徐展现出一种整体性、全局性的序列。诚然，一个联村组织能够在历史的长河之中延续至今——且不说今天在某些方面仅仅保留一种符号象征意义——自有其生命轨迹存在的合理性。的确，由于水是这一组织及整个社区生态系统的关键制约性因素，如果群体协作不循序而进的话，它也不会一直保持矫健的姿态。但是，显然不应采取一种过于"预设的和谐"观点来看待这一协作图景，尤其既然事实上它远不那么和谐。若从龙王爷的眼睛来看的话，群体协作看起来就更像一个宏大的、具有仪式节律的过程，这一过程在整个社区里一年又一年地被折射。然而，若从一个村民的眼睛来看的话，这一韵律愈是宏大，就像自然界的伟大杰作一样，它就愈是不那么清晰，反倒不如地方性围绕水的问题而引发的纠纷局面那样能够看得更清楚。当"不和谐的声音"出现的时候，便需要发挥民俗失序协调机制的作用。

如果具体而微地观察这一社区，在这一整体协作的框架之下，也会出现"偷鸡摸狗""狗急跳墙"之举，村际间、人际间的水事纠纷也是总会发生的。纠纷会集中爆发在挖空心思地去争夺水资源的不轨行为上——既有个人为单位也有以村庄为单位；既有明目张胆的故意占用也有较为隐秘的偷水行动。这一组织本身不可能解决各种不可避免地出现在那一框架之中的日常调整问题。具体情境中的调整得以实施的主要框架成为高度发展、几乎悉数是风俗活动的别集——既定的先例，仅仅因为它们提供了能够解决人与人、村与村之间可能发生的龃龉的合法的、共同遵循的律典。虽然没有超凡的政治实体予以强制实施，但无疑具有法律般的力量。这类"习惯法"的数量异乎寻常地多，并且其内容也随时代的不同而发生了广泛的变异。每个人耳熟能详，一代一代口传下来，几乎被整个社区所有成员所谨记，因而也成为一种口传民俗。在民间法律成长过程中，这些习惯法发挥着重要的作用。

为了防止轮流使水循环过程中个别村社的故意占用，在交水期限上以"红日"为准绳——"用水期限不犯红日"既带有一种预见性的秩序调控，也是纠纷实践过程中的一项民间制度发明。所谓的"不犯红日"指在太阳出来之前，必须无条件地把水移交给下一个"执政"的村庄，这是交水的最后期限，不得截留有误，或者擅自多用。这一惯例在水利簿中曾明确言明："一例各村交水时辰，不犯红日，违者科罚。"① 村民对此有不同的看法与解释：

> 问：为什么要"不犯红日"？
>
> 村民甲：过去没有看时间的表，为了防止纠纷的发生，就以日出为信号，规定的这个时间在太阳出来之前，这是期限。
>
> 村民乙：这是迷信，红日为火，水火不相容，必须要避开太阳。
>
> 问：有因为"犯了红日"而出现的纠纷吗，这种情况多吗？
>
> 村民甲、村民乙：有啊，过去经常有打架的。因为要在指定水日内蓄完渠水后，还要赶在日出前，有的村故意拖延一会儿，缺水嘛，都想多用点儿，能多弄点儿就多弄点儿。②

在村社权威与秩序的保证方面——主要在祭祀活动互相通知与紧急情况之下临时召开会议，他们会使用"鸡毛信"的习俗准绳。有的村民将这种插上三根鸡毛的信比喻为"挂号信""加急信件"等，

---

① 清道光七年（1827）《四社立水利簿》，参见董晓萍、［法］蓝克利《不灌而治——山西四社五村水利文献与民俗》，中华书局 2003 年版，第二部分"资料：水利簿、碑刻与传说"，第 55 页。

② 笔者于 2013 年 6 月 9 日对郝永智、董泽国的访谈。

反映出其所占地位的重要性,在水利簿中称为"转帖"。这是一种在小祭前通知四社五村社首与村首按时参加祭祀仪式的请帖,用 16 开黄草纸书写,置入信封,信封贴鸡毛,以示诸社首必须风雨无阻、准时到会。清明节前夕,"每逢承祭之社,必先发起转帖,会同四社五村"①,"承祭之社"选派可靠人员步行传送,送信之人按照四社五村兄弟排行秩序,先送至老大社,然后由老大社派人送至老二社,再由老二社派人送至老三社,以此类推,次第不乱,送毕转回原地,表明已周知众社。几位七、八十岁的老社首们给我讲述了一件真真切切的鸡毛信传错然后受到惩罚的事情:

> 记得那年,就是坐社的时候就在义旺社,它这个传鸡毛信的时候呢,杏沟社把这个信传给了窑垣村,窑垣村传给了川草凹村,川草凹村传给了仇池社。按说道理上讲不通,应当是社对社地传信,应该是杏沟社必须直接传信给仇池社。中间这两个附属村,因为它们没有权力。可是结果呢,杏沟社为了省事,就把信传给它的附属村窑垣村,结果窑垣村又把信传给了仇池社的附属村川草凹村。更可气的是,川草凹村的干部不懂得鸡毛信必须当天返回发信社的规矩,所以仇池社当天就没有收到鸡毛信。后来呢是另外通知的。开会的时候呢,仇池社就把这个问题点了出来,大家一致通过,当场就罚了这几个不按规矩办事的村社,罚得还挺重的呢,就是要让他们长记性,没有个规矩哪能行嘛。②

村与村之间围绕偷水与强占的水利纠纷也屡见不鲜,金明昌七年(1196)《霍邑县孔涧庄碑》是最早记载当地水利纠纷事件的官司碑。

---

① 清道光七年(1827)《四社立水利簿》,参见董晓萍、[法]蓝克利《不灌而治——山西四社五村水利文献与民俗》,中华书局 2003 年版,第二部分"资料:水利簿、碑刻与传说",第 55 页。

② 笔者于 2012 年 11 月 23 日对马福祥的访谈。

由于碑文较长，在此不作全文抄录，只是扼要简述其大概。[①] 渠首三村孔涧村、沙窝村与刘家庄对下游村李庄实行用水压制，李庄告官，首轮败诉，又翻案再告，宁死不屈，历时三年，最后终于翻为胜诉，又经县衙批准定案，迫使渠首村告饶。除了用"禀官纠治"这种动用官方力量的决断方式外，"誓不通婚"的"两败俱伤"方式则更显过激，不但对纠纷调处于事无补，还留下了一种"世仇"的意味。历史上，洪洞县下游村庄与霍县上游村庄历来容易发生争水纠纷。霍县一方的南李庄村与洪洞县一方的川草凹村因吃水发生多次械斗，最多的时候参加民众达 120 余人，每次都会出现人员伤亡情况，以后两边都免谈婚嫁，至今还都对儿女婚事讳莫如深。[②] 村民们还给我讲述了其他一些记忆犹新的水利纠纷：

> 这些记忆呢也是听我父亲、我爷爷讲的。仇池在四社五村中是老大，地理位置在下游，放水的时候，水要先经过杏沟、窑垣。有一次轮到仇池放水了，当时窑垣没有水吃，可是水流经的渠路经过窑垣。窑垣有一伙村民就偷偷地把水放到他们村的坡池里。因为是在仇池放水的日子里，窑垣没有水吃，所以就偷这个水。结果呢，被仇池放水员发现了，仇池的人就集中起来把窑垣的坡池给捣毁了，就是在水池上挖了个口子，让水白白流掉，也不准他们吃水。还把偷水的那伙人抓了几个揍了一顿。村子吃水，谁几天谁几天都有规矩定好了的，谁也不能违反的。违反了就要挨罚，就要挨揍。这不是明白着的事嘛。[③]

> 我记得小时候经常遇到因为水而打架的情况，霍县与洪洞打架啊，一下雨，水多了就能供给上，一不下雨，水少了就供给不

---

① 碑文内容参见董晓萍、［法］蓝克利《不灌而治——山西四社五村水利文献与民俗》，中华书局 2003 年版，第二部分"资料：水利簿、碑刻与传说"，第 84—91 页。

② "南李庄村到现在也不与川草凹村通婚，从打架那之后，通婚的只有两例，是川草凹村的两个闺女嫁到南李庄村，这还是通过直系亲属关系介绍嫁过来的呢。南李庄村嫁女、找对象，就不考虑川草凹村的。"笔者于 2013 年 4 月 6 日对董泽国的访谈。

③ 笔者于 2012 年 11 月 23 日对高金华的访谈。

上了。不是有制度吗，有制度它没水啊，人要吃水嘛，所以就打啊。有的时候打得可凶了，伤的不说，还经常出人命呢。那可了得，都动家伙了呢，就是家里种地干活用的东西，铁锹啊、镰刀啊、锄头啊、耙子啊、棍子啊，反正打的时候，拎起家伙事就干上了。从前法律不健全，要用拳头来说话。伤亡少的话，也就不了了之了；如果出了人命，事情闹大了，就得告官啊。告官的话也比较麻烦，因为我们跨地区啊，跨两个县，哪一方都会袒护自己一方的，哪一方都不好解决，就得上报更高一级的临汾地区。①

在我这个年龄呢，我就经历过几次。像川草凹与南李庄打架，都动用家伙了。当时，川草凹村有准备，因为它是小个嘛，要防备；南李庄呢，仗着个子大，就没有准备，结果吃亏了。是在沙窝打的架，在义旺解决的。沙窝有个好事的老头为此还编了一句顺口溜呢："川草打架了，沙窝招怕了，李庄挨棒了，义旺管饭了。"哈哈，这是第一次。第二次都动枪了呢，南李庄就有组织了，带着枪埋伏着，可是川草凹听得风声了，就没有到场，没打起来。所以，这两个村自古以来就有"互不通婚"的习俗。还有一回，我们村（指义旺村）与川草凹村已经形成打架的局势了，也是因为放水。我们村在上边放水，川草凹去了后也要放。我们村的人不让，这不就马上回村里叫人。这个事我就参与了。这个事当然是四社五村对了，因为我们是掌权单位啊。四社五村还都没有水吃，你这个附属村能有水吃嘛。那时候我就在家，我还没当干部，他们叫我，说："拿上家伙，往沙窝走。"随叫随到，一呼百应，人山人海，把川草凹这些要强行放水的村民吓得又屙又尿的。由于历史传承下来，有很强的水权意识。一般的情况，挨打的一方也不会上报的，又涉及跨县嘛，挨打就挨打了。不过虽然有这事发生，但不影响我们村与川草凹通婚。②

---

① 笔者于 2012 年 11 月 16 日对魏存根、党向福的访谈。
② 笔者于 2013 年 4 月 1 日对郝永智的访谈。

　　对于个人的违规行为也有一些民俗处罚机制，像罚款、罚工等之类的经济制裁与劳力制裁是小事，最严重的莫过于"庙前打死庙后埋"或"碑前打死碑后埋"的惯制，即在发生水利纠纷的时候尤其遇到某人正在偷水，将其打死不偿命，惊动不了官府。这一惩罚惯制的形成由多种因素决定，主要的当然是水资源的稀缺性，其他的则涉及跨县域、民风民性、古时法律不健全等因素。与此在象征意义上相呼应的是，在祭祀活动过程中，村社之间的酬神表演如果发生纠纷也适用于这条惯制：

　　　　在祭祀活动过程中，打死人就打死人了，没啥。因为从前是在旧社会，不像现在是法制社会，它法律不健全，惊动不了官府。每年祭祀堰（即祭祀龙王）的活动在分水亭跟前，划区域，比如这块儿地方属于义旺的，那块儿地方属于仇池的，等等。每个村在所属区域范围内进行活动，打锣鼓、舞龙表演什么的。祭祀活动不文明，虽然讲它是一种文化传统，但是在这里边呢有不文明的行为。因为打锣鼓等表演毕竟有好坏之分，打得好的呢，声音就大一些，气氛就活跃；打得不好的呢，就嫉妒。这样一来就会出现如骂人、挑逗等不文明行为，有时候还大打出手。不过，在这种场合下，打死人不偿命，庙前打死庙后埋。这个庙就是分水亭这边人看着的这个。①

　　当然了，在"他者"的思想认识上，由轻罚到重罚的原意不在要罚，而是要进行警世教育，要人人懂得爱惜水利、公平地用水，决不能先己后人、损公肥私。当地流传的一则传说更能说明这个问题，传说内容大致是这样的："原来吃规（指违犯水规），有四条科罚，就是天上的星星四颗，四两青蛙毛，五斤荞麦皮油，四两蚊子蛋。"② 传说里所

---

① 笔者于 2012 年 11 月 15 日对郝永智的访谈。

② 董晓萍、［法］蓝克利：《不灌而治——山西四社五村水利文献与民俗》，中华书局 2003 年版，第三部分"四社五村田野调查报告"，第 248 页。

说的向破坏规矩的村民要"星星""青蛙毛""荞麦皮油"和"蚊子蛋"等，在现实生活里是没有的，都是无法实现的，这仅仅是出于制造心理恐慌的需要。虽然这些"罚资"于事无补，但是，当地民众认为这样的民俗诉求是非常合理的，必须在言说与行动中达到如此之严苛极端，用水秩序才能世世代代维护下去。通过这些如此极端的民俗高压与惩罚机制，我们可以看到，无论如何，在四社五村这一民间水利组织体系之特定结构之内而产生的水利纠纷与违规行为，都会通过民俗惯制的力量予以"分解"与"消化"，也即是说，通过水利组织在地化的、随境而变的、非正式的调处是能够得以解决的，而不是升级到外在于水利组织体系的、更高的从而也更不易收拾的那些层次上。

的确，如果与现代发达地区的水利科学技术相比，传统模式的水利技术已大多陈旧。但是，现代先进的水利科技越来越精细化，各个分支的独立发展逐渐淡化甚至割裂了原本各分支之间的深层联系。实际上，水利事业的成败得失并不局限于水利工程建设本身，而是与经济、政治、资源、环境、社会、文化等有着密切联系。本章正是从政治的、技术的、社会的、宗教的、道德的以及民俗的文化制度形式出发，呈现四社五村水利社会的整体协作图景。正如我们已经看到的那样，这一水利社会在传统时期里的具体运转实际上是由"整体协作范围的网络""编织"而成的，进而我们能够觉察到一种社会关系体系的存在——乡村协作文化是一种多元素复合而成的文化，或者说它是囊括一切、波及一切的。只是为了叙述与操作的方便，我们在具体处理上分而论之，而在"地域社会秩序场境"中，上述各分项维度是相互渗透且有机地融合在四社五村整体性的协作实践框架之下的。董晓萍和蓝克利通过对四社五村所做的水权调查，提出了这一水利组织"整体社会动员"① 的文化与社会功能，也可以视之为"水利社会的

---

① 董晓萍、［法］蓝克利：《不灌而治——山西四社五村水利文献与民俗》，中华书局2003年版，第一部分"导言：不灌溉水利传统与村社组织"，第23—27页。

总动员"，从整体上呈现了当地人的生存伦理。这两位学者的社会动员视域更多地针对明清时期，但止步于概念的提出而未能就此展开充分讨论。诚然，水利组织能够灵活地对社会动员与民俗动员适时加以转化以应对不同的实践情境，但是，这些动员机制从深层意义上考量，实际上指向的正是本章所探讨的乡村整体协作机制。

第四章　水利工程的地志学

在上一章中，我们在"泉域社会"水资源利用形态的分析视角下，探讨了明清以来四社五村的协作机制问题。实际上，如果从更长历史时段来看的话，霍山沙窝峪泉域社会很久以前便受到人类活动的直接干预。我们通过前文提及的"金明昌七年霍邑县孔涧庄碑"记载，不难窥见早在800多年以前，当地人们便开始与水打交道，与官府进行互动。在此处生活着的人们，由于特殊的生态地理条件使然，以水为中心的农耕文明成为长时段社会运行的基本主题，而水历史与水文化也已经渗透进每一位村民的生命历程之中。在这里，水资源与黄土台地的景观早就因人们的实践活动而发生了显著的变迁。虽然历代统治者对水利事业较为重视，但是，在"皇权不下县"的年代里，地方精英更多地参与到"一方社会、一方水土"的治理过程中。因而，我们会看到，四社五村展现出一种理想的运行模式与一套智慧的水利传统，它的历史延续性及至民国未曾遭遇外部力量的实质性冲击。

中华人民共和国成立以后，随着兴修水利合作化之路的开始，四社五村逐渐纳入到"国家的视角"之中，成为国家主导与掌控"叙事"的一部分。与此同时，我们也会看到，代表官方意识形态的

"发展主义项目",在现实中又是如何遭遇"他者"的。① 然而,就在地方民众与各种力量持续不断博弈的过程中,当地的协作模式、水利地景以及社会秩序悄然发生了实质性的变化。相比后来短时段里的"风云激荡"和"暴风骤雨",传统时期的四社五村社会则颇显"安详平和"。总之,这个地方自 20 世纪以来,表现在水、水利与土地上的地景变迁最为引人注目,这片小天地已由"风平浪静"转向"浪涛激荡"。这些社会事实使我注意到物质性与非物质性层面、物理性与社会性空间均是不断变化着的,它们本质上一直处于相互融合之中并被重新塑造与界定。具体来看,变迁中的地景浮现出一些与政治人类学相互关联的问题,如村庄内外的纠纷及解决、地方精英的处事原则、官民视角在实践中的切换、底层大众协作与反抗的逻辑、发展主义项目运作带来的空间重构、当地村民宇宙观的显现,等等。这是本章将水利地景变迁作为主要内容的原因,它是关于四社五村水利工程的地志。

20 世纪 90 年代以来,一个学术动向是重新注意到社会现象里的"空间"问题。海斯翠普认为,当代人类学的一个显著特征便是所谓的"地志学转向"(topography turn)②,这种地志学"把地理学、定居点、政治边界、法律事实、过去历史的遗迹和地名等融合进对于各特殊空间的一种综合性知识"③,而非仅仅将地理景观看作人们实践活动的场景或背景。实际上,他提醒我们尤其注意事物的

---

① "国家的视角"与"发展主义项目"等都是"斯科特进路"的核心概念与分析要义。国家与社会的关系一直是斯科特所关注的,而底层民众的主动性是他竭力要展现出来的。他认为,每一个行动都可以地方知识与实践作为一方、国家管理制度作为另一方的关系模式来加以认识,如果从国家的角度来看,地方实践显示出的多样性和复杂性,所反映的不是国家利益而是纯粹的地方利益,所以,国家会通过发展主义项目的行动实践,力图"清晰化"地方社会。参见〔美〕詹姆斯·C. 斯科特《国家的视角:那些试图改善人类状况的项目是如何失败的》,王晓毅译,社会科学文献出版社 2011 年版,第 24 页。

② Kirsten Hastrup, Social anthropology: Towards a pragmatic enlightenment? *Social Anthropology* (2005), 13 (2): 133 – 149.

③ 〔丹麦〕克斯汀·海斯翠普:《迈向实用主义启蒙的社会人类学》,谭颖译,《中国农业大学学报》(社会科学版) 2007 年第 4 期。

物质性面相，以及行动者所居住的真实空间。① 同时，海斯翠普在较具隐喻意义上指出地志学转向的高明之处："通过社会能动者寻找道路的过程，从物理意义和社会意义上认真地看待他们的运动及其开辟的道路。"②

台湾人类学者黄应贵从空间中的"力"入手，试图厘清空间的独立自主性及其内在逻辑，进而把握区域社会运行的整体理路。空间不仅仅以"自然的地理形式及人为所建构的环境为其基本要素及中介物"，更是在最终意义上"依人的各种活动而有不断的建构结果"。③ 这种力主要凸显以下两种意涵："第一义是指空间的物质基础塑造人类社会生活的能力，这也正是传统地理学家及建筑学者所强调的。……它更具有另一种力量，即一般所说的权力。……权力乃成为空间所具有的基本性质。"④ 经由空间的力，我们能够深入地分析一个社会的建构与再建构脉络。

空间中的物质性载体或因素，便是地志学研究所要直面的具体场景。法律人类学者朱晓阳从"综合性"角度研究"小村"个案，认为地志可以看作与莫斯的"总体社会事实"⑤ 相当，不过他更加看重的是"从地志视角进行人类学民族志研究具有强烈的实践紧迫性和深刻的理论意义"⑥。历史人类学者杜靖的闽村研究立足于本土叙事，

---

① 关于地志研究路径背后的知识论问题，已有学者作过相关述评，兹不赘述。具体可参阅朱晓阳《"表征危机"的再思考：从戴维森和麦克道威尔进路》，载王铭铭主编《中国人类学评论》（第6辑），世界图书出版公司2008年版，第244—251页；朱晓阳：《"语言混乱"与法律人类学进路》，《中国社会科学》2007年第2期。

② ［丹麦］克斯汀·海斯翠普：《迈向实用主义启蒙的社会人类学》，谭颖译，《中国农业大学学报》（社会科学版）2007年第4期。

③ 黄应贵主编：《空间、力与社会》，"中研院"民族学研究所1995年版，第3—4页。

④ 同上书，第10、17、18页。

⑤ ［法］马塞尔·莫斯：《礼物——古式社会中交换的形式与理由》，汲喆译，上海人民出版社2002年版，第4页。

⑥ 朱晓阳：《小村故事：地志与家园（2003—2009）》，北京大学出版社2011年版，第3页。其中，理论意义不仅在于从一个村庄的生活世界之地志特征出发来呈现作为总体的社会现象，更在于地志学研究的彻底解释进路，即在文化他者的地方性视域下寻求更为普遍的解释力。实践意义在于通过所谓的"熬时间"来记录研究个案的文化，从而能够获得更多有关社会变迁内在逻辑的洞见。

使用美学理论中的"意境"概念作为分析工具，探讨国家水利与宗族风水之间的关系，认为无论在传统时代还是集体化时代，社区的风水与国家主导的水利两者均为一种意境，而中华人民共和国成立后新秩序的形成在于国家利用"文化置换"的方式，悄然达到使"农民从一种意境转入另一种意境而栖存"之目的。①

总之，地志学努力恢复与重构人类学对于世界物质性的关注，强调社会空间与地理空间在经验上是融合的，作为行动者的个体是"栖居"（dwelling）在特定世界中的，最终走向的是一种戴维森哲学意义上的"彻底解释"。在此，有必要对"栖居"与"彻底解释"两个概念加以扼要说明。

从根本上说，栖居进路依据德国哲学家海德格尔（Martin Heidegger）"诗意地栖居"观点。"人诗意地栖居"是 18 世纪至 19 世纪德国诗人荷尔德林写的一首诗中的一个短语，自从海德格尔在《荷尔德林与诗的本质》（1936）、《人诗意地栖居》（1951）等文中对这个短语作出详细阐释后，这个短语就广为传诵。荷尔德林作为浪漫主义诗人的重要代表人物之一，追求人与自然的和谐一致。所谓"诗意地栖居"，就是通过人生艺术化、诗意化，来抵制科学技术所带来的个性泯灭、生活刻板化和碎片化的危险。海德格尔的学生马尔库塞（Herbert Marcuse）对发达工业社会的意识形态作过出色的研究②，提出"单面人"的警告是想"从物质的、技术的、功利的统治下拯救精神"③。

在关于"人之存在"的问题上，海德格尔认为只有诗意地栖居才是真正的存在，诗意使栖居成为栖居，这是相对于"技术地栖居"

① 杜靖：《宗族风水与国家水利——关于"文化置换"的一项历史人类学考察》，载徐勇主编《中国农村研究》（2013 年卷·下），中国社会科学出版社 2013 年版，第 95—123 页。

② 具体可参阅〔美〕赫伯特·马尔库塞《单向度的人》，刘继译，上海译文出版社 1989 年版。

③ 叶朗：《胸中之竹——走向现代之中国美学》，安徽教育出版社 1998 年版，第 310 页。

而言的。① 他曾欣赏的一段话可资我们对其见解品味一番，这是他援引的19世纪至20世纪奥地利诗人里尔克（Rainer Maria Rilke）的话语："对于我们祖父母而言，一所房子，一口井，一座熟悉的塔，甚至他们的衣服和他们的大衣，都还具有无穷的意味，无限的亲切——几乎每一事物，都是他们在其中发现人性的东西与加进人性的东西的容器。"② "诗意"之意涵在于人们将自己的感情投射在生活世界中的事物身上，这样它们就成为温馨的过往岁月的象征，从而具有无穷的意味，使人感到无限亲切。在此基础上，生态人类学家英戈尔德（Tim Ingold）同时吸收了吉布森（James Gibson）的生态心理学和庞蒂（Maurece Merleau-Ponty）的现象学等成果，进一步指出："栖居进路将作为有机体的人在环境或生活世界中的沉浸视为必不可少的存在条件。从这一视角看，世界持续地进入其居民的周遭，它的许多构成因其被统合进生命活动的规律模式而获得意义。"③ 所以，栖居进路试图从"他者"在其周遭空间中的实践与感知来理解实践者具体的生活方式。

彻底解释一说源自戴维森（Donald Davidson）的哲学，在他看来其要点涉及以下三个方面：

> 说话者的语言解释含有三个步骤。首先，解释者注意说话者在什么时候说什么，在他和说话者共同经历的情景和事件之间建立相互联系，以这种相互联系为根据，许多带有指代成分的简单语句可以得到暂时的解释。……其次，根据赞同和不赞同的模式（解释者）可以侦知语句之间的逻辑关系，这可以导致"非"、"并且""每一个"之类的逻辑长项解释。这样就会产生一个关

---

① ［德］马丁·海德格尔：《人诗意地栖居》，载马丁·海德格尔《演讲与论文集》，孙周兴译，生活·读书·新知三联书店2005年版，第196—215页。

② ［德］马丁·海德格尔：《诗·语言·思》，彭富春译，文化艺术出版社1991年版，第102页。

③ Tim Ingold, *The Perception of the Environment.* London and New York：Routledge，2000：27.

于语法和逻辑形式的理论：单称词、谓词和交互指称的方式就能
被侦知。到这时，语句……就能被赋予一个结构，于是，这些与
知觉有密切联系的谓词就能被解释。第三，观察含有理论谓词的
语句与一些已经根据前两个步骤得到理解的语句的关系，理论谓
词得到定位。①

可以看到，戴维森强调的是由说话者、解释者和共同世界所构成
的一个三元组关系，将"他者"的可观察句子作为理解或阐释的起
点，以此进一步确定言语和思想的内容，这样，解释者便可以侦知当
地民众的世界观与价值观等。这种哲学思辨对于人类学研究的重要启
发是，地方性知识的"真实"与"完美"之呈现，要通过民族志作
者与当地人在共同面对的实践空间中的通力协作达致。田野工作也
"不再被视为一项描绘社会体系并阐明其性质的事业，反而成为参与
现时的社会世界并对其进行彻底解释的工作"②。进而，通过书写地
志，不仅能够获得当地人所处的社会与国家背景以及精神世界的深入
理解，更重要的还能获得对国家形态转型与历史传统延续深层逻辑的
理解。

对于四社五村水利工程的考察需要上述地志学的理论视野。具体
来讲，水利工程的修建及其变迁与四社五村所居的乡村世界，他们在
栖居生活中所获得的感知和经验，与水利地景密切相关的历史记忆等
是本章的核心。这些来自当地的观念习性和直接感知的文化因素，是
通过风水实践、环境描绘、村规民约、权益争取以及内外力量"较
量"等事项体现出来的。中华人民共和国成立以来，四社五村与其他
地方的乡村一样，历经几次规模较大的社会变迁，这些都是无法忽略
的国家背景，他们面临着一些新的挑战。我们对四社五村水利工程的

---

① ［美］唐纳德·戴维森：《行动、理性和真理》，载欧阳康主编《当代英美著名哲学
家学术自述》，朱志方译，人民出版社 2005 年版，第 87—88 页。
② ［丹麦］克斯汀·海斯翠普：《迈向实用主义启蒙的社会人类学》，谭颖译，《中国
农业大学学报》（社会科学版）2007 年第 4 期。

考察，正是需要在这种宏观背景下进行。与此同时，还应结合当地人们的实际选择以作对比思考。为了说明地方性情境实践中"文化地栖居"的重要性，同时也展现出地志进路经由融合"他者"视域以寻求广泛性的解释力，让我们以水利工程为切入点进行"整体性"的考察与"彻底性"的分析。

一　家园与水利地景

　　四社五村民众与其地处的霍山脚下村庄的历史，是 800 多年以来在水资源极端匮乏状态下与干旱持续斗争的历史。如此长时段的时间厘定依据当地出土的最早一通石碑，即金明昌七年（1196）《霍邑县孔涧庄碑》。这是一通官司碑，碑文记载自金明昌五年（1194）开始，发生在当地的一起水利纠纷事件，只不过仅涉及渠首的沙窝村和孔涧村与下游李庄村之间的用水权争夺。当然，若是按照清道光七年（1827）《四社五村水利簿》之说，"霍山之下……二邑四社……自汉、晋、唐、宋以来，旧有水利"，那么，时间又可往前追溯到汉代。但是，所有这些都只是一种相对笼统的说法。若是俯瞰今天的四社五村景观，似乎对它作为一个整体的过去，只能产生无确切纪年的模糊印象——因为所有的地方文献资料都是浓缩了当地千年历史的短暂一瞥，仅此而已。虽然如此，我们还是应当"就其历史说点什么"，而非对它的确切历史进行考古。

　　当地人一般使用"早着哩""好久以前呢""这历史长着呢"等语句讲述他们村庄的历史起点。虽然在外人看来，这样的说法甚是笼而统之，但是，在村民的眼里，如此追溯并非遥不可及、玄幻缥缈的无稽之谈，而是属于他们自己的一套历史认知模式与实践感。更有甚者，关于村庄历史发展轨迹、形态与"社爷树"相关的传说已是家喻户晓，其重要性已然超越了地方文献的物质载体：

　　　　好久好久以前呢，我们这里的环境好啊，有山有水的。这个山就是东边不远处的霍山，这个水呢，就是山上沙窝峪的泉水。有这么四个兄弟来到了这边，就在这儿此生活了下来，就这么一直繁衍，后来形成了几个村庄。当时，兄弟四人在渠边种了四棵槐树，因为靠着水近啊，这四棵槐树长大后就连在了一起，长成一个整体，成为一棵大树了。而原来的四棵树呢，就变成这棵大树的四个枝干了，再长到后来呢，竟然又长出来第五个枝干，这不就寓意着我们"四社五村"嘛！①

它这一棵树呢，肯定是先有社，后有树，群众都把它叫作"社爷树"。在四社五村的范围内，它的年龄最大，估计是这么看。在一个社的范围内，这棵树最大。②

因为有了"社"以后，为了纪念四社五村的成立，各社的社首在渠边分别栽种了一棵小槐树。没承想，多年以后，这几棵槐树互相交织缠绕在一起，共同生长，后来又在树的顶端分出五个大枝，象征着"四社五村"。③

我搜集到当地一部分家谱资料，从中也发现了家谱对历史渊源记载的这种同构性质。《郝氏家谱》简明扼要地记录了郝氏族人迁移与发展的过程，只因年代久远没有善加保存，致使谱中不少文字墨迹漫漶，有的内容断续难辨，不过代际传承仍能窥其大略。小心收藏家谱的一位村民凭借原有的记忆，为我复述了家谱开头的字句，大致的意思是："祖籍大同府，霍门立户，四支祖传，后河底弟兄二人，邢家泉一人，兄弟二人中一人郝文秀，郝家腰一人，本神祇为后河底。"④"后河底""邢家泉"与"郝家腰"称谓指的都是当地村名。美国公理会传教士明恩溥（Arthur H. Smith）曾在中国生活过很长一段时

① 笔者于 2012 年 11 月 15 日对郝永智的访谈。
② 董晓萍、〔法〕蓝克利：《不灌而治——山西四社五村水利文献与民俗》，中华书局2003 年版，第二部分"资料：水利簿、碑刻与传说"，第 165—166 页。
③ 笔者于 2013 年 5 月 18 日对李宝田的访谈。
④ 笔者于 2013 年 5 月 7 日对郝世有的访谈。从严格意义上讲，神祇型家谱不是家谱，而是祭祀祖先所用到的祭祀物，当地人普遍称之为"神祇"，发挥着他们认知的家谱功能。

间，他认为乡村形成有这样一种模式："中国乡村是自然而然形成的，没有人晓得，也没有人去理会它的前因后果。在那遥远的、无法确定年代的、朦朦胧胧的过去，有几户人家从其他地方来到这儿安营扎寨，于是乎，他们就成了所谓的'本地居民'，这就是乡村。"① 四社五村的村民能够将村庄的历史与一棵古槐联系在一起，的确是一种民间智慧"文化发明的传统"②。

"树"与"村"就是这样交织在一起，二者成为不可分割的整体。在我刚刚进入村庄不久，每当与村民聊天的时候，他们总会将探讨的话题引到这棵古槐身上——说它的历史有多么长，又是多么有灵性。为了表明这棵古槐具有何等顽强的生命力，人们普遍一致反映，

图 4 - 1　郝氏家族神祇图谱（2013 年 5 月 7 日）

　　① ［美］明恩溥：《中国乡村生活》，陈午晴、唐军译，中华书局 2006 年版，第 7 页。
　　② 这一用语来源于英国历史学家艾瑞克·霍布斯鲍姆（Eric Hobsbawm），他指出被发明的传统意味着"通常由已被公开或私下接受的规则所控制的实践活动，具有一种仪式或象征特性，试图通过重复来灌输一定的价值和行为规范，而且必然暗含与过去的连续性"。参见［英］E. 霍布斯鲍姆、T. 兰格《传统的发明》，顾杭、庞冠群译，译林出版社 2004 年版，第 2 页。我们从四社五村的个案中可以看出，文化发明的传统之独特性在于它与过去的连续性大多是人为的。

图 4 - 2 郝氏族人在查阅神祇图谱（2013 年 5 月 7 日）

图 4 - 3 古槐、村庄与霍山（2012 年 11 月 16 日）

小时候曾看见依偎古槐身边有几通方石，可如今早已被古槐包裹进去了，并与之融为一体。为了彰显古槐的灵验与灵性，村民说经常能看到许愿的人将红绳系上树枝，绳子的下边还挂着一张黄表纸，上面写着"天灵灵、地灵灵、树灵灵"等字样。在当地人慎终追远的社会记忆中，这棵古槐的存在无疑成为他们虔诚敬仰的神奇之树，更是村庄繁衍生息、从过去走向今日的最佳见证。古槐生长在义旺村的西边农田地头上，有一条呈"S"形的乡间小路自东往西恰好绕其而过；另有一条向南延伸的乡间小路几乎与这条小路呈垂直方向，这两条小路的交叉点便是古槐的具体位置。紧挨着古槐的一侧尚能看到一条约一米深半米宽的小水沟，这便是历史上当地人一直使用过的明渠，也是最为古老的一条自然渠道。如今早已废弃不用，周围杂草丛生。

　　村落的实际选址、家园的最终形成与地方民众择水而居的生存选择与生态调适密不可分。虽然霍山沙窝峪的泉水流量"不能灌溉地亩"，但是，"亦可全活人民"。正是在这样的自然生态与社会模式结合成的格局之中，在周边其他区域实行灌溉农业的生产形态包围之下，塑造了四社五村主要特征的重要制度便是"耕而不灌"与"人畜饮水"，它是一种战胜自然的文化理性选择。在这一选择之下的水资源以及与之相关的饮水工程，成为当地人历史与现实中非常重要的物质性因素。这两类物质性因素的存在及其变迁，又与他们的环境观、生存观、社会观、国家观乃至世界观有着紧密的联系。四社五村

图 4-4 古槐附近的明渠遗址
（2012 年 11 月 16 日）

整个的历史发展过程贯穿着物质性因素，水资源与水利工程的变迁正是通过人们的实践活动而发生，演化成"人为的自然"并与"天然的自然"相互交织。从历史长河来看，霍山沙窝峪泉域社会很早就进

入地方民众干预的范围。在这片山地，水资源与水利工程的地景因人们的生存、生产活动而发生改变。因此，当我们考察自 20 世纪以来的国家发展主义理念与实践的时候，不能忽视这个地方没有中断的"传统"也一直在"发展"中。当然，总的来说，从明清时期一直到中华人民共和国成立以前，当地的水资源利用情形以及与此相关的水利地景并没有发生显著的变化。

　　四社五村赖以维持的水源地分布在霍山沙窝峪的南、北两条支峪，民间俗称为"青、条二峪"。南峪位于洪洞之境，北峪隶属霍州之域。二峪共同汇集于霍州沙窝村，因而该村在当地又被视为"渠首村"。水册开篇即有如此记载："霍山之下，古有青、条二峪，各有源泉，流至峪口，交会一处。"① 同时，上述孔涧村的那通官司碑也佐证了此一说法："赵城县东山青、条谷两处山谷，长流水汇合并渠。"② 可以想见，在古老的时候，当地先民开山劈岭，对自然渠路的自然流向加以改造，引导二峪之泉水流向一处，将利用水资源的程度发挥到了极致。在应对生态环境的过程中，当地形成了具有自身特点的水利工程景观。

　　小溪或河流沿着山势顺流而下，其流向并不稳定。为了获取到清澈而新鲜的山涧泉水，人们主动去建造相对完善的水利设施，以便及时储藏并分配水资源。他们发挥集体的智慧，在二峪交汇处的沙窝村附近开挖蓄水池，当地方言称之为"蓄水堰"。蓄水池的外貌颇似碗形，其容量大小依四社五村总的人畜规模而定。随着社会的发展和人口的增加，人们适时对其扩充容量。根据田野实地考察，现存蓄水池遗址总面积大约有三分之一足球场大小，堤阔长一百余步。蓄水池的主要功能有两个：一是作澄清沙石、杂质之用；

----

① 清道光七年（1827）《四社五村水利簿》，参见董晓萍、［法］蓝克利《不灌而治——山西四社五村水利文献与民俗》，中华书局 2003 年版，第二部分"资料：水利簿、碑刻与传说"，第 55 页。
② 金明昌七年（1196）《霍州邑孔涧庄碑》，参见董晓萍、［法］蓝克利《不灌而治——山西四社五村水利文献与民俗》，中华书局 2003 年版，第二部分"资料：水利簿、碑刻与传说"，第 87 页。

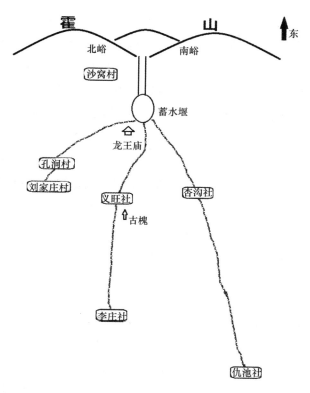

图 4 - 5 四社五村传统时期水系布局

二是确保水资源的充分利用，这符合他们世代厮守着的"不轻易浪费一滴水"总原则。由于那时候的水利技术水平程度非常低下，完全利用水系渠道的自然形态，因此，为了让泉水在流放的过程中不至于太多渗漏与蒸发，必须等待蓄满一池子水之后才能令行放水。此法通过人为调节水的自然流速，来最大程度利用水资源的民间智慧，一直延续至今。

　　由于四社五村地跨两县三乡，恰好位于行政区划的边缘地带，因而涉及水资源的分配问题。为了维护用水秩序的有条不紊，水册中的水规条例第一条即对水资源进行了合理有效的分配。首先，对每个县的水日子进行划分，"一例水规二十八日一周，赵邑十四日，霍州十四日"；其次，对每个县内具体村社进行细分，"赵邑杏沟村六日、仇池村八日、霍州李庄村七日、义旺村四日、孔涧村三日"。① 按照水册的相关要求，当地人们在蓄水池低位置处分出三条岔路，"一渠行霍州义旺、李庄村，一渠行孔涧村，一渠行赵邑杏沟、仇池村"。② 蓄水池处的分水装置具有很大的原始性质，只是在池堰的底部位置安设三孔，上面插入圆木，当放水之日到来时，取其圆木即可。

　　每个村庄都有属于自己的坡池。"坡池"之称是方言，指村庄里的公共蓄水池塘，非常类似于中国南方村庄里的水塘，它是村民取水的公共地方。村坡池与水利工程的支渠相衔接，居民环绕在坡池四周而建房。坡池是人畜用水的共享公共空间，成为村庄水文环境的显著景观。坡池又进一步分为"人坡池"和"牛坡池"。人坡池专供村民饮水，一般在下游选址；牛坡池仅供牲畜之用，位置安放在上游。届时，先让泉水流到牛坡池中，当泉水沉淀清澈之时，再让其流入人坡池。起初，我一直注意坡池的面积与容量大小，后来才明白其中奥妙。因为当地恶劣的自然生态环境致使经常缺水，所以，没有水的时候坡池再大也没有用处。另外，人们还需要对人坡池定期清除淤泥。届时，每一个家户都要出工参与到集体作业活动中。

　　霍山水源地支峪泉水的合流、渠首沙窝村附近开凿与扩容的蓄水池、蓄水池坝堤简易的分水机关、龙王庙与伫立在庙里的龙王神像、回荡着远古传来的潺潺流水之声的土渠、沿着水系渠道形成的乡村聚落形态、与支渠相衔接的乡村公共取水坡池、坡池岸边层累着代际承传脚印的方石台阶、具有人文生态分布意义的水利碑刻以及扮演守护者角色的村庙，等等，所有这一切都是一种生活烙印，一种地景印迹——它们既是历史的，同时又是现实的；它们共同表征了基层民众自古代某个时期以来生活世界的秩序。如果从历史延续性视角来看待四社五村水利地景的话，虽然当地人们的生活在社会继替的过程中已

---

　　① 清道光七年（1827）《四社五村水利簿》，参见董晓萍、［法］蓝克利《不灌而治——山西四社五村水利文献与民俗》，中华书局 2003 年版，第二部分"资料：水利簿、碑刻与传说"，第 55 页。

　　② 同上。

经发生过变化，但是在很大程度上，这种变化仍属于其自身内部的运作逻辑。当然，代际延续中的四社五村不可能是前一代的翻版，但它至少还是充分地承继了上一代的文化形貌与历史传统，并且也是上一代合乎规律的发展。不过，如此这般的历史延续性与发展规律性，似乎在一个急剧变革的时代里，遭遇了来自不同方面的多种力量的"考验"。面对"挑战"，他们要如何应对？地方社会又发生了什么样的变化？在下面我们将会看到这一"喧嚣"的景观。

二　从合作化到责任制

从20世纪50年代至80年代，四社五村进行了3次大规模的水利工程改造，历次改造属于水利组织治水管理的技术实践。改造的主要目的是解决水渠的防渗漏问题，即为了发挥水利工程的最大化效益，确保泉水在输送的过程中减少不必要的流失。需要注意的是，这3次水利实践所处的国家背景与时代风貌已与昔日完全不同，而是在新的社会制度下进行的。人们对社会进程的具体感知，抑或说对历史记忆的方式，一方面以国家和政治话语的表述作为参照对象；另一方面更为重要的是，通常在无形之中会以村庄里发生过的重大事情为根据。从这层意义来看的话，水利叙事是另一种讲述当地民众日常生活实践的方式，也是一种极为重要的集体表征。这样，从合作化到责任制的过程，同时也是他们从第一期到第三期水利工程实践活动的地方缩影。对水利叙事表征的阐释正是理解他们的生活形式与历史感的关键所在，或者说是理解的一个起点。

第一期水利工程的施工始于20世纪50年代。由于四社五村一直沿用中华人民共和国成立前的毛渠也即明渠放水，不仅在沙窝峪峪口段水的渗漏现象较为严重，而且水路越往下游走渗漏程度越明显。所以，限于当时的技术条件，此次工程改造的主要内容是，在原有毛渠渠路的基础上，用红泥打修渠底和槽道，故又称之为"毛渠工程"。村里上了年纪的老人们回忆了当时的场面：

　　解放初期那个年代，经济发展滞后，四社五村沿用解放前毛渠放水，水的渗漏比较严重，尤其是在峪口段表现最为突出。人畜吃水问题一直处于缺乏状态。然而，水越是缺乏，我们的管理措施越是严格啊。说到底，一句话，这就需要大伙集体去改变水的自然渗漏问题。

　　四社五村的社首们多次召开会议，进行分析和研究，决定动员村民兴修水利。各社分头召开了群众大会，号召大家都要参与进来，毕竟这不是哪一个人的事嘛。在此期间，社首出大力，耐大劳，白天同群众一起劳动，晚上召开会议针对工程进行研究、部署。当时，南峪的工程量最大，彻底改变了原水路。地形高的地方，人工劈山；低的地方，人工砌方，用那个红泥，让水少渗透。

　　那时候，人的干劲儿可热火着哩，有的伤着了还坚持干呢。仇池村的董明理是个党员，他受伤之后，每天仍然坚持出工。社首董升平看在眼里，记在心上，劝说他可以休息几天。但是，董明理坚持说："我是个党员，又是个干部，我不能休息，咱们出一把力没啥说的，只要能解决人畜吃水，干啥我都心甘情愿！"仇池距水源地最远，缺水情况比其他村还要严重。

　　各村都有妇女参加，也有六七十岁的老人参加。因为当时号召大家集体干，每户至少要有一个劳力参加，有的家户还都去了呢。义旺村的刘冬喜家就参加了三个人。出动劳力在我们四社五村并不是绝对平均的，出多出少，干多干少，各村社并不斤斤计较。社首们的思想境界都很高，村民们也都积极参与，四社五村是兄弟嘛，就像兄弟关系那样的。解决人畜吃水是共同的目标，反正村与村之间、群众与干部之间，都能够互相配合、互相体谅。①

————————

　　①　笔者于2013年4月19日对郝永智、崔红军、崔栋梁、崔志强等人的访谈。

　　此次水利工程用了 2 个多月才完工，改造水路达 2 里之多，动用土石万余方，全部使用石料砌渠，改变了此前利用土渠放水的格局。历史上的水路是沿河自然往下流淌，要改变水的线路首要进行截流工程，打筑混凝土水坝，将水引至霍山半山腰。同时，将南峪的水向北引流，途经属于沙窝村产权的薛家坟，之后再与北峪汇合。在设计施工上，延续过去以龙王庙附近的蓄水池作为分水亭，分出三个岔口各通往不同的方向，将原有的三条土渠修整为三条支渠，仍然按照自古流传下来的水利精神：一条通到霍州的孔涧村，一条通到霍州的义旺社和李庄社，一条通到洪洞的杏沟社和仇池社。另外，按照古代的水利规矩，还将孔涧村的支渠与刘家庄连通。在洪洞一方的变化上，则是将支渠另外连通了窑垣村、南川草凹村和北川草凹村。

　　之所以会让窑垣、南川草凹和北川草凹三村纳入到这一共享的用水体系之内，主要是受当时国家政治话语与意识形态的影响，因为要体现当时被要求的社会主义公有制的优越性。20 世纪 50 年代，国家推行水法制建设，水利部曾明确提出人民共有河流湖泊等国家资源，并表示应统一水政，统筹建设。山西省也相应地实行新的水利管理制度，在过去水利事业相当薄弱的基础上，贯彻执行了"防止水患，兴修水利，以达到大量发展生产之目的"的方针，集中主要精力在老灌区进行民主改革，废除封建水规，实行水权归公、民主管理、统一灌溉。[1] 本着官方提倡的"上、下游和左、右岸团结"的用水精神，四社五村也有限地接受了这些政治宣传。"有限地接受"一方面体现在除了允许上述三村共同用水之外，并没有与周边更多的村庄分水；另一方面在于，虽然在这一时期的水利改革中，政府还要求废除封建水规，禁止祭神唱戏、求雨还愿等封建迷信和陈规陋习，但是，四社五村祭祀仪式并没有停止，仍然按照传统的要求继续进行，只是减少了一些仪式程式。

----

　　① 山西省史志研究院编：《山西通志》卷 10《水利志》，中华书局 1999 年版，第 4 页。

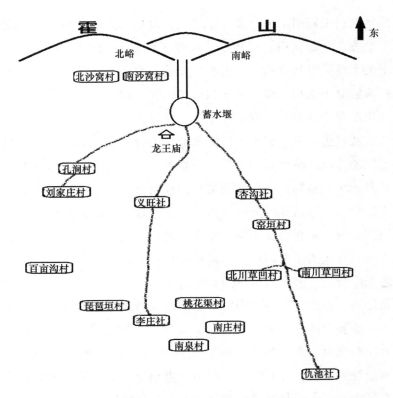

图 4 – 6　中华人民共和国成立后四社五村第一期水利工程

这种与上述三村分水的做法，同时也开启了"主社村"与"附属村"之清晰划分、差序有别的界定历史。更进一步来看，四社五村作为一个"自在"的命运共同体是在传统时期上千年的历史发展过程中形成的，而作为一个"自觉"的社区实体则更多的是在民族—国家"景深"的网络拉长到这片小天地之上，同时与越来越多的村庄分享有限水资源的时候。村民经常对我讲述他们对附属村的一些看法：

"附属村"一说，不是意识性的，中华人民共和国成立后随着时间进程，无形中这一说法就叫开了。因为这些附属村在四社五村的千年历史中并没有参与，只是后来在"山河归公"的号召下，才有它们的水吃了。"历史"给了它们"附属村"的地位，并不是人为地给它们起了这个名字。①

图4-7 清代以前的村庄分布情况

资料来源：百度地图（https：//map. baidu. com/？newmap = 1&ie = utf - 8&s = s%26wd%3D E4% B8% B4 E6% B1% BE% E5% B8% 82）。

图4-8 清代的村庄分布情况

资料来源：百度地图（https：//map. baidu. com/？newmap = 1&ie = utf - 8&s = s%26wd%3D E4% B8% B4 E6% B1% BE% E5% B8% 82）。

---

① 笔者于2012年11月19日对郝永智的访谈。

图 4 – 9　民国以来的村庄分布情况

资料来源：百度地图（https：//map. baidu. com/？ newmap = 1&ie = utf – 8&s = s%26wd%3D% E4% B8% B4% E6% B1% BE% E5% B8% 82）。

　　值得指出的是，水利的文化网络与官方的意识形态网络之间交集的区域逐渐扩展，社区认同的程度也随之提高。大致在清代以前的历史时期中，作为一个民间水利组织的四社五村只包括渠首的孔涧村与刘家庄村、上游的杏沟社与义旺社以及下游的李庄社与仇池社这六个村庄。周边陆续出现的所谓"附属村"，它们村庄形成的历史是比较晚期的。在清代，四社五村中的霍州一方在行政区划中属于靳壁都第四里，康熙十二年（1673）《霍州志》记载："靳壁都……第四里在州东南，村七：窑子头村、偏墙村、如岩村、义城村、李庄村、义旺村、沙窝村。"而在洪洞一方的行政区划中，杏沟村属于赵城苑川里，仇池村、窑垣村与川草凹村属于赵城仇池里。[①] 其他的村庄也只是后来才陆续形成的，如道光五年（1825）《直隶霍州志》中又出现了一些村名："靳四里在州东南：义城村、义王村、大沟村、南李庄、羊草凹、孔涧村、南王村、偏墙村、南沙窝村、北沙窝村、程村、圪垛村、桃花去村、南泉村、白坡底

──────────

　　① 张青主编：《洪洞县志》卷 1《建置沿革》，山西春秋电子音像出版社 2005 年版，第 14—15 页。

村、秦家岭、琵琶塬村以上十七村"。及至民国，如今意义上的四社五村包括众多附属村在内的格局才真正形成，而陪伴它们的则是"核心"四社五村"自觉"意识的萌生与发展。

　　第一期水利工程开创了"分享"的局面，而多年之后的第二期水利工程则完全打乱了分渠的祖制，在很大程度上更加体现出社会主义国家的集体主义意识形态，一如我们在接下来将会看到的那样——体现出平等地按需分配水资源和局部服从整体的原则，等等。20世纪六七十年代，全国几度掀起兴修水利的高潮，山西省还出现了一个"大寨"抗旱的典型案例，从而鼓舞了省内许多村庄进行水利革命，四社五村第二期水利工程正是在这种"农业学大寨"的时代背景下上马的。有关这种水利大战的记忆，村民们大都能说上个把小时的切身体验和感知，有当时的参与者这样回忆：

　　　　那是70年代初的事了。当时参加施工的村庄还扩大到那些附属村，像刘家庄、百亩沟、琵琶垣、南泉、桃花渠、南庄等这些村都去了。这个时候是以村为单位，落实到生产小队为基层的核算单位。基本上实行责任到村、任务到户，动用劳力无论从深度还是广度上，也是最为突显的一次水利工程修造。男劳力搞挖方，浇混凝土水管，安装管道，垫埋管道。在水路的设计上，由原来的从高往低的自然流水线路，改造到较高的位置，避开洪水冲刷的可能。线路基本上是沿道路走向而设计，不再使用以前的明渠了，有时还得毁坏庄稼在耕地里走线。

　　　　之前所说的男劳力的这些工种，基本上是实行定额管理的，谁干的活多，谁挣的工分就多。水利工程的领导群体就是监督质量问题，妇女们的劳力就是砸石粉，星期天学生放假还都帮助家长干活呢，也是定额管理，谁砸的石粉越多，相应的报酬就越高。石料、沙子的运输工具是各村自己解决，基本上是马车搞的运输。因为当时各生产小队都有大皮车，也就是一般叫的"马车"，四个骡子架一套车，两个车把式赶着。同样，还是实行定额管理，谁拉的石料多，谁挣的工分就多。①

　　这次施工的主要内容是将以前的明渠全部改造成水泥管道和瓷管管道，以进一步解决水的渗漏问题，所以，第二期水利工程又叫"暗渠工程"。四社五村先给县水利局打报告，获得批准后再自筹资金施工。可以看到，他们的动工不能不惊动官方，但对官方的态度是履行告知、进行配合的义务而不是完全依赖上级。至此，四社五村的用水状态才真正摆脱了以往一直使用明渠的历史。这一"明"一"暗"的现实转变，村民们的直接感知是"水更干净了"：

　　　　以前用明渠的时候，经常能见到水面上漂着的羊屎豆，很多着呢，因为我们这里放羊的人也不少，这就避免不了嘛。还有烂树叶、草什么的。没办法啊，我们也只能吃这个水。那时候，水可不干净了呢。山上流下来的泉水是干净的，只是沿着明渠走，就被这些污染了。这需要大家伙的自觉，不自觉肯定不行的。基本上，村民还是都能很自觉地尽量保护明渠里的水，还有村坡池里的水，就是峪口那里的泉眼也不去破坏，为什么呢，因为所有人都得吃这个水啊。后来有了暗渠了，水就干净得多了。②

　　水是干净了，不过，在另一种意义上，四社五村也付出了一定的"代价"，这便是分渠的传统惯制受到"山河归公"的水利政策所左右，用水共享已完全普及到所有的附属村。在工程设计与施工上，一改祖制中三条支渠的规定，而是按照洪、霍两个行政县的区划，把三条渠路改变成洪、霍两条支渠，同时，每条支渠加长管线一直连通包括附属村在内的沿线全部行政村。这样，霍县一方的支渠从沙窝峪峪口始依次连接了沙窝村、孔涧村、刘家庄村，再从刘家庄村处连接了

---

① 笔者于 2013 年 5 月 8 日对高金华、董剑锋、刘伟、郝永智等人的访谈。
② 笔者于 2013 年 4 月 17 日对党向福、魏存根等人的访谈。

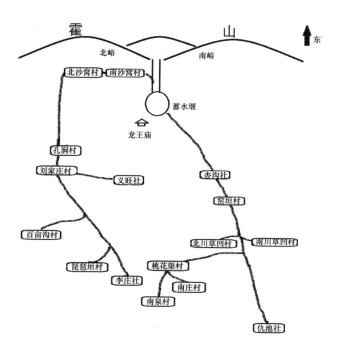

图4-10　中华人民共和国成立后四社五村第二期水利工程

义旺社、百亩沟村、琵琶垣村和李庄社。其中，需要强调的一点是，义旺的管道是从刘家庄处接入的，义旺不再与蓄水池直接相连。这一点是重要的，它隐喻了地位上的重要变化，这也成为第三期水利工程矛盾爆发的导火索，我们在下文中会接着分析。洪洞一方的支渠在原来主社村与附属村的基础上，又多加了桃花渠村、南庄村和南泉村，同时还将这三个小村合并成一个大村。这一重大变化的理念是，打破所谓的主社村与附属村之分，所有村庄平起平坐，没有地位之别，大家一起"吃大锅饭"。

　　虽然在具体施工问题上，四社五村占有主动与主体之地位，但是，他们仍然受到来自政府及整个社会宏观舆论的压力。当时，社首们的矛盾心理可想而知：

　　　　按照历史传统，蓄水堰下分三渠，一渠至孔涧，一渠至义旺、李庄，一渠至杏沟、仇池。在渠里放水，虽然经过第一期水利工程改造，部分地解决了水的渗漏问题，但因为是明渠，泥沙混杂，流往各村坡池，很不卫生。明渠放水一直是四社五村社首们的一块儿心病，心有余而力不足，无法改造明渠用水。而恰好那个年代搞"大寨精神"，四社五村就集体商量了一下，趁着这个机会也想大干一场，把明渠改造成暗渠，可是，如果要动工的话，就不能按照历史传统了，那些附属的村庄都在盯着呢，何况那个年代正在进行"山河归公"。所以，我们很是矛盾啊。当时干的时候，由乡政府的相关领导亲自看着，我们哪敢说什么啊。①

既然所有村庄共享水资源的事实已成定局，四社五村也只好忍耐照办，但是，历史传统的古老思想仍然具有一定的影响力：

> 实际的用水民俗还是按照传统水规执行的。四社五村中的义旺社、李庄社与仇池社村子大，人口多，也给了上游刘家庄和渠首沙窝村许多精神压力，附属村大多村小人少，也不敢乱来胡闹腾，所以，水规并没有受到实质性的破坏，只是形式上改变了原有的线路，但传统还是延续着。山河归公，政府解决的并不仅仅是四社五村的吃水问题，而是要解决整个地区的吃水问题，当然附属村就要分水嘛。在四社五村，这只是表面上的，实际上里边的用水制度、风俗习惯还是一直延续着，李庄社是7天水就是7天水，义旺社是4天水就是4天水。形式上贯彻的是山河归公，我们要应付这个，底下贯彻的是四社五村，暗里社首还要交代群众实施的是四社五村的传统用水制度。②

官方的意图当然是一直贯彻这种"没有大小村之分，没有主附村

---

① 笔者于2013年5月15日对崔志强的访谈。
② 笔者于2013年5月17日对郝永智、高金华等人的访谈。

之别"的精神。在我采访村民有关这段历史的时候，他们说得最多的一个词语是"应付"，并且一致认为，正是由于四社五村跨县域治理，拥有久远的历史，已经打上了传统的烙印，群众百姓的心比较齐，所以单纯的山河归公政策在四社五村里吃不开。实际上，从第一期水利工程开始，政府就有改革四社五村传统管理制度的意思，只是进行了洪洞一方小幅度的改制。到了第二期水利工程的时候，政府改革的意图更加明显，而且在表面文章上已经完全取得了胜利。但是，当地民众的实践逻辑是"应付山河归公"，"明"着是一套，"暗"着又是另一套。如果从斯科特的眼光来看，相对于政府"一刀切"政策的强势话语，这种"应付"逻辑也可以算得上是某种形式的抵抗，利用村规民约、传统惯习、家族力量、村庄规模、人多势众等给额外分享共有水资源的其他村庄一定的精神压力，这类行为都是一种"弱者的武器"①。较具讽刺意味的是，这期水利工程运作了不到 10 年便被作废。这是令政府所意想不到的结果，而在当地村民看来，这种结局也是预料之中的，外面看得见的原因主要是，人们经常砸坏水利管道私自取水。当然了，更深层的原因谁都可以想到，因为霍山沙窝峪泉域下饮水村庄之间的关系，不是技术手段与行政干预所能解决的，要改变历史民俗如同"冰冻三尺非一日之寒"一样，既需要时间，还需要外力，更需要内因。

就在第二期水利工程逐渐趋于没落的时候，恰逢一场不期而至的山洪，将水渠的管道全部冲毁，这种偶发性的自然灾害又给四社五村带来了新一轮"喧嚣"的机会，他们开始着手第三期水利工程的具体运作。在开始讲述这段历史之前，有一点需要在此说明一下，四社五村曾经中断过的情况。中华人民共和国成立后，虽然四社五村作为一种民间水利组织并没有消亡，而是依然按照传统民俗有序进行，前

---

①　在斯科特那里，所谓"弱者的武器"是弱者用以保护自己的一些日常的反抗形式，弱者利用心照不宣的理解和非正式的网络，以低姿态的反抗技术对抗不平等，避免公开反抗的集体风险。参见［美］詹姆斯·C. 斯科特《弱者的武器》，郑广怀等译，译林出版社 2007 年版，第 2—3 页。

两期水利工程在一定程度上冲击了这一组织，但并没有造成实质性的变迁，它们每年一度的祭祀活动也一直没有停止。

在人民公社时期，就不提这个祭祀活动了。虽然不提这个了，但是，一家半个月，洪洞半个月，霍县半个月，还都坚持着这个规矩，谁也不能乱吃。每年清明都祭拜，轮流坐庄，鸡毛信通知，风雨无阻。①

不过，这一水利组织在"文革"期间也曾一度中断：

咋这四社五村啊，之间有个间断，从1975年才又重新开始的。这个中断是在"文革"期间，过去不是破四旧啊，就从那个时候断了的。1972年"文化大革命"在咱们这里就已经平静了，结束了。到了1972年之后呢，这个渠改名叫"文革渠"，就是沙窝峪以下。中原有个"723布告"，之后呢，"文革"基本没了，政治就间断了。1966年不是"文革"起来了嘛，政治就混乱了，学生不是起来了搞串联嘛，到1967年之后呢，地方政府就瘫痪了，基本没有政治了，瘫痪以后呢，这不是到1972年，就正规了，权力收回来了。"723布告"首先是停止武斗。四社五村在原来的基础上又重新恢复了。②

当"文革"的风暴渐趋平静之后，在1975年那一年，"四社五村"又重新建立起来。关于为什么要重建，村民们普遍认为："这是个民间组织，要管理嘛，没人管不行啊，所以需要恢复。"实际上，更重要的原因在于前两期尤其是第二期水利工程已完全否认了历史传统，虽然社会秩序不至于混乱，但在四社五村社首集团看来，祖制已完全

---

① 笔者于2012年11月22日对朱顺子的访谈。
② 笔者于2012年11月23日对马福祥、高金华等人的访谈。

被外界力量所破坏，如果继续一味地"附和"上级话语，今后四社五村的走向将是个未知数。曾担任社首集团成员的一位村民回忆说：

> 当时我是这儿（仇池桥东村）的书记，董升平是（仇池）桥西的，就我们两个发起的，然后有义旺社、李庄社也参与发起。我们桥东、桥西一个社，是仇池社嘛，集体开了个会，唱了一台戏，大家伙在一块儿坐了坐，把这个就恢复起来，商量商量怎么个管理，把这一套又拾起来了。①

村民所说的"这一套"指的是水利工程的维修与每年一度的祭祀龙王活动。此外，1975 年重建四社五村还有一个表现，就是把"文革"期间遭到破坏的龙王庙重新整修建好，将原来的"清道光七年四社五村龙王庙碑"找到后立于庙内。修庙行为包含多重意义：一是强化民众对龙王爷的信仰；二是暗示传统水利秩序的合法性；三是展示各方势力的存在。四社五村的重建为第三期水利工程的实施提供了一定的政治基础。

进入 80 年代之后，上马的第三期水利工程直接导源于霍山暴发的一场山洪。此次地质灾害将水利管道全部冲毁，村民们埋怨说，二期工程对他们的用水影响非常大，因为增加了大量的吃水人口，沙窝峪的水量明显减少，再加上山洪的影响，可见的是水越来越少了。由于二期工程使用的水泥管道和陶瓷管道极易被人为砸坏或泥石流冲毁，所以在三期施工上，他们改善了管道的材质，改用韧度较高又容易搬运的轻型塑料管，同时下埋更深让外力难以破坏。这期水利工程还有两个更为重要的变化：一是动用人际关系获取资金支持；二是拒绝执行"山河归公""吃大锅饭"的社会主义革命方针，坚持延续历史传统由四社五村自主管理。

本来，四社五村鉴于自身的特殊性，他们几乎是不会寻求外援

---

① 笔者于 2012 年 11 月 23 日对高金华的访谈。

的，像前两次水利工程，都是主要依靠自己想办法，自筹资金。由于第三期水利实践所处的时代背景已是责任制初期，工程量又远较前两次浩大，而且四社五村也是有想法的，所以他们动用了在外做官的家乡人这层关系。义旺村的乔丰茂时任临汾地区水利局副局长，用当地村民的话说是"利用四社五村自己人的关系"，最终取得了工程款项的经费资助。全程参与此事的郝永智讲述了当时的一些细节：

　　　　四社五村属于洪、霍的边缘，又没有村办企业什么的，相对周边其他村镇，经济一直比较落后。洪水冲毁了的管道，重新铺设的话，没钱啊。这不四社五村就集合到一起开了个会，是我写了一个报告。当时利用的是我们村乔丰茂的关系，他当过县长，后来到临汾地区当水利局副局长。四社五村一堆人就拿着这个报告，坐车到临汾找他。当时的报告现在早就不见了，我记得其内容是，写明某年某月某日大洪水把水利管道全部冲毁，四社五村无力维修管道，急需资金支援，上万口人没水吃，急需解决，还有工程预算需要多少钱，底下落款是四社五村。乔丰茂因为是义旺人，当然知道四社五村了。

　　　　这里有一个问题还得说明一下，村直接找地区水利局是越级了，因为四社五村是分属两个县管辖的，单独找洪洞或是霍县是不可能解决的。乔丰茂看到父老乡亲没有水吃，乡土人情嘛，人都会有的，他当然要帮助的。社首们搞工程预算，呈报了工程款项。当时只批了一半，政府投资工程总额的50%，剩余的50%由四社五村负责，这50%是劳动力的工资和运输费用，实际上是四社五村的干部和群众应尽的义务。①

　　资金问题搞定后，四社五村即刻成立了水利工程临时指挥部，指挥部驻扎在义旺，材料库驻扎在沙窝。因此事义旺人出力最多，所

① 笔者于2013年6月12日对郝永智的访谈。

以，拨款到位后，社首们在考虑工程设计和资金调度等重要职位的人选上，自然也就向义旺的能人倾斜，最后选中郝永智担任总指挥一职。郝永智时任义旺社社首，是个外来户，孤门细族，无私利可图，又有一定的文化程度，敢于坚持原则，村民也都极力拥护。在水路改造上，一改之前的平均主义模式，恢复了历史上的三沟用水格局，这也意味着恢复了主社村与附属村地位有别的内部用水网络体系。其中，洪洞一方的支渠仍走原路，给杏沟社及其附属村窑垣、仇池社及其附属村南川草凹和北川草凹送水。义旺社在二期工程中与孔涧村合成一渠，现在切断支渠线路，恢复了原状。桃花渠、南庄和南泉三村仍归还义旺社当附属村。郝永智在施工过程中还做了一个较大的改动，当然这也是四社五村社首集团共同的意愿，即把之前蓄水池处的分水亭往下游挪移了约 1000 米左右，这样分水的时候距义旺最近。这种改动既使义旺的水流增大，又同时控制了渠首村沙窝。

郝永智指挥工程上马之后，在线路的改动问题上，曾遇到过来自上级部门的压力，因为他的行事原则是恢复祖制，拒绝执行此前的山河归公政策：

> 第二期水利工程的线路是公社、水利局领导定下来的，是按照山河归公的精神而制定的。另外一方面，沙窝峪泉水水量并不大，如果一直搞平均主义，水资源将会得不到有效的控制。再说了，由于四社五村有这个历史传统，各社首和群众也都同意改成原有的线路。所以，我在第三期工程中恢复历史水线路，左右为难，冒着风险。在此期间，霍县水利局相关领导带人专门在乡政府那里开会，当时参加的是义旺、李庄和孔涧。会上，相关领导表示："你们三个村要高姿态给附属村水吃。"并要求从各社、村传统的水规中抽出用水日期明确地给附属村。这意味着改变四社五村的放水天数。
>
> 当时，全场寂静，无人言声。我看他们不说什么，不能这样耗着，我就硬着头皮说开了："我们四社五村有记载，有传统，早

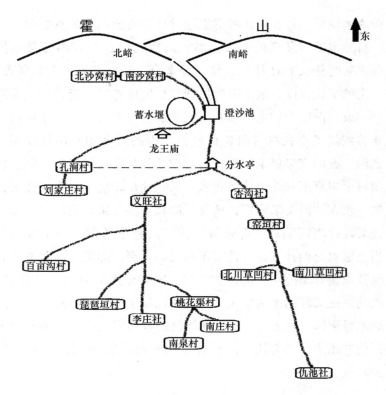

图4-11　中华人民共和国成立后四社五村第三期水利工程

从汉代开始，先人辛勤劳动，开山引水，才有了今天。我们是自己开发、自己投资、自己管理、共同用水的宗旨，这个不能变。"上级领导还是坚持要给附属村水吃，一直在做工作。我说："过去的办法可能不太切合实际，搞人人吃水，使沙窝峪水源流量越来越少。四社五村有自己的历史水权，要自己管水，是理直气壮的。给附属村水吃可以，但是必须我们自己管理，我们说了算。"看到我坚持己见，有的领导就着急了。我说："我这一届支书在义旺历史上不值一提，可我不能干改变历史、对不起父老乡亲的事。"

因为上边拨的工程款需要经过领导的签字，所以有位领导提出："这笔款是按照原来水线路走的，不负责你的新线路。"我说："好，你维修你的水线路，我挖我的毛渠；你有防渗渠没有水吃，我的毛渠有水吃，我的放水日子不能动。你不相信，你试一试。"一看事情搞僵了，乡政府的书记、分管水利的书记、孔涧与李庄的干部，他们都帮腔说话。最终，工程还是按照四社五村的意愿顺利进行了。①

第三期工程既在一定程度上继承了原有的历史传统，又极大地改善了沙窝峪水路的送水能力，深得人心。虽然21世纪初四社五村的用水格局已经发生了较大的变化——我们在下一节中会看到这一景象——但是，第三期工程所形成的水利景观以及当地民众的心理状态，基本上还是一直延续至今。

综观中华人民共和国成立后这三次前后相继的水利工程，虽然属于四社五村治水管理的技术性活动，但是，国家背景和政治话语是水利实践所无法超脱的。所以，他们的实践活动特点既不是孤立或自给自足，也不是麻雀虽小五脏俱全的。他们的动工有时不能不惊动官方，不过还是主要依靠自己来想办法，千方百计地发挥历史工程的效益。而从国家的视角来说，官方力量对四社五村水利工程管理实践的渗透，其初衷是为了解决更多基层人口的用水问题，但容易脱离地方性情境，忽视民间社会原有的生存逻辑。责任制时期上马的第三期水利工程基本上又恢复到原有的格局，充分彰显了传统惯习力量的强大惯性。

从四社五村在中华人民共和国成立后所走过的这段历程来看，他们与官方保持的不仅是一种"下级对上级"的服从关系，而更多的是一种平等和平行的交往关系。这种在地化双重关系的维持，显得既合乎大道理又合乎具体生活实践的需要，这也是对社会变迁的一种自我调适。不过，就在历经半个多世纪的调适过程中，围绕着水以及水利工程改造的具体活动，各种力量包括技术的、资本的以及市场的等方面也先后渗透进四社五村——这使得他们不得不做出新的选择，有

---

①　笔者于2012年11月15日对郝永智的访谈。

时候是主动的，有时候也是被动的。在接下来的一节中，我们看一看这些力量。

三　从"有序"到"失序"

　　上述三个时期的水利工程实践反映出的一个基本事实是，自中华人民共和国成立以来随着国家力量在基层的渗透以及用水人口的持续增加，水的问题在四社五村地域社会内日趋严重——不仅在于霍山沙窝峪水源的流量明显减少，更重要的是四社五村的"古规"在某种程度上已经发生了变形。村民们对这段历史的直接感知是"越来越不正常了"①，而使他们做出这一判断的还有新水源的开辟、深井技术的引入、资源环境的破坏、村际间分化的兴起、高速公路的影响以及商品水市场的形成等各方面的原因。所有这些因素与各方势力，都对四社五村的水利工程造成了一定程度的冲击，侵蚀着古老乡村经济中的平衡机制；它们与水利工程的关系模式被暗中关注，用水秩序与社会结构也发生了显著的变化。在上一节中，我们以四社五村水利工程的"叙事"展现了当地民众所走过的这段历史，本节将从另一个角度来反观以"水"为中心的四社五村是如何从"有序"到"失序"的。

　　由于自古以来四社五村一直处于缺水状态，延续着世代"耕而不灌"的民俗传统，所以在这里节水实践被大加强调，节水意识也被人为放大。这样一来，我们会看到华北地区甚或黄土高原一种极端的用水模式。不过，我们也应该抱持一种谨慎的态度，即不能过分强调传统民俗文化的独立价值。因为从实际调查来看，当地民众也梦想着有朝一日拥有如同周边灌溉水利地区那样相对较为丰裕的水资源，他们也希望能够从事灌溉农业，只不过缺水危机和传统文化始终是他们的精神"枷锁"，无形之中形塑了他们的水利观，因而不敢出现任何有

---

　　① 虽然村民们也意识到他们的生活水平逐年提高，但是，在社区结构与秩序出现某种程度的变异问题上，他们普遍使用"不正常"这一语汇来表达。

违祖制的越界行为。不过，从 20 世纪 70 年代以后，当地出现了寻找新水源与打井的举措。作为四社五村老大的仇池社首先带头，时任社首的董升平在第二期水利工程运作期间即开始积极寻找新水源。在"农业学大寨"运动中，率领村民开挖了村北名曰"仇池泉"的山泉，并修建了一座水库，基本解决了全村人口的吃水问题，极大地减轻了四社五村水利工程的送水负担。我在洪洞县档案馆翻阅资料的时候，无意中发现了一份记载这段历史的内部资料：

一九七四年仇池社桥西大队水库工程简介

南沟公社桥西大队，有二百二十七户，一千另三十四口人，集体耕地三千八百多亩，是个垣高沟深的丘陵区。……去冬制定了拦沟打坝建水库的规划。规划后，他们组织了一百五十人的专业队，在北洞沟摆开了战场。在建库过程中，他们狠批了"村小人少底子薄，工程太大办不妥"和"抓了水库事，误了当年活"等右倾保守思想。坚持了农忙专业队干，农闲群众运动突击干的办法，工具自己搞，炸药自己造，奋战十个月，于今年八月一日胜利竣工。这座水库坝长五十米，坝高十八米，总投工两万六千多个，动用土石六万余方，可容水二十三万方，浇地八百亩。现在，他们一方面积极安装高灌，准备元旦上水；另一方面组织了四百七十名社员搞大平大整，计划到明年春播前完成平整土地七百亩。①

这个水库不仅解决了村民的吃水问题，而且尚有富余可以浇灌地亩，在灌溉水利方面稍微突破了一步。不过，终因仇池泉的缺水导致这个水库只是昙花一现，后来便干涸荒弃之不用了。借"农业学大寨"之风，这一时期霍县一方的义旺社与孔涧村也响应政府号召，各自搞各村的小水库修建，不过人们总觉得水库里的水"不干净"，所

---

① 洪洞县革命委员会：《洪洞县农田水利基本建设重点工程情况简介》，内部资料，1974 年 12 月 20 日。

以基本上都没有使用过。我在初次进行田野调查的时候，看到了荒废近半个世纪的孔涧村水库地景早已发生了很大的变化，村民们讲起当年兴修水库的场面仍喋喋不休，虽然在遗址上早已建起了居所，以及大部分被平整为耕地，但是，他们仍能清楚地指出原来水库的大致轮廓。可见，水库的历史地景在他们的心中已刻下了深刻的烙印，成为理解那个时代与社会的媒介。

改革开放以后，80 年代后期仇池社董升平获得县水利局的支持后又开始着手打井，通过他对当时情景的回忆，既可以体察其个人心态，又能够反观人们对水的渴望：

> 打深井是阴历的八月初几，打了深井以后，没有水，啊呀，那可是着急。水泵下去了，井壁管搭下了，啥都齐全了，看着水不得上来。我最后呀，实际上就是哗哗地赌哩。隔了七天，结果到处逼、逼，怎么也不得上来。水利局的一个工程师，把水泵换了，也不行。换了三、四次。在介休买了一个，回来也不行。最后把管子插上了，搭到二寸管子上，吸上来了。原来三寸的一根管子，有一个是坏管子，有裂缝，上不来，把那根管子一换，水"唰"地就上来了。那个水呀，上来以后，心情高兴得不得了啦。（我）一夜黑了没瞌睡。我当时喝酒就喝多啦！一个后晌我喝了二斤酒，高兴得不得了。那个清水呀！老百姓和咱们一样，欢天喜地，一夜黑老不瞌睡。妇女家、男的、女的，都到那里看去了。因为这个水就是命根子，生存的命根子。还有一部分老人说，我们先死了，上了天的话，到玉帝那儿给你们汇报，说咱们村的水的问题解决了。以后我开了现场会，通知四社五村都来，吃席看戏嘛。我们解决了，他们就富裕了。山里的水，还是延续着。因为这个水呢，必然是这里吃水，必然是农业上用了。从科学角度看，现在搞喷灌也好，搞地灌也好，它总是节约水，扩大再生产。因为这个水成本低，水源也不小。再一个呢，从发展的角度看，现在讲科学技术是第一生产力，这个总比打深井成本低

得多。生态就是要变化哩。只要有水，一切东西都好了。水就能安住民心。①

在仇池打井实践的影响下，其他几个村社也跃跃欲试，先后效仿。刘家庄是较早主动找水的例子，虽然它在四社五村水利组织中仅扮演附属村的角色，但作为渠首三村之一，也是一个心气很高的村庄，在村支书张定军的带动下，也试图通过打井来摆脱无水权的压力，在用水地位上争取翻身。在20世纪70年代，刘家庄也搞"学大寨"，通过全村集资开始打第一口井，由于出现施工事故造成人员伤亡，此次打井没有成功。直到90年代中期，刘家庄再次萌生打井想法，并申请到县水利局的拨款资助，不过最终因山岩坚硬、地质复杂还是没有成功。经过这两次挫折，村民一致认为"就是没有那个命"，如今他们也不再想着打井了。义旺社也曾行动过两次，第一次只打了60多米就放弃了，还是因高山石硬之故，远不如仇池地处山脚的地理条件好。第二次打井的时候虽然技术水平有了提高，但失败的原因则是看到了刘家庄的"前车之鉴"，怕出工程事故，所以在打到上百米的时候还是放弃了。而李庄社的打井实践则是后来的，不过由于地处山脚，情况与仇池社类似，地质条件远较上游村社优越许多，再加上技术手段的提高，先后打出的5口机井一直有水。如今，下游的仇池社与李庄社已不再依靠四社五村水利工程了，机井的水不仅满足了全村人口吃水，而且还能浇灌很大一部分农地，而其余两社一村则仍然需要水利工程来作保障。至于附属村的情况，他们没有表现出多大的打井心劲儿，仍然选择了依附水利组织的生活制度——村庄与人口规模少无力集资是一方面的原因，但更为重要的是，他们希望通过结社自保来降低社会风险。

至此，我们再回过头来看看当地民众是如何理解四社五村水利组

---

① 董晓萍、〔法〕蓝克利：《不灌而治——山西四社五村水利文献与民俗》，中华书局2003年版，第三部分"四社五村田野调查报告"，第273页。

织从正常到不正常转变的问题。人们对正常与否的直接感知是基于往昔传统秩序与生活细节是否发生了变化，当然，这种变化有的时候更多的是基于"改善"的美好初衷，正如寻找新水源与打井之举那样。现代打井是从水权村开始的，而且也仅局限于水权村范围之内，虽然刘家庄并不属于水权村，但由于有"孔涧嫁女"之典故被分给一天水日，所以也可将其视为在这个圈子里，因而，打井实践无疑反映了水权村有"跨越祖制"的特权。不过，这种跨越祖制现象更多地被人们表述为在那个特定年代的社会运动中响应政府号召，同时以此"借力"来减轻四社五村水源负担。但是，事情就是这样，有的时候意向性的实践却产生了非意向性的结果。由于打井的成功，仇池与李庄逐渐实现了昔日的灌溉梦想，种植结构、生计模式与村风村貌已然发生了重大变化，进而，机井与水利工程的关系模式也被刻意关注。发展到如今，二社都有退出水利组织的企图，这已经动摇了四社五村社区结构的稳定性。

还有一个不正常的表现是市场力量所带来的冲击。需要注意的是，我们在探讨"市场"对四社五村意味着什么的时候，应该从两个方面进行把握——"市场"既意味着人的一种观念形态，也意味着一个做买卖的场所。打井的一个动机是为了减轻四社五村水利工程的用水负担，但是，在这一过程中，由于机井的出水量已能够保证一部分地亩的浇灌，因而在市场经济的环境中，井水逐渐地变成了商品水，人们头脑中原有的"水"概念与市场的关系也被重新加以思考。仇池社打井后，开创了第一个出售井水的商品水模式，以回笼投资的资金。发展到后来又允许个人承包经营，而且不仅仅井水可以承包，甚至某些个人通过打通关系已经试图将沙窝峪的泉水进行承包，这样，水对于当地民众来说，由最初的仅仅是活命之水转变成为一种能够牟利的财富。所以，正是上述这些力量与实践使当地民众越来越感觉到没有安全感，越来越觉得四社五村离昔日"美好"的社区秩序渐行渐远。

第五章 "非遗"的民俗政治

通过对四社五村水利工程的地志学分析，我们所看到的变迁景象是随着国家体制与意识形态的改变，在各种力量的影响下，中华人民共和国成立后的这一区域小社会其具体的运作逻辑已不同于历史时期。虽然无论从思想观念还是生存实践上，当地民众竭力维护民俗传统，努力让历史继续在当下发挥作用——确实也起到过重要的作用——但是，他们在时代的洪流面前显得是那么渺小，民俗传统像飞溅的浪花一样逐渐地消弭于向前奔涌着的时代大潮之中，成为后者的一部分。当然，传统在现实中的遭遇还不至于"脱节"得如此之快，不过，能够明显感觉到的是一张无形的"全国范围的网络"的阴影正在逐渐地笼罩在这一隅之地上，四社五村水利组织也在逐渐地走向一种边缘化的处境。

进入21世纪之后，在国家层面倡导与推行下的"申遗"热潮也席卷到四社五村——国家以政策的方式传递到基层，并进而对地方社会乃至普通老百姓的生活实践造成一定程度的影响。2011年，四社五村"用水习俗"被山西省人民政府认定为省级非物质文化遗产，这无异于给这一水利组织日趋边缘的境况中注入了一股新鲜的血液——这是继20世纪90年代末董晓萍、蓝克利等学者初次造访之后的又一次"刺激"，因为对于当地民众来说，"申遗"也是一个外来的新鲜事物。

本章以四社五村的"申遗"实践为线索，试图说明或考察以下几个方面的内容：第一，这也是较占主导地位的一点，从遗产与人文关系来看，四社五村有着悠久的历史传统与深厚的文化积淀，世世代代生活于此的人们与当地的生态环境相辅相成，在很大程度上，他们是遗产的创造者、传承者，也是保护者，他们与遗产本身构成了一个完整的遗产体系。第二，文化遗产无论是物质的还是非物质的，其本身属于一个民俗范畴，但在具体申报过程中会涵涉权力与政治的维度，所以需要洞悉"申遗"的民俗政治问题。第三，在此视角下，对"申遗"运作及其背后的话语流进行分析，将有助于我们深入理解遗产实践所具有的政治内涵与时代意义。第四，通过"申遗"实践所带来的地方短暂的骚动，可以反观如今的四社五村其存在状态与意义。最终，我们还是要回答一个核心问题，即围绕着水资源的开发与利用，现在的四社五村水利组织已经相对边缘化了，它曾经所能起到的"整体协作"逻辑如同遗产一样，成为过去送给未来值得回忆的礼物。

一　作为最初线索的山洪事件

可以这么说，如果没有 20 世纪 80 年代的一次山洪暴发事件，四社五村今天也不会主动迈出申报"非遗"的步伐。看似偶然的一次自然灾害事件，它却是接下来所发生的一系列事件的源头。缘它之始，事件一件接着一件地相继发生，最终促成了现在它所呈现的样子。正是由于山洪事件，改变了四社五村社会变迁的走向，重新书写了"没有历史的人民"的历史——或者说书写的是本乡本土的小历史。① 没有山洪事件，四社五村将会一直默默无闻，躲在洪、霍交界

---

① 解释社会运行有多种视角，例如美国学者魏特夫（Karl August Wittfogel）考察东方专制主义社会使用的"治水社会"概念，日本学者森田明、好并隆司等使用"水利社会"和"水利共同体"的概念与理论来研究中国华北与华南区域社会的运行状貌，张俊峰用"资源禀赋"视角考察山西的泉域社会变迁。这些学者的相关研究具体可参见［美］卡尔·A. 魏特夫《东方专制主义——对于极权力量的比较研究》，徐式谷等译，中国社会科学出版社 1989 年版；［日］森田明：《清代水利与区域社会》，雷国山译，山东画报出版社 2008 年版；张俊峰：《介休水案与地方社会——对泉域社会的一项类型学分析》，《史林》2005 年第 3 期。笔者认为对区域社会人们影响较大的"偶发事件"及由此引发的"事件链"也可以视为一种研究的视角。

边缘的旮旯里，孤芳自赏，无人问津。山洪事件对于四社五村的当代史来讲，并非法国年鉴学派史学家费尔南·布罗代尔（Fernand Braudel）意义上"转瞬即逝的尘埃"①，如果将偶然发生的事件和具有复发性的结构纳入社会文化系统中进行理解的话，循此路径，事件便获得一种如萨林斯所认可的民族志实践的历史意义。

同样，如果仅仅将其作为一种偶发性事件看待的话，我们会陷入"转瞬即逝的尘埃"的分析困境，将不能深刻地理解四社五村"长时段"的过程与结构，会泯灭当地民众生活中已然存在的多重事实。所以，萨林斯与海斯翠普会一致同意"'事件'所赖以登录和说明的，不是它们的客观属性，而是根据它们在一个特殊文化设计（scheme）中所具有的重要性"②。易言之，偶发性事件在"长时段"结构过程中是有社会重要性的事情。海斯翠普的提醒颇具深意，对我们也颇具启发性："共时性层面上的事件登录也有其贯时性（diachronic）层面的对应物。事件也根据其社会重要性的逻辑被记忆。和文化叙述一样，过去的故事也是事件真实结果的选择性记述，但这种选择并非毫无章法。"③ 所以，山洪暴发的那一年不再是一个时间记号，而是四社五村历史长河中一段具有重要社会意义而又难以遗忘的回忆。

通过几位村民的回忆与叙述，我们得以重温这一事件的一些具体细节：

> 记得那是那年夏天的事了，连着下了好几天的雨呢，有时候还是暴雨呢，反正下得山上撑不住了。那天好像是凌晨的时候，

---

① 费尔南·布罗代尔的局限在于将对应"短时段"的"事件"看作"转瞬即逝的尘埃"，因而在一定意义上隔离了事件与过程和结构之间的内在联系。费尔南·布罗代尔是法国历史学年鉴学派第二代领袖人物，提出"短时段""中时段"和"长时段"概念。"长时段"关注结构分析，"中时段"关注局势或者态势，而"短时段"则局限于事件。他提倡一种"长时段"结构分析的总体历史社会科学研究。

② ［丹麦］克斯汀·海斯翠普编：《他者的历史：社会人类学与历史制作》，贾士衡译，麦田出版社1998年版，第23页。

③ 同上书，第26页。

　　山上那洪水一股脑地冲下来，就顺着我们这边不是东高西低的地势嘛，由东向西，水太大了啊，都漫上渠道了，地里也有水。那时候很怕呢，水都不知道从哪里下来的。我们这些村子靠着山这么近，就在山脚嘛，当发水的时候，连我们面前的山都看不着了，全是水啊。到家里的水有五丈多高呢，一片全部是水啊。用洗脸盆往外舀水，一下子就一盆啊。北面有个大石头就是被这洪水从山上冲下来的。洪水里边冲的有山上的碎石头、树枝、淤泥，什么都有啊。沙窝村所在的地势高一些，没有人被洪水冲走，水都冲到下边村子了。下边村里有个窑子①，水一冲下来，一家人都没有了。这家有个闺女当时在别的地方她姥爷家，才没有事的。

　　下边离我们这儿有 20 多里远的辛置镇，当时镇上并没有下雨，就这么青天白日的，突然间这洪水冲着的泥石流就来了，人都没有防备的。60 多公分厚的泥石流顺着沟渠就涌上来了，可怕着哩，镇上的人都乱跑呢，有的自行车也顾不上骑，扔下就跑。市场上卖东西的摊铺哪还顾得上收拾啊，全都给冲毁了。上游就是在刘家庄有个村民，还是外来户呢，他想趁着发大水到沟里去捡冲下山的林木，因为这洪水大着呢，把他给冲走了，后来他的尸体还是在这个镇附近的一个村里找到的呢。对了，我们那龙王庙也是在发水之后冲毁的，原来有三个窑呢，现在只剩一个窑了，还是半个呢，后来修复的。就刚才说的那山上被冲下来的大石头，就在龙王庙西边不太远的地方，当时村里的老先生还在石头上面刻字呢，就是为了纪念啊，现在还经常有人到那儿烧香呢。你说这水大着吧，再没记得比这回水大的了。②

---

　　① 指山西民间一种居住方式——窑洞，又有土窑与砖窑之分，现在大多使用砖窑，但是比较贫穷的村民有的仍然居住在土窑里。
　　② 笔者分别于 2012 年 11 月 22 日对朱顺子、郝永智，2013 年 6 月 2 日对崔红军、郭亮、刘红光、李新平、刘玉莲、杨志高、刘虎子等人的访谈。

官方叙事更强调事件对整个区域社会的影响，地方志书中是这样记载的：

> 1982 年 7 月 30 日至 8 月 2 日，霍县境内普降大到暴雨，平均降雨量 138.8 毫米，南部山区（四社五村即在此范围内）达 201 毫米，由于雨量集中，来势凶猛，暴发了百年不遇的山洪，受灾的有 6 个公社、45 个大队，造成 16 人死亡，200 多户的 900 余人无家可归。冲毁土地 2160 亩，房屋倒塌 630 间（孔），冲毁水利设施 49 处，冲毁公路 61.5 公里，桥涵 25 座，还有树木 34000 多株，供电、广播、电话线路 5000 余米，电杆 150 余根，粮食 16000 余斤，直接经济损失 4008620 多元。
>
> 暴雨造成阎家庄公社（当时四社五村霍县一方的村庄即归属于该公社）范围内 6 条山峪产生了泥石流，山洪夹带泥沙巨石，从山谷中倾泻而下，最大洪峰高达 3 米多，巨大的石块在洪峰中翻滚，势不可当，所到之处房屋全部被摧毁，殃及成家庄、王海平、义城、偏墙、茹村六个村庄及下游的辛置公社部分村庄，成家庄大队的峪口生产队损失最为严重，村民宋合生一家 7 口全部死亡，翻滚到宋合生家的一块巨石高 3.3 米，周长 12 米，重量近百吨。据灾后不完全统计，重量超过 20 吨的巨石有 100 余块，泥石流形成的泥沙石块堆积层最厚处达 4 米多。①

经历过的村民大部分对这次山洪事件记忆犹新，不仅因为山洪对世代厮守着的家园造成了很大的冲击，更重要的是完全摧毁了他们赖以为生的水利工程。当然，许多人已不愿再忆及那段痛苦的岁月。因为自然灾害的不期而至已在他们慎终追远的思绪中留下了阴影，恐慌的阴霾正一点一点地蚕食着精神领域中的圣地。底层大众可能没有清

---

① 晋从华主编：《霍州市军事志（617—2005 年）》，霍州市军事志编纂委员会，2010 年，第 45 页。

晰明朗的生活索引，但是，灾害会激发他们潜意识中的困境抉择，因为偶发的事件恰恰会影响他们未来生活的走向，诱发他们的社会变迁。而这一偶发事件也成为他们回忆以往历史的时间节点——他们不是按照国家历次政治与社会运动来表述历史，而是以对自己村庄尤其水利影响较大的事件作为叙事方式的参照。因为不管事件也好，还是水利作为一项实践活动，它们实际上更重要的是渗透进村民的日常和非日常的生活中，是村民对周遭世界的直接感知与经验。从这个意义上说，关于水的叙事正是一种重要的集体表征。对这种表征的阐释正是理解他们的生活形式的关键所在，或者说是进入理解人们生活形式的一个起点。这样，从居民与其周遭世界相互持续进入和相互缠绕这样的视角，我们能够更好地理解人们生活中的规范模式及其所呈现出来的意义。① 山洪事件带给村民的并非仅仅是痛苦的回忆，它还是一次契机——"非遗"得以申报的最初线索。

二　历史水册的二次问世

根据水册的记载，自汉、晋、唐、宋以来，四社五村一直按照历史水规来维持一方用水秩序，相应的水册一代一代延续传承下来，只是到了明代的时候，由于兵荒马乱，大军经过，水册曾一度遗失。当时四社领导集团根据头脑中原有的记忆，重立了水册，之后如遇残损便会"遵例抄写"，这样传下来的都是历代各个时期的手抄本，"旧有水例"的早年抄本当然已无从考证了。根据后来的调查，如今在中国有两本四社五村历史时期水册的手抄本，一本属于明代的抄本保存在香港；另一本便是在四社五村流传下来的清代抄本。民国记事已无法查询，在中华人民共和国成立后历次政治与社会运动中，水册的命运究竟如何，更无地方资料与口述史相佐证。不过，有一点是明确

---

① 朱晓阳：《小村故事：地志与家园（2003—2009）》，北京大学出版社 2011 年版，第 49 页。

的，大部分村民一致认为水册应该在"文革"时期才下落不明的，可是继续追问在此前是否曾见过或知道有水册一事，他们很多人反映未曾知晓。所以，自民国以来直到水册的二次问世这近80年的历史时段里，水册的传承之途成为未解之谜。

可是，为什么水册如今会在郝永智手里，而如果按照水册的传承精神应该是四社五村每村社保存一份的。对此，还应该从山洪事件说起。洪水过后，村民们对水利设施甚为关心，同四社五村的干部们不约而同地聚集在一起检查水利工程，发现水渠管道全部被冲毁。时不待人，四社五村即刻自发组织成立抗洪救灾临时指挥部，当时郝永智任义旺社社首，他被推选为总负责人。为什么推选他担任负责人呢？因为这是个外来户，孤门细族，无私利可图，头脑清楚，敢于坚持原则，又有一定的文化程度，村民们也都拥护。但是，当时由于已经实行责任制了，劳力的调动成为一大难题，人心的凝聚力也大不如以前，再者还需要协调这些村庄之间的关系。就在这节骨眼上，水册却突然浮现出来，郝永智正好可以借此发挥群体社会动员的作用。

山洪过后的水利工程重建将郝永智推上风口浪尖，而在此时又偶然收获一份历史时期水册，注定了在接下来的时间里直到"非遗"的成功申报，他会成为村庄主导叙事中很有分量的一方。郝永智回忆了当时与水册结缘的具体细节：

> 那年我们这儿遭了一场大洪水，把我们水渠和饮水的管道全部冲毁了。我们就成立了可以说是临时指挥部吧，五个成员嘛，每个村选出一个，当然还得有个总负责人。仇池是大社，是老大，老大分量重，并且人口多，说话算话。仇池的董升平就宣布，由义旺的永智负责这事就行了，他是总指挥。所以，那年的水利工程是我负责的。但当时责任制了，不好组织，不好管理啊。恰好就在干工程的过程中，我偶然得知有水册的事了，之前我也不知道水册的事。其实，应该每村都有一本，可是四社把水册遗失了，只有孔涧村的一个从前也当过干部的老头那儿保存着

一本。

　　事情是怎么个事呢，说起来话长了。我有一个同学，是孔涧村的，叫武学涛。他比我小一岁，并且跟我是同期干部。后来在毛泽东时代，工农兵学员上大学，他被推荐上大学了，毕业后，县里就分配了工作，最后是在县粮食局党支部书记退休的，正局级待遇。他爸的年龄跟我爸的年龄差不多，要么是从前那个年代的文化人，形象上是文质彬彬的，少言寡语，说话慢慢的，还是挺谨慎的。

　　有一天，记不清具体时间了，我的同学武学涛从县城回来到我家了。我们俩常来往，不足为奇，也就闲聊开了。这时，他主动地提起四社五村的历史传统，并谈及水册的事。他说现在原水册还在。我说，这是好事啊。我接着追问他可否知道水册在谁手里，因为水册可是四社五村历史的见证啊。他就毫不含糊地说他父亲保存着。这时候，我心里在想，他爸老了，而他又在外工作，可能为四社五村得以传承才会说这番话的。我接着追问他，跟你爸商量一下，把水册献给四社五村。他当即就回答可以。我说，你同意我保存水册吗？他说，同意啊，我如果不同意的话就不会主动找你的。因为我和他有这么亲切的关系，我就直截了当地跟他说，老人保存了这么多年，我不会亏待老人的，问一下老人他要多少钱，我给他，钱又不是给了别人，钱多钱少就依老人的办吧。

　　当天，水册的事暂时说到这里，后来又谈其他的事了。第二天，我的这位同学拿上水册到我家了。当时也顾不得说钱的事了，好奇地看水册了，对我来说如获至宝，才真是找到历史根据了。后来谈到钱，我就说，你别不好意思，老人要多少我会给老人解决的。经两人商量后，落定的钱数我现在不大记得多少了，反正当时也得有个钱数的了，不算少。这不水册就到我手里了嘛，这可是我自己花的钱啊，不是四社五村出的钱。

　　当时我为啥要买这个水册呢？因为历史传承，一代一代的，到我这儿了我当然有义务要传承下去啊。那时，因为我是义旺村的书记啊，水册是历史的见证。有了这个之后就不是传说了嘛。偏偏四社的水册遗失了，偏偏是孔涧保存着，又偏偏是我知道了买下来了。这个老头儿保存水册还挺细心的，这不我三下两下把这个事就做成了，老头儿也愿意卖，我把历史的见证拿出来了，就是花更多的钱也值当的嘛。①

　　郝永智是以前的老初中毕业生，喜欢舞文弄墨，写得一手好书法，作得一些美诗文。他对历史传统极为敏感，在当地也算是一个小有名气的文化人。每逢集体开会，仇池社社首董升平经常会半开玩笑半认真地对大伙说："让义旺村的秀才发言。"久而久之，当地人便逐渐认同郝永智作为一种"文化形象"代表的地位。他对四社五村的历史文化也颇下一番功夫，现在无人能及他的丰富之识。就在我第一次进入田野点的时候，每与村民们聊上几句，他们总会对我说："你找郝永智就行，他知道得多。"再加上他在村里干过几年的支部书记，后来又在乡政府办公室工作过多年，既有一定的基层工作经验，又有上通下达的中层处世履历，所以他在做访谈回答的时候会比较注意叙述的逻辑性以及侧重点。他也较其他村民会更多的普通话，为了让我听得更明白，他也尽量避免使用当地的一些方言及口头语。

　　那位保存水册的孔涧村老先生早已离世，而我也未曾与他的儿子武学涛取得联系。其他的村民对水册之事连"一知半解"也谈不上，只是知道郝永智那里有个"宝贝"。郝永智也未曾对别人说起过水册到手的来龙去脉。这样，只能通过一个人的叙述来了解事情的原委，不过，这不影响我们对事情的理解，因为有一点是可以肯定的，那就是水册在郝永智手里，而正是这一点足以使他拥有比其他人更多的表述权威。他的叙说内容也值得作一些阐释。他将水册的出现与山洪事件和自己在任作为总负责人这三者联系在一起，而且还总结了一句较

---

① 笔者于 2013 年 4 月 10 日对郝永智的访谈。

为注重修辞的话来看待这个过程："没有那年的大洪水，如果说四社五村是一颗夜明珠的话，它将永远深埋在地下。"当然，这颗"夜明珠"指的既是四社五村同时还是水册。

　　水册到手之后，正好可以发挥历史传统动员的力量。郝永智当即告知几个村社，只是说明有一本关于四社五村的历史水册找到了，但是再没有详说其他细节。随后，他延请义旺村的教书先生杨显达誊抄五份，用宣纸、毛笔、小楷，严格按照水册原样抄录①，四社五村每村一份。有了水册作为凝聚人心的载体，在大家的一致努力下，四社五村最终度过了这一艰难时期。岁月缓缓流逝，水册的事情已渐渐淡出人们的视野，各村曾经保留的水册抄份，或者因为遗失或者因为换届的干部有意存藏，也已无从可寻了。这些年来，唯独郝永智小心仔细地将水册原件收藏起来，偶尔打开柜锁，重温一下历史的痕迹。

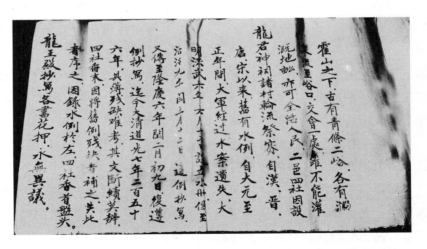

图 5-1　四社五村水利簿杨显达抄本（部分）（2012 年 11 月 18 日）

---

　　①　在目前见到的所有四社五村水利簿中，中间存在断档之处。对此，1984 年杨显达在誊抄的时候特加入说明："民国记事，无法查询，中华人民共和国成立后按章用水未变。"

三　从默默无闻到蜚声海外

1998 年，一个中法国际合作项目——"华北水资源与社会组织"正在酝酿实施，项目的主持单位为法方的法国远东学院和中方的北京师范大学民俗典籍文字研究中心。项目组成员包括中法双方的人类学、历史学、民俗学、考古学、地理学、水利学和金石文字学等多学科的专家学者。调查范围锁定在位于黄河以北的陕西关中东部和山西西南部的灌溉农业区和旱作农业区，项目的第一步主要是搜集地方文献资料，如民间碑刻、民间信仰、仪式庆典、水册村史等。董晓萍与蓝克利便属于该项目的主要成员，他们的分项任务是调查山西西南部的农业区。

在实地调查之前，他们首先来到山西太原档案馆查阅地方史志文献资料和相关水利史料，在翻阅《洪洞县水利志》的时候，偶然中发现了一份关于四社五村的水册——《赵霍二邑四社五村水利簿》①。法国历史学家埃马钮埃尔·勒华拉杜里（E. Le Roy Ladurie）曾经说过，资料的偶然性是研究的黄金法则。②四社五村从默默无闻到后来的蜚声海外，便是得益于董晓萍等人的这次偶然发现。吸引学者们关注这份资料的原因有以下几点：其一，该水利簿开篇便自述"自汉、晋、唐、宋以来，旧有水利"，说明它所牵扯出的这个名为"四社五村"的地方至少在汉代便有可能存在，因而具有悠久的历史，而且他们所要发掘的正是这种地方性民间资料；其二，山西历代地方志——

---

①　郑东风主编：《洪洞县水利志》，山西人民出版社 1993 年版，第 256 页。

②　［法］埃马钮埃尔·勒华拉杜里：《蒙塔尤——1294—1324 年奥克西坦尼的一个山村》，许明龙、马胜利译，商务印书馆 1997 年版，第 11 页。蒙塔尤是位于法国南部的一个牧民小山村。1320 年，当时任帕米埃主教的雅克·富尼埃作为宗教裁判所法官到此办案。在调查、审理各种案件的过程中，他像侦探一样发现和掌握了该山村的所有秘密，包括居民的日常生活、个人隐私以及种种矛盾、冲突等，并将它们详细记录下来。后来，法国学者埃马钮埃尔·勒华拉杜里以历史学家的敏锐和精细，发现和利用了这些珍贵的资料，并以现代历史学、人类学和社会学的方法，再现了 600 多年前村落居民的政治、思想、习俗的全貌和 14 世纪法国的特点。

《山西通志》《赵城县志》《霍州志》以及《洪洞县志》等，却均未见记载，而《洪洞县水利志》因属于现代水利志，可以确证是首次收录了四社五村及其水利的资料；其三，一般的水利簿或以渠名称之，或以村庄名冠之，而该水利簿的显眼之处是几个村庄的联合具名，意味深远；其四，抄写落款是1984年，距今时间较近，说明这个四社五村有可能还存活在今天。

这份水利簿毕竟属于跨县资料，历代方志均无记载，说明它是一份远离官方视线的特殊资料。而现代编修的《洪洞县水利志》收录它，可以说这份水利簿才开始首次进入官方视野。而《洪洞县水利志》中为什么会出现1984年抄本的水利簿呢？这还要从郝永智购买水册之后让人誊抄之事说起。无巧不成书，本来他的原意是让杨显达只抄写5份，结果他共抄写了6份，私自保留了1份，无他人知晓。后来，杨显达将其保留的这一份邮寄到相关部门，具体时间及具体部门不可考也并不重要，重要之处在于郑东风在编纂《洪洞县水利志》的过程中采纳了杨显达邮寄的这份资料。而为什么跨两县的资料会单独出现在洪洞县一方面呢，主要在于洪洞县在编纂县志与水利志方面的工作要遥遥领先于霍州方面。例如，无论水利志还是县志，早在20世纪90年代的时候，洪洞县便已出版完成，而在我调查期间，霍州仍正在做编审与出版的工作。我费尽周折所搜集到的唯一一本还是90年代的《霍州市志》评审稿第二册，存藏在档案馆一个不起眼的角落，纸张泛黄布满灰尘。

关于杨显达私自邮寄水册抄份的秘密，郝永智一直蒙在鼓里，直到学者们的初次造访，他才明白事情的原委：

> **问**：学者们是怎么得知的，是如何与您联系上的，能否回忆当时详细的情况？
>
> **答**：嗯，我给你回忆一下啊，对，是这么个事。我不是把水册买回来了么，之后，我就在村里找了一个教书的老师，就是杨显达，他就是义旺村的人，我让他照猫画虎又重新誊写了5份，

每个村要留一份嘛。因为他是个文化人，对这也感兴趣，他就偷偷地往上边邮寄了1份，上边就把这个东西存下来了。董教授来到山西档案馆，究竟哪个档案馆我记不清了，当时我问她，她告诉过我的。这个不重要，关键是在找资料的时候，无意中看到这份资料了，然后顺藤摸瓜一直到这儿了。他们通过在档案馆发现的这份水册的落款名字，也就是杨显达。因为是他提交的这个水册，学者们进村后直接找杨显达，可是他已经去世了，就又找到他的侄子杨致远，可是杨致远对四社五村的基本情况不了解，所以他就带董教授来找我。还记得当时是夏天，我正在炕上躺着睡觉，杨致远把我叫了起来，董教授把意图说清楚以后呢，直到那个时候，我才知道是杨显达老师当初私自多誊写了1份邮寄到山西太原，这已时隔近20年了。董教授当时说，我们是搞历史文化这一块儿的，对四社五村挺感兴趣的，能不能把这个事给我们介绍一下。我就跟她说，我们四社五村有上千年的历史了，早从汉代就有。她这就着手开始，就铺开了，四个社五个村都去了。从此开始，学术权威人士才发现了么。①

再回到学者当初发现水册时的情况，仅凭这份手抄资料能否找到四社五村确属不易，董晓萍与蓝克利在后来出版的资料集中也直接指明当初的困惑："遗憾的是，我们却无法从编纂人员中进一步了解它的情况，因属跨县资料，水利志人员没有再到实地去调查，不知道这个组织是否存在，这使我们一时不能确定这份水利簿是否能派上用场，但至少能看出它是一份远离官方视线的特殊资料，这也引起了我们的极大兴趣。"② 当然，他们还是抱有很大期望的："不过，我们还是认为，正由于它的发现十分偶然，它被忽略的时间相当长久，那么在它内部保留一种较为封闭而完整的不灌溉水利

① 笔者于2012年11月15日对郝永智的访谈。
② 董晓萍、〔法〕蓝克利：《不灌而治——山西四社五村水利文献与民俗》，中华书局2003年版，第一部分"导言：不灌溉水利传统与村社组织"，第7页。

传统模式还是可能的。"① 随后，他们根据这份水利簿，顺藤摸瓜进
入四社五村进行实地调查，最终发现了这一拥有悠久历史的村社组
织，而且还有更多意外的民间收获，并且找到了四社五村"活着"
的线索是拥有"活着"的水利簿②。之后，至 2002 年 5 月，他们先
后五次进入四社五村，逐渐走入它的世界，揭开了它的神秘面纱，
发掘出更多不为人知的秘密。作为调查的最重要成果便是《不灌而
治》这本资料集的出版。

　　学者们的进村成为四社五村发展史上一个很重要的外来因素。董
晓萍等学者的这次调查持续了 4 年时间，在当地社会引起了不小的轰
动，我在与村民们的聊天中能够体会到他们"旮旯里的金凤凰"的
感觉：

　　　　村民一：你自己一个人来的？
　　　　周：对。
　　　　村民二：你是被分配到这里，学校派你调查我们这个村吗？
　　　　周：这个与我的专业相关，导师推荐的。
　　　　村民一：以前就有北京的学者来过这里呢。
　　　　村民三：好像十多年之前了吧。
　　　　村民一：90 年代末了。呵呵！那时我还年轻着呢。
　　　　周：你们都见过这些学者？
　　　　几个村民：那可不是！③
　　　　村民一：我还被采访过呢，他们还采访了好多村民呢。
　　　　村民三：我也被采访过了，大部分的村民都被采访了啊。他
　　们来过好几次呢，人多嘛，还有车跟着呢。
　　　　周：你们想过这么多人来这里吗？

---

　　①　董晓萍、〔法〕蓝克利：《不灌而治——山西四社五村水利文献与民俗》，中华书局
2003 年版，第一部分"导言：不灌溉水利传统与村社组织"，第 7 页。
　　②　所谓"活着"的水利簿指的便是郝永智购买的清代手抄本水利簿。
　　③　村民们表达的意思是都见过这些学者。

几个村民：哪还想过呢，哪有的事嘛，我们这个地方苦着哩，谁来么。他们来，我们都很惊啊，都不敢相信。呵呵，跟看宝贝着呢。

村民一：他们过来找资料，谈话呢。

周：这里村里保存的资料像石碑还不少呢。

村民二：嗯，在庙里有着呢，村那边池底还有埋着呢。他们就弄这碑上的字么。

村民三：我们还哪想得他们晓得这个地方。

村民一：对头，呵呵，我们这儿可出名了。

周：像这些学者的到来对你们有什么影响吗？

几个村民：哪能没有影响么！

村民一：周边村子都在谈论这个呢，远的地方也知道着呢。

村民三：政府还能不关注么。他们这么一来，我们这儿名气就大着呢，都传出去了啊。周边都不这么样了，就我们这个还这照着老规矩吃的么。

村民一：里边还有个外国人呢，嗯，对，是个法国人，蓝眼睛。

村民三：对头，对头，好像这个外国人还在庙那个地方纪念来着，也烧香，嗯，男的，好多年了。

村民二：日本人还来过几次哩。

几个村民：我们这儿有历史，有传统，有资料保存得好嘛，一直就这么个吃水法嘛。①

村民们通过对生存状况的感知来理解村庄不会受到外界的关注，因而对学者的造访深感惊奇。同时，他们又基于村庄拥有丰富的历史资料以及吃水实践，认为这个地方比较特殊，异于周边，潜意识中认识到受到关注也是应该的，我采访过程中也是能够感觉到的，因为他

---

① 笔者于2012年11月19日对郝永智、李宝田、刘虎子、崔良柱等人的访谈。

们使用较多的一句话是"我们有上千年的历史呢"。当然，给村民带来更多惊奇的不仅是他们并不知晓《不灌而治》这本书写的就是他们村庄的故事，而且还引来了更多国外学者的来访。在与郝永智交流过程中，他也曾几次表露出惊讶的姿态，嘴里一直不停地说着"没想到董教授的这本书轰动了国际社会"。

就在中法学者走后没多久，日本学术界的相关学者也被吸引过来了。山西大学社会史研究中心因与日本学者有合作项目，该中心的张俊峰教授对他们的调查情况有较为详细的了解，他与我聊起过多次，下面是他对日本学者关注四社五村情况的叙述及观点：

　　山西大学社会史研究中心与日本学者合作已经有 5 年时间了，重点在平遥的一个村子，日本学者每年都要去 2 次，每次要待 10 天左右。他们人多，也是住在村里，算是一个团队。虽然如此，但是他们做的跟人类学的方法还是有出入。董晓萍等中法学者的进村及《不灌而治》的出版，在日本学界中引起了很大的兴趣与关注，所以把他们吸引过来了。你说这多惹火吧。

　　实际上，日本学者约从 2004 年左右开始展开一个中国农村调查项目，主要围绕满铁调查资料中所涉及到的几个华北农村田野点，相当于满铁调查的后续回访研究工作。期间，他们因为已经了解到了北京师范大学董晓萍等人的先期工作及相关研究成果，所以就联合山西大学社会史研究中心，直接指名点出要进入四社五村进行调查。我们中心门口不是挂着一块儿"中日合作中国农村社会研究中心"的牌匾嘛。

　　他们主要分为两路参与到对四社五村的调查与研究：一路以森田明为主；一路以内山雅生、祁建民为代表。森田明已经 80 多岁了，虽然他没有进村实地调查，但是看到了《不灌而治》，他觉得这个东西好啊，就专门翻译出来向日本人介绍，还给我寄来他翻译的呢，写了三四篇文章。不止于此，他还专门围绕这个写了一本书，是介绍性的东西。内山雅生和祁建民跟我们山大合作，每年来了之后都要到四社五村调查。一开始的时候让我去打前站，他们起初想把四社五村作为一个点，我们中日合作项目的一个点，这个点就是中法学者之后的一个点。霍县与洪洞水利局的相关人员我都接触过了，洪洞一方想拿四社五村打牌子，使之作为洪洞县历史的一部分。

日本人每次进入所采用的是小恩小惠的方式，比如买点洗衣粉啦、毛巾啊什么的，就是在当地买的，采访完了之后就给访谈对象放下，算是给被访人的一点心意吧。当然不能给钱了，因为给钱的话，老百姓可能会觉得不爽。再或者合个影照个相，日本人干这事，马上将这种接触搞干净，他们的方式更体现的是一种资本主义的交换理论。咱们就是另一种方式了，比如拿条烟啦，或者许个诺啦，这反映的是中国人做事方式和西方人是不同的。

我记得他们先后对四社五村进行过 3 次组团调查，最近的一次调查是在今年（2012）国庆节期间，他们只采访了一天，当天便返回太原。日本学界对中国水利社会的关注还是比较细致与谨慎的。①

日本学者之所以非常关心四社五村这一个案，其中有以下几个原因。其一，上述这个中法合作项目的成果涉及四社五村的情况，日本学者不相信在中国至今还能保留着这样不灌溉就能使地方社会有序运行上千年的古村落群。因为他们觉得中国改革开放历经 30 多年，整个社会已经发生了翻天覆地的变化，不可能还保留这样的传统村落。他们此行的目的就是为了核实到底是否真有其事。其二，他们对董晓萍搜集的这些水利簿、碑刻资料、神话传说等心存疑虑。为了验证这批资料的真伪，他们在调查过程中极其细致地围绕资料集中的相关事

① 笔者分别于 2012 年 11 月 14 日、2013 年 3 月 30 日、2013 年 8 月 16 日对张俊峰的访谈。

项进行逐一核实。① 其三，森田明一直试图证明他的共同体理论，他始终认为在中国存在其所理解意义上的共同体。此外，一位来自台湾的学者也曾实地调查过四社五村。② 可以看到，四社五村走进学者视野之中继而走向国外，经历了从偶然发现到实地验证的过程，其中它所带动的学界对相关问题的探讨，使其熠熠生辉。

四　地方民众的期待

正是由于学者们的持续介入，用村民的话来讲"一个鸟不拉屎的地方"竟然能在"一夜之间响了起来"，这使得他们要重新看待"日出而作、日落而息"的"田园"生活了。起初是北京与法国学者进村，到后来的日本学者进村，再到其他地方学者进村，可以说学界精英一波又一波的造访把"这桌冷饭"给炒热了，使四社五村的历史重新发生了改变——从不被关注到被关注，从一片默默无闻的地方到蜚声海外得活力四射。当然，我的进村已经是后来了，用一个较为宏观抑或不恰当的用语来说，我的调查已经是"后董晓萍时代"了。当这个地方一下子变得如饭后热茶的时候，这种改变与冲击重新燃起了地方民众某种说不明道不清的激情，直接指涉对一种"美好生活"的淳朴向往。学者与村民可以看作两个端点——对于学者来说，村民作为"他者"不再那么陌生；但是，对于村民来说，学者就是一个非常遥远的群体。从这个意义上来看，村民观念中的村庄历史又可以分为"学者进入之前"和"学者进入之后"两个部分。

---

① 曾经被采访过的村民们回忆了当时的情况。问：日本学者是怎样对你们采访的？答：他们一般问几个问题，问我们以前是不是这样，现在还是不是这样，我们就回答是还是不是。问：问的问题都是什么样的？有关哪方面的？答：我们吃水的传统，每年还搞不搞祭祀活动，石碑有没有，村庙在不在，传说是不是这个样子。笔者于 2012 年 11 月 18 日对王承宝、郝永智、刘玉珠等人的访谈。

② 这也为郝永智所津津乐道。问：还有别的学者过来吗？答：那次台湾的那个教授也是山西大学带来的，他也是通过那本书了解的这个地方，挺年轻的，挺客气的，他对我说，你以后到台湾来，一拨我的电话我就去接你，呵呵！他比日本学者来得要晚一些，不是 2009 年就是 2010 年来的。笔者于 2012 年 11 月 15 日对郝永智的访谈。

在外界看来貌似孤立的四社五村正悄悄地在那里自动地往外界的巨大社会靠拢，更有意思的是，不是别人而正是那些深入到这一隅之地去做调研工作的学者们自己，被地方民众利用来充当他们企图向外界社会"靠拢"的工具之一。地方民众作为被研究的人也是复杂的人，他们并非始终处于一种被观察者的地位，他们也想利用这些不速之客做点什么——尽管在学者持续介入过程中还看不到将来是什么，但是，老百姓的思想在外界因素的左右下也出现了某种"动摇"，也在逐渐适应这样的"偶然"与"冲击"——他们心中已经有想法了。学者将"他者"作为调查对象进行学术研究，同时，"他者"也将学者作为一种桥梁、资本与荣耀。当然，最直接的就是学者的到访能否在改善生活条件上有所助益，进一步的期待则是引入更多的关系、投资与资源，等等。在这里，我想通过访谈中的点点滴滴以及村民的生活片断，来呈现他们的所思所想、所求所欲。这种一个一个的小小个案的选择虽然是碎片化的、独立性的，但是不失"他者"行动与思想的纯真。我认为这才是具体的经验表达，使用较具代表性的口述或逸事集成，或者讲述特殊事件，以此来预示进而呈现一种共同的、整合的群体视界。

个案一：关于水册的秘密。中法学者当初在档案馆里见到的四社五村水利簿只是 1984 年杨生煜的手抄本，而且直到他们第三次进村才真正见到了清代手抄本水册原件，在这之前郝永智一直没有对他们提起过自己保存着历史水册，而学者们也不知道尚有历史水册存留民间。郝永智之所以有这样的行为实践肯定抱有一定的想法，他的思想也经历过一定的斗争，最后他才将实情告知学者。而在这之前，他的老伴也是极力反对将水册公之于众。郝永智从最初的不愿意或者根本就不想公布水册，到最后主动告诉学者，其心路历程也颇值得我们玩味一番。因为从学者的视角来看，他们需要的正是这样的民间实物资料以作研究；而从地方民众的视角观之，他们也是有求于学者的，至少在郝永智眼里，如果将水册一事一直秘不告人，水册的价值将永远不会显露，而如果能借助学术界的影响力则才能发挥其应有的价值。

这些都是郝永智深思熟虑过的，他在与我聊天的过程中也不避讳这些，而是交谈得很实在。

　　问：董教授等学者知道您藏有清代手抄本水册的原件吗？

　　答：她起初不知道，也没有问我，杨致远也不知道。她第一次来的时候呢，我没跟她说我收藏的水册，她只知道杨显达邮寄到省里的那份 1984 年誊抄的水册。我就没跟她说我有清代的水册。第二次来，我还是没说，水册一直处于未解密状态。第三次来，我才跟她说的。

　　问：直到她第三次进村的时候，您才说起水册一事，她当时的反应如何？

　　答：当时我跟她说的时候呢，她很惊奇地、很惊讶地说："嘿！我看看啊，允许吗？"我说可以啊。她看了之后呢，就一页一页都拍照了。你看，《不灌而治》上面不是写的我做了一件惊天动地的大事嘛，就是把清代的水册都搜集保存了下来。她把这个事一操作之后呢，《不灌而治》就出来了，名声就大了嘛！

　　问：她当时是如何看待收藏水册这个事的？

　　答：董教授说，咱们中国明代的手抄本在香港，清代的在你这儿，就这么两本历史上留下来的人工手抄本。有两个博士千叮咛万嘱咐，你可把这水册保存好，轻易不要让它丢了，这是历史的见证，唯一能说明四社五村的书面东西，你保存的年代越多，你这个东西越珍贵，越值钱，越有价值。我说，我怎么能卖啊，我保存着就是了，它是四社五村的灵魂啊，就在我这儿啊。

　　问：为什么学者第三次进村才说出水册的秘密？

　　答：其实从 1984 年我收藏这个水册开始，我就把它一直锁在柜里，别的村民我谁都没说，他们都不知道。我老伴儿也一直坚持不让外人知道。从董教授第一次进村的时候，老伴儿就嘱咐我可不敢把水册拿出来让这些人看，所以我也就没说这事。但是，后来，我仔细考虑这事，如果一直不说，水册仍然被锁在那里，只有我和老伴儿知道，它就没有什么价值。如果让学者知道，操作一下，让更多的人知道，它的价值就大了。就像现在好多人甚至国外都知道四社五村，如果没有学者的操作，它也会一直默默无闻的哩。我就这么跟老伴儿讲了好多次，最后她也同意了。①

当然了，郝永智还是避讳与我谈论之前他曾有过卖水册的念头，而我也肯定不能涉及这样敏感的话题。后来，在一次聊天的过程中，他曾无意中提到过。

> **问**：这个水册是清代的，不知能值多少钱？
>
> **答**：呵呵，其实，嗯，我有一次从学者那儿试探过。
>
> **问**：哦？有这个想法？
>
> **答**：我问他们，就我这个水册，如果学术界想拥有，能出多少？
>
> **问**：怎么说的？
>
> **答**：他们没说，当然我也只是试探，就这么随口说说了。②

就在日本学者进村期间，郝永智与张俊峰认识了，我从后者那里了解到郝永智当初打定主意要卖水册：

> 郝永智曾问我多少钱能卖这个水册，让我想办法操作一下，我后来就给他在网上打出了广告。我告诉他，要是有人搞收藏还是可以出手的。③

---

① 笔者于 2013 年 6 月 11 日对郝永智的访谈。
② 笔者于 2013 年 6 月 21 日对郝永智的访谈。
③ 笔者于 2013 年 3 月 30 日对张俊峰的访谈。

通过这一个案我们可以看到郝永智的心路历程发生了怎样的变化，而当"非遗"成功申报之后，他又一改先前的思路转向坚决不能卖水册了，我们在后文中将会看到。

个案二：一位老爷爷的心声。刚进村不久，村民们对我这位陌生人比较感兴趣，我的一举一动都在他们的观察之中。有时候走在村里的主要道路上，三三两两聚集在一起的村民总会一直盯着我，而且同时好像还在议论着什么，我也能想象到他们是在分析这个人到这里到底要干什么。每次与村民打招呼的时候，他们都会好奇地围上来一个劲儿地问我一些问题。一时间，在村民的眼中，我拥有了两个身份：记者、研究生。不过，他们更多地赋予我"记者"的身份，虽然我早已给他们纠正过这种错觉。在后来深入的调查过程中，我渐渐地感觉到村民实际上希望我是一位记者而非研究生。虽然改变不了研究生的身份，但是，他们对我还是抱有一定的期待。因为饮水困难的问题在当地已成为不争的事实，个别人与地方相关部门之间的利益使然，对于一些村庄来说，现在的用水秩序已迥异于历史时期，水资源已向权力与资本倾斜。村民作为个体其力量是渺小的，所以，他们希望借助外界的力量来改变这种不合理的用水秩序。

一天，吃过晚饭后，一位热心村民按照我所提出的采访对象标准，带我来到一位老爷爷家中。他已近80岁，当了5年兵，回村后干了15年的村长。当时已是晚上9点多，幸运的是，这位老爷爷与其老伴刚刚躺下，尚未锁门入睡。采访过程中，他多次强调这里吃水难的问题，非常在意我采访这个能否解决他们的吃水困境。老人的精神状态还可以，能说能表达，交流过程中他的老伴也几次插话表达相关的问题。让人感动的是，老人在"过了今年不知明年"的生存情况下，还一直关心吃水的问题。在昏黄的灯光下，我们有如下交流：

问：老爷爷，您好，您与老奶奶的身体都还好吧，还硬朗着呢。

答： 啊，哎，都一把老骨头了，七老八十的了，今年不知明年了，呵呵。

问： 您能说一下过去这里是怎么个吃水法呢？

答： 你是哪里来的，是记者吧，你能帮我们解决吃水问题啊？

问： 我从上海过来的，是个学生。您能听得懂吗，听力还行吗？

答： 你到我们这儿干什么？

问： 我是搞调查的，想了解四社五村的历史与文化，还有现在的情况，就是今天怎么个样了。

答： 哦！了解我们啊，以前还有别的人也来研究过我们呢，你知道吗？那你们能帮我们解决这个吃水吗，我们吃水困难着哩！你了解这个干什么？

问： 就是研究四社五村，肯定要涉及水的问题。

答： 你研究这个啊，那你可得帮我们解决啊。

问： 我做好了的话，这里肯会引起上边注意的。

答： 哦！那就好，那就好哇！嗯，好啊，那就好了！

［之后，老爷爷给我讲述了有关四社五村历史的一些具体情况。结束采访临走的时候，他又再一次表达了期待的想法。］

答： 回去后要给我们解决吃水问题啊。①

四社五村的民众面对这种突如其来的外来因素，在不知所措、手忙脚乱的适应过程中也逐渐抱有某些幻想与期待，他们的兴奋点或者关注点主要集中在以下几个方面。第一，这样的穷乡僻壤竟然在世纪之交会有北京和法国的学术专家造访，这就像一颗夜明珠在经历了几个世纪的默默无闻之后，一夜之间竟然闪耀出熠熠夺目之光。第二，当地百姓虽然生活在一种民俗传统社会之中，但是，他们自身并没有意识到，如同鱼儿一直生活在水中却不曾注意到水的存在一样，直到

---

① 笔者于 2012 年 11 月 17 日对朱有年的访谈。

这些学者们将他们社会中的地方性文献资料充分挖掘出来之后，他们才感叹其社会中所蕴藏着的巨大能量。第三，先期学者的一些话语刺激并浓墨重彩了一些事物的神秘色彩，如他们曾对存藏水册的郝永智言说其价值如何之大，从而诱导一部分群众盲目信奉其珍贵。第四，董晓萍一行人收工走后的第二年便马上出版了他们四年来的田野调查成果，这在四社五村中引起了不小的反响或轰动，郝永智曾直言不讳："我根本就没有想到她们竟然能出书！"第五，基于以上及其他一些因素，加上当地严重缺乏生活用水，所以百姓们期待学界的关注能否引起相关部门的重视，抑或能否在不远的将来带给他们更多生活上的实惠，甚至有相当一部分民众已经规划出在他们看来非常宏伟的发展蓝图。第六，在这样的美好期待中，没过几年日本学者也被引来了，而且前后也造访过三次，这又进一步加深了当地民众的骚动与裂变。

可是，当这一切过去之后，当又一个几年过去之后，当这个穷乡僻壤再次恢复宁静之后，当之前的美好期待与幻想仍然没有得到实现之后，当地民众的失落感油然而生。因为他们依然过着日出而作日落而息的重复生活，他们的水资源依旧仅供人畜吃水而不能满足灌溉之需，他们希冀借助学界精英的造访来达到一些目的的愿望依旧渺茫，至少他们希望学者们的介入能够给他们介绍一些关系引来一些资本或者优惠政策。所以，当学者们折腾了这么长时间后什么也没有带来的时候，他们肯定会出现失落之感，其中一个表现就是郝永智想要卖掉水册。进而，当地民众开始由被动转向主动，在机会到来的时候，他们觉得应该有必要做点什么了，这便是后来"用水习俗"非物质文化遗产的申报所达到的高潮。

五 "申遗"的地方实践

四社五村"用水习俗"已于 2011 年被审批为省级非物质文化遗产。2012 年冬，我在访问郝永智时谈到过一些申报的具体细节，我们有以下对话：

> 问：成为"非遗"了，总算有个说头儿了。
>
> 答：嗯，有名了，知道的人会越来越多了啊。
>
> 问：这对咱们是个好事呢！
>
> 答：政府肯定要关注的多着哩！
>
> 问：是啊。总得保护这个吧，历史传承嘛。想到过能有这个"非遗"吗？
>
> 答：哪里想过啊，这也得有个机会么，没有机会怎么能弄着呢。
>
> 问：什么机会？
>
> 答：由于社会的发展，每个年代每个时期不同，比如之前没有这个"非遗"普查，时代发展了嘛，现在又搞个普查了，所以我们才被发现。没有普查，上千年的东西也只好在这里放着哩。我的思想现在比较开放了，也愿意将保存的东西公之于众，为了寻求利益的最大化嘛！
>
> 问：什么时候有这个想法，开始着手申报？
>
> 答：有五六年了。
>
> 问：五六年？
>
> 答：反正是在董教授走了之后，国家才搞的普查。人家批这个是有时间的，比如省级批了之后再国家批。聚集材料后要先给人家呈上。
>
> 问：嗯，对，肯定得需要一阵子时间的。到哪一级了？
>
> 答：省级，现在正准备申报国家级。
>
> 问：这就不用咱们操作了。
>
> 答：上面的一级一级就送上去了。
>
> 问：当时的申报是怎么个情况，具体怎么操作的？
>
> 答：国家搞非物质文化遗产普查的时候，正巧我闺女在乡政府上班，是文化员，她管的是文化这一块儿。咱们县没有非物质

文化遗产局，就是文化局兼管这一块儿。我闺女回来告诉我现在
正在搞非物质文化遗产普查，咱们四社五村算不算非物质文化遗
产呢？我说当然算了，你回去跟相关领导说说，让他们登记上。
这不乡政府就登记上了嘛，乡报给县里，县就把这个往市里边报
了，往上一报呢，市里边对这个也挺感兴趣的，后来市里边就往
地区里边报，地区也是挺感兴趣的。地区来普查的时候呢，也是
山西师大来了一个硕士生，就是协助搞这个非物质文化遗产普
查。就这么着一级一级，隔了一年，这我就清楚了，地区非物质
文化遗产就批了，地区这就继续往省里边申报，这不是前年后半
年省里边非物质文化遗产就批下来了。它的先后就是这么回事。
那个关于申遗报告的资料就是乡里边，当然乡里头对这个也不大
清楚，就是分管的那个领导，我在乡里边先后跑了好几趟，就是
我跟他一块儿两个人搞的这个报告，搞完后再接着一级一级往上
报的。国家级的，最快也应该是明年的后半年了，如果正常的
话，到那个时候就知道情况了。嗯，估计差不多就那个时候。①

　　接下来，我们要谈一谈国家的"非遗"普查政策是如何影响到
这个地方的，以及四社五村主动申报"非遗"的地方努力。我们特
别要关注的是，在"申遗"实践过程中，当地民众究竟如何去操
作，操作背后的各种力量，最后怎么成功的。随着这样一个过程，
我们会看到历史如何来到当下，当下民众如何利用传统，多元声音
如何开始在社会空间中表达出来或者寻找机会来表达。同时，我们
也能够意识到，之前学者们的持续介入以及相关研究成果，恰恰在
一定程度上帮助了地方的"申遗"实践。虽然，当地民众并没有明
确意识到这一层面，但是，他们也在有意或者无意地利用这种资源
或关系。

---

　　①　笔者于 2012 年 11 月 21 日对郝永智的访谈。在四社五村我所接触的人中，村委与
支委里的一部分成员对申报"非遗"的具体过程有所了解，其余成员以及大部分的普通村
民则对之不太清楚，但是都知道这个事。

上一节我们曾提到过，学者们的进村给当地带来了一阵骚动，村民们普遍带有一种"我们的村子终于被发现了"的感觉，而他们对这样的外来因素实际上也是有所期待的。但是，地方的反应是迟钝的，当随着外界因素的持续介入并没有给当地带来可见的直接影响的时候，地方民众开始动脑筋要做一些事情。就在萌生这种"是不是要做点儿什么"的模糊想法之时，恰逢"非遗"普查之风拂面而来，这无异于在他们的心中又点燃了即将熄灭的期望之火，作为一名拥有上千年历史村庄之成员身份的自豪感油然而生。而作为水册持有人的郝永智更是关注这样难得的机会，他利用其女儿在相关部门任职的这种"近资源中心"的关系，不仅最先得知了"非遗"普查的相关消息，而且也向上级明确表达了自己的想法与态度——虽然是暂时的个人行为，但同时表达的也是一种集体的心声。

整个社会范围内的"非遗"普查当然属于一种国家行为，对地方民众而言，他们并不完全知晓遗产的内涵。虽然作为参与的主体没有非常明确的意识指引——即对"非遗"的概念只有一个粗略的轮廓，更不用说对"物质文化"与"非物质文化"的心领神会[①]，但是，基层民众基于口耳相传、言传身教以及日常实践的种种维度，通常会一拍即合、不约而同地认为："这就是国家要找的！"郝永智的女儿刚40岁出头，由于一直在乡政府工作的原因，她已逐渐脱离了四社五村的文化背景，甚至对其历史也不能言说一二，不过，她知道父亲收藏着水册，所以认为水册与四社五村以及"非遗"有一种必然的联系。2013年4月，在她回娘家的时候，我趁机对其作了简单的采访，她谈到了当时的具体细节以及个人的认识。

[①] 即使学界也尚未对相关概念进行厘清与充分界定。文学评论家刘锡诚认为："中国的非物质文化保护工程的启动是在中国的学术界还没有来得及进行理论思考的情况下进行的，现在各地政府和民众的热情被充分地调动起来了，但我们学者还不能很准确地解释清楚什么是非物质文化遗产，它的定义、内涵和外延，还有我们为什么要保护？用什么样的方式来保护，等等。"参见方李莉《非物质文化遗产保护的"进退"之道》，《中国教育报》2007年2月1日第5版。

　　这还要说起刘家庄天主教西方音乐"笙"的"申遗",也是在那个时候国家搞普查,正好我是乡政府文化员,不是要经常跟随领导普查这个事嘛。因为刘家庄村这个音乐老早就有名了,每年正月十五,县里边点名要陶唐峪乡刘家庄的音乐。目前,在霍县范围内只有刘家庄村这一家。"非遗"普查的时候,县里边当然要把这个当作重点了,列入普查的范围了。正在普查中,这个村有啥,那个村有啥,嗯!对啊,我就想到我们四社五村了嘛!

　　我对四社五村的历史只有模糊的一个大概印象,这还是通过我爸讲的,就是怎么样是四个社五个村的事,怎么样每年搞这个祭祀活动,这么些事的。当然我也见过他们每年弄的祭祀活动,我在外边工作嘛,虽然不算太远,也不常在村里,也就偶尔回家看看什么的。当时我一知道上边要搞什么"非遗"普查,我也不具体知道什么样的才属于这个嘛。因为我知道有水册这个事么,水册肯定与四社五村有关的嘛,上边具体记载的什么我不晓得,但肯定写的是关于这个的嘛。所以,我就第一时间赶快跟我爸说了。结果他说是啊,可以报啊,我当时很高兴的,他也高兴啊。没有普查,他收藏这个干吗啊,是吧,呵呵!对了啊,不过也没想到哈,这个水册现在还真管了大用了哩!你说是吧!①

　　在上级入村调查的过程中,恰逢郝永智认识其中的一位领导,而且两人既是老乡关系又是熟人关系,这又把四社五村的"申遗"实践往前推进了一步——有利于之后筹备环节准备工作的具体展开。对于郝永智来说,他也更加有信心通过水册的运作使申报工作顺利进行:

　　水册在我手里嘛,这不,我就格外关注,就比别的村民关注的就多了。我在电话里头跟我闺女说:"咱们四社五村应该算'非遗',你就跟他们说我这儿有水册,你就领他们来啊。"当时

---

　　① 笔者于 2013 年 4 月 23 日对郝秀丽的访谈。

他们搞普查的人来的时候呢，先是乡长来的，我接待了，他就把这个事报给了霍州市文体局了。呵呵，话又说回来了，如果我闺女不是文化员的话，非遗也不会这么顺利，这么快地报上。报上之后呢，先是乡里边来了，就这样一步一步地、一级一级地我都接待了。有一天，市文体局局长、市文化馆馆长一些人都来了。这个市文体局局长认识我，当初他在陶唐峪乡政府的时候当书记，我也在那边办公室里工作，我跟他在一起待了几年，当然是老熟人了。一看到我，他就说："永智，我听说你这儿还有清代的一本《水册》?"他当时还挺兴奋的呢，还说："还不知道你这儿埋着夜明珠啊！你好好保存着，这个可值钱了啊！"结果那时候呢，我的闺女悄悄地跟我说："乡里边的领导听别人说你把《水册》给卖了！"这是别人在造谣！我就跟我闺女说："你就跟领导说吧，水册还在。"你说说，是不是这么个理儿，我怎么能把它卖了啊。然后，县领导这不就故意来我这里看《水册》！这不，这个《水册》，文体局就知道了嘛。再说了，这也是在董教授公开《水册》之后搞的普查嘛。后来，"申遗"又报到地区，地区又来人看了。我只是关心四社五村的"申遗"，刘家庄这个事具体有没有批下来，我就不清楚了。①

接下来要做的一项重要工作便是"申遗"报告的拟定，地方也在申报文本上下足了功夫。附录中的《四社五村水利工程申请非物质文化遗产的报告》（以下简称《申遗报告》）即为"申遗"之际四社五村提交的最终文稿。刚进村的第 5 天，我便非常幸运地在郝永智那里找到了这份《申遗报告》。那天，我专题采访了郝永智关于"申遗"的具体细节，当问及当时是否向有关部门呈递书面材料的时候，他突然起身赶忙翻箱倒柜，终于找到了这个报告，A4 纸打印，一共 8 张，已保存多年，纸张泛黄，边角破碎，污损多页。他有保存资料的习

---

① 笔者于 2013 年 4 月 23 日对郝永智的访谈。

惯，基本上有关四社五村的书面资料，都会刻意去收集与存藏，以备不时之需。他回忆了当时拟写《申遗报告》的情景：

问：《申遗报告》是谁写的？

答：申请底稿是我写的。因为我有《水册》么，比其他人了解得多一些，而且我也喜欢民间文化，能多留意一些。村干部就找我说："你就办这个事就行了，上边联系你就行，你知道得多，也会写写什么的，我们就支持你行了么。"这不，我就帮着弄嘛，呵呵！村民不是也这么对你说过吗："你找郝永智就行，他知道得多。"再有一个呢，我在乡政府也待了好多年了，有些人我们还是都互相认识的，虽然他们有的退休了，但还是有联系的，毕竟当初打过交道嘛。那个什么，那个文体局局长也认识我啊！就这样的嘛！那个关于申遗报告的资料就是乡里边，当然他对这个也不大清楚，就是分管的那个领导，先后我在乡里边跑了好几趟哩，就是我跟他一块儿我们俩人搞的这个报告，这不底下的任务就基本上完成了，搞完后不是就再接着一级一级往上报的。乡里边最后定稿的时候，还把我叫过去审核一下呢！当时我让他们给我留一份，这可能就是那个，我也记不大准了，但基本上八九不离十了吧。

问：《非遗报告》是怎么拟出来的？

答：这是历史传统嘛！

问：借鉴过董晓萍教授的《不灌而治》吗？

答：她也仅仅是充实了一下嘛，非遗我参考她啥啊，她是很通俗的报告。我只是参考了我的水册，并且我自己总结了非遗的这几个特点写进去的：自己开发，自己投资，自己管理，公同用水，这16个字。然后又总结了几个特点：无官方参加，民间群众组织，跨区域两县三乡，历史悠久。然后写的非遗报告。这16个字相当于指导思想、指导方针，那4条是特点。①

---

① 笔者于2012年11月19日对郝永智的访谈。

虽然郝永智对当初拟定《申遗报告》如此轻描淡写,而且坚持说自己在写作的过程中没有参照《不灌而治》,但是,如果将两者对照来看的话,我们还是会发现有好多文句是一致的。因为后者出版在先而"申遗"在后,所以,可以肯定的是,董晓萍的《不灌而治》一书在地方民众"申遗"实践过程中确实起到了重要作用。这是可以理解的,因为国家对于"非遗"申报资料与文本制作方面是有一定要求与规定的,为了使"申遗"能够符合相关程序与顺利进行,必须对申报文本在表述等技术方面做较为严格与准确的调整。但是,对于郝永智来说,这是一个全新的领域,乡里边的相关领导也只能起到辅助性作用,正好《不灌而治》做了一个较为全面的资料收集与系统整理。在后来他给我解释《申遗报告》与深入交谈过程中,他还是无意中流露出得益于前期学者的研究成果。

> 董教授来了之后呢,把这个事操作出去了,一来人就找我和董升平。……就像这本书出版以后,连我都不敢相信,把日本、中国台湾的教授都吸引过来了,就是因为四社五村是典型,是特例,比较独特嘛!……董晓萍他们这些人先后四年来了多次,此书一出呢,吸引了一批关心这儿的人,然后,申报也得到审批了。……例如"娇子沟"的传说,与书上的内容大体一样,但是称呼不一样了。①

《申遗报告》递交上去之后,得到了霍州市的审批,霍州市又将其上报给所属地区临汾市。2010年9月17日,在临汾市人民政府公布的《临汾市第二批非物质文化遗产名录项目》中,四社五村的"非遗"出现在"生产商贸习俗"一栏中,被认定为"霍州传统'四

---

① 笔者于 2012 年 11 月 19 日对郝永智的访谈。

社五村'水利管理制度"。① 这里需要注意一点，四社五村的"申遗"归属于霍州一方，这也成为后来洪洞一方争执的焦点，我们将会看到这一波澜。

四社五村的"申遗"从最初的乡里登记上报霍州，霍州再报给临汾，通过一份《申遗报告》便取得了阶段性成功，不过，要申报省级与国家级"非遗"不会这么容易，越往上走越规范，越需要按照相关程序与法规政策实施。在接下来的地方实践中，我们既能够看到地方与政府存在着一定程度上的"合谋"，突出表现在有了外界介入之后，当地的祭祀仪式便具有了表演性质；同时，面对着"非遗"所能带来未来某种受益的潜在诱惑，我们也会看到地方又开始怎么样更加骚动不安，更加喧嚣熙攘，发生了什么样的变化，人们又是如何反应的，多元的声音是如何表达的。

申报省级与国家级"非遗"需要一些图文并茂的相关资料，也即提供一部申报资料片——国家要求提交的申报资料片是有时间限制的，片长不能超过 10 分钟，首先，介绍地理位置，接着讲述事件过程；其次，阐发存在问题；最后提出解决方案，这些都是有严格规定与要求的。这一任务由霍州市电视台出面具体操作。乔景昌是霍州电视台的总监与记者，他是最近几年才得知四社五村的情况。在四社五村"申遗"过程中，他逐渐与郝永智认识并建立了联系，所以一有什么消息，他便会及时告知郝永智。关于省里要求提交资料片的通知，乔景昌第一时间与郝永智取得联系，看能否与各村社沟通一下，将当年的祭祀活动完全按照过去的传统举办得隆重一些，以便让电视台全程摄录以备后期制作资料片。

后来，还是乔景昌跟我说，地级非遗已经批了，现在正往省里报。以后非遗就落到文化馆馆长身上了，我就跟他打交道多，

---

① 参见临汾市政府门户网（http：//www. linfen. gov. cn/Article_ Show-wenjian. asp？ ArticleID = 15451）。

然后他就带着乔景昌了，也就那时候我就跟乔景昌认识，接上头的。那时候非遗已经到省一级了，正在申报省级，乔景昌打电话告知了我，省里要求图文并茂。这不，我就到杏沟去了嘛，因为当年轮到杏沟坐社了么。我说："地级已经批了，省里边要镜头，根据传统，要仿古仪式，怎么办好。"杏沟那边说："要仿古的话，这个开支可不小啊，打锣鼓、请戏班、酬神、舞龙表演、开席等什么的都需要钱啊，这可不是谁能负担得起的。"当时，杏沟那边很怀疑这个事，因为四社五村是霍州与洪洞两家的嘛。他们怕只是霍州这边沾光。呵呵！后来，村干部又说了："如果申报成功的话，可不是你家的，可不敢把我们忘了啊！"当时，我就回答得很清楚，我也不含糊，我说："四社五村是我的，是你的，是他的，是四社五村的，是社会的，最终是国家的，也不过四社五村是在咱们这个山村。"到大祭的时候呢，在会上，我就找了个机会跟大家说："千年传统历史文化咱们不能丢，从历史上一代一代都能传承下来，到咱们这儿就传不下来了，能行吗，这说不通啊，是吧，人家有这个智慧、力量去做，咱们也有这个义务去做。这个非遗是大家的共同遗产。"大家这样才放心了嘛。我的意思是让大家传承、重视这个嘛。……我说："你给大家安排威风锣鼓，安排龙王爷。"杏沟村干部说："这个是需要经费的。"当时，我就说开了："我给你说的，你该咋办就咋办，这也是上边要求的，在这个范围以外的事，费用由四社五村平摊，我等再沟通一下其余村社，不就行了么。"等到开四社五村会议的时候，我就跟大家说了，省里边要求仿古，这些经费不应该杏沟一家出，应该大家出，这样大家也都同意，也都赞成了嘛。话又说回来了，这个四社五村遗产是大家的嘛，不是单独哪个村的，所以也都乐意了嘛，也都这么去做了嘛！①

---

① 笔者于 2013 年 4 月 10 日对郝永智的访谈。

　　洪洞一方针对仿古仪式表演所做出的反应，表面来看是一个费用负担的问题，因为举办一场声势浩大的祭祀仪式的开支并不是一个小数目，据说当时花费好几万元。实际上，出现这种反应也是正常的，是合乎常理的。这涉及遗产的地方归属问题，因为自始至终都是霍州一方在大操大办，而洪洞一方总感觉自己只是一个受他人指使的被动者。① 郝永智曾经直言："四社五村知名度出去了，是霍州申报的非物质文化遗产，不是洪洞申报的，是咱们这一边申报的。国家搞这个非物质文化遗产调查与申报，摸四社五村的情况，我一知道这个事呢，是我主动跟县、市提出四社五村。之后，县、市就报到地区。所以，从这开始，四社五村在社会上有了知名度，原来只是在我们霍县这边知道。"② 有的村民就认为："四社五村是大伙的，但是霍州那边先申报的，而临汾认定的是霍州一方的传统，这不明显不关我们的事么！"③ 此外，有的村民还认为："四社五村跨着两个县，不能单独强调哪一边，单独搁哪一边，两边都得认可，都得照顾，不管谁申报，这个事就得这么办才说得过去。"④

　　我们可以设想，如果四社五村的"申遗"只是停留在市级层面，肯定在村庄内部与村庄之间会引起很大反响。而超越了两个县市的范围上升到了省级层面，在一定程度上弥合了村庄之间的利益之争。可以看出，基层民众萌发的"确权"意识也是由遗产申报运动所激发的。进入21世纪的头10年里，他们在短时间内经历了许多事情，看到了自己的村庄是如何在不到10年的时间之内由默默无闻到声名鹊

---

　　① 即使在省里来人核实四社五村"非遗"的时候，仍然只是霍州一方作主导，郝永智说："当时上边来核实的时候呢，我和我们村的社首叫上李庄原社首武之毅、孔涧原社首张明德，没叫洪洞那边的杏沟和仇池。虽然没叫，但是在介绍的时候也把洪洞那边的介绍清楚了，因为毕竟是四社五村嘛！"他还分析了之所以没叫洪洞一边的原因："为啥这样呢，一是我们霍县这边申报的；二是仇池、杏沟都是年轻社首，原来的老社首有的不在了，有的病了。所以，我们就光叫了李庄和孔涧的老社首了。"笔者于2013年6月2日对郝永智的访谈。

　　② 笔者于2013年4月10日对郝永智的访谈。

　　③ 笔者于2013年4月11日对刘玉平、朱茂林、李义保等人的访谈。

　　④ 笔者于2013年4月11日对郝世续、崔三娃、王刚、武学诗等人的访谈。

起。从学者介入到"申遗"实践这些大事件上,他们第一次深切体会到历史传统对于家园的重要性,也由此意识到在遗产运动实践过程中进行"确权",对于维系与延续他们与四社五村历史传统的关系将至关重要。虽然村民们并没有明确的权属理念,但是至少能够感觉到这种联系不仅关乎他们的现实权益,更关乎他们后代子孙赖以生存的家园。

当地村民对 2011 年杏沟坐社时祭祀龙王的盛景记忆犹新,描述起来恍如昨日。在此,我们无意去还原或重现当时热闹非凡的仪式场景,而是侧重于关注考察这种为了配合遗产申报的仪式是如何进行表演的,又是如何变形走样的,以及人们对此的理解与看法,并以此去考察遗产申报实践场域中的地方民众遗产观。完全按照仿古的仪式要求就要收拾起尘封已久的历史记忆——历史的记忆通过传承延续下来,保存在一代又一代人的记忆之中,但这不是哪一个人所能完全掌握的。不过,他们对关键的仪式程序还是能够了然于心的,这得益于民间口耳相传与耳濡目染的代际传承机制,更重要的是他们还有值得参考的历史水册——郝永智手中的水册对仪式过程与应供之物作了详细记载与说明。村民们回忆了当时的场面:

> 去年(2011)是杏沟坐庄,今年(2012)是仇池。去年祭祀活动搞得挺隆重的,为啥呢,非遗申报啊,霍州电视台来了,让祭祀活动模仿从前,要搞得隆重一些。这我们都知道啊,一传十,十传百啊,呵呵!乡里乡亲的,周围村的好多村民也都来了呢,都来看啊,搞得场面这么大,消息灵通着呢,谁不知道啊!骑着摩托车就来了,好热闹着哩,嘿嘿,都想着看个光景嘛!
>
> 那家伙,那排场,锣鼓喧天,鞭炮响啊。桌上放着猪头,四个人抬着,社首们在后边跟着,到沙窝堰上,祭祀山神,还有龙王爷。也搞第一项、第二项、第三项,好多项呢,这么着一项一项地进行。社首轮流跪着磕头,嘴里还念叨着什么呢。在庙里烧香,外边就点鞭、放炮。舞龙队也有啊,进行舞龙表演,可火着

呢。对了，还有，还请的戏班子唱戏哩，外边的，哪个地方呢，不是请的蒲县的，不过也演得不错。蒲县的哪能请得起啊，哎，你不晓得啊，蒲县在山西最有名了，它的蒲剧就是放在全国也名气啊，一场就得上万啊，可不得了着哩！好多年没看了呢，看这个也值着呢！

四社五村只要是干部都参与了，村民好多都去了呢，小孩子、小青年、姑娘家的也都去看了。安排座席，轮到谁就谁负担。轮流坐庄。光管水利这一套系统。因为申报要有一些形式，图文并茂。整个流程全拍了。分小祭和大祭。小祭是大祭的准备，也重要。也学着从前发鸡毛信呢，送信的时候，摄像机都跟着拍呢。大祭那天，商量安排任务，吃席看戏，边吃边看，在祭祀单位开席，这就是仿古嘛。①

村民在给我讲述当时情况的时候略显激动，每个人都想插话说上一两句，他们也是想到哪一点就赶紧说出哪一点，所以上文整理的村民口述在有的地方会显得没有逻辑性，不过，这丝毫不影响我们对当时盛景的想象与对问题的进一步理解。此外，我还专程拜访了陈、王两位老奶奶，都已近90岁高龄，她们是当地求雨仪式的主角，也是四社五村仅存的几位能够了解仪式具体运作的人。在四社五村，每遇天旱水渠没水的时候，村民就会到龙王庙里求雨，不过在村民的记忆中已经好多年未曾见到求雨仪式了。霍州电视台来的时候，为了拍摄其中的一个镜头，这两位老奶奶被要求模仿从前的求雨过程。两位老奶奶给我讲述了过去的仪式景观并对一些细节做了详细的解释，不过在那年的摄像机面前，她俩也只是做了几个动作摆摆样子而已。针对这场仅仅为了遗产申报而精心准备的祭祀活动，村民们有不同的声音："去年（2011）霍州电视台来拍录像了，你知道吗？咳！那就是一个过程啊，基层干部和上级干部都捣鬼，不知道捣的什么鬼啊。拍

---

① 笔者于 2012 年 11 月 23 日对郝永智、王大虎、刘治平等人的访谈。

得不现实，不知道怎么弄的。"① 他们用"不现实"一词来定位2011年的祭祀活动，但当我继续追问什么样的仪式才能算作"现实"的时候，他们也说不出个所以然来。② 在村民的意识形态领域里，他们仍然坚信在国家权力或官方背景介入之下的祭祀活动并不是他们想要的，势必要出现一定程度上的走样——不多也不少。

村民之所以认为"不现实"，在于他们好多年都未曾再见到这样的场面了，时间的流逝逐渐打磨掉他们社会记忆原有的棱角。在有清一代，四社五村的祭祀仪式就曾经历过一定程度的改革，不过，这种改革更多的是基层民众的主动革新。不同时期的水册曾几次表达出祭祀仪式中的一些细节"俱系古规，甚属不便"的意思，因而"四社公议""俱系情愿"对仪式的烦琐细节予以修改变通。中华人民共和国成立后，四社五村祭祀仪式变迁的步伐越来越快，更多地受"国家的视角"所左右。随着政府废除封建水规、封建迷信等相关政策的施行，四社五村也逐渐取消了酬神唱戏、求雨还愿等习俗。20世纪80年代以来，虽然政治与经济得以宽松与开放，但是，社首们还是将"唱戏"改为"放电影"，继而再改为后来至今的"合影留念"。几位村民讲述了他们的经历：

> **问**：多长时间没有这样隆重了？
>
> **村民一**：也得有好多年了吧。
>
> **村民四**：是好多年了，还中断过呢。
>
> **村民二**：现在并不是每年都打锣鼓，去年（2011）只是按照上边的要求，说是必须仿古，要拍照摄像的，所以才搞得隆重。
>
> **问**：现在为啥不了？
>
> **村民二**：像祭祀时候需要的民间乐器，原来四社五村都有，

---

① 笔者于2012年11月17日对魏东方、刘小红、李大义等人的访谈。
② 民间文化或地方性知识有很多是属于"隐微知识"的，其特征是：拥有知识的人所知道的比能说出来的多，这种知识隐藏在身体和大脑里，很难捕捉，又很难归类，也即一种无法表达、教导的"在地化"经验。

现在由于政治了、现实了嘛，打锣鼓你不得花钱啊，以前村民自发地就去了，也没有报酬，也愿意，全都是自愿的啊。现在社会很现实了，要赚钱，不赚钱我就不去了。所以现在锣鼓喧天的场面就达不到了。

村民一：嗯，对的，是这样的，大约有30多年不这个样儿了，好像从改革开放之后。有一点，去年因为电视台来所以就锣鼓喧天了一阵儿，再往前推，大前年是李庄坐社，没有电视台啥的，但是也办得比较红火，也打锣鼓了。

村民三：那是村长新上任那年，把几个庙重新建了，开了光，又把三义庙维修了一番，为了庆祝所以要隆重一些。再说了，人家这个村长是一个大家族，还有自己的企业，所以花钱就不在乎了。

问：哦！是这样的。

村民一：再一直往前推，就不记得有这样的场面了。

问：有没有中断过？

村民二：实际上，从"文革"时期开始就没有了，偏偏解放前没有问题，解放后随着历次运动、阶级斗争什么的，祭祀热闹的场面就不存在了。

村民三：自1975年开始，四社五村又重新恢复了祭祀活动，这我就记得了。1975年不是毛主席还在嘛，当时不是还是农业合作社嘛，我当生产队长。我们这边不是北边一个队，南边一个队嘛，南边这个队就吃这个水，我们这个队。这个村分两个村，一个南沙，一个北沙，不过都是一个大队。我们这面属于南沙，就吃这个水。北边还有水，所以北沙就吃北边的水，就不吃这个水了。那时候，以前咋，就不知道，自1975年开始啊，四社五村才重新建立起来·以前就不知道了，以前也有，那个碑上都有。两个县，一个洪洞县，一个霍县，两个县吃这一股水，然后建立起四社五村了。之前呢，慢慢地四社五村就消失了，消失了之后，然后1975年就建起来了。

问：为什么要重建？

村民三：这个么，不是有传统嘛！

村民四：是仇池社恢复的。

问：为什么？

村民四：四社五村有平等的地方，也有不平等的地方，人家是老大，仇池社的董升平是老书记，干了多少年了，一直干着，能力很强，家族也大，说一不二，还同时兼乡党委副书记。他年龄大、资格老啊，所以就有威望。他传统的思想很浓，也没有跟别人商量，说恢复就恢复了。

问：有什么表现呢？

村民四：表现？就是叫大家在一起，开了个会，放了场电影，说以后还得按照规矩办事，就这样，呵呵！

村民三：毛时代之前也有四社，只是毛时代期间搞人民公社就不提这个了。虽然不提这个了，但是一家半个月，洪洞半个月，霍县半个月，坚持这个规矩，谁也不能乱吃。每年清明都祭拜，轮流坐庄，鸡毛信通知，风雨无阻。那时候，锣鼓家伙，唱戏，边打锣鼓边唱戏。1975 年时也在那个"堰"的地方祭祀的，且是现在，那个"堰"的地方还没有变。过来沙窝这条南边的沟就是"堰"的地方。那个地方可大了，咱们这个地方说"坡池"，就是一个大池塘。每年清明，以前可热闹了。①

这是四社五村祭祀仪式越来越边缘化的问题，我们再回到当下基层民众的"申遗"实践中，尚有一些细节值得关注与阐释。在这些细节中，其中有一个问题最为重要也最为棘手——四社五村的用水制度文化传统毫无疑问是属于"大家"的，但是，作为一种非物质文化遗产总要落实到具体的"传承人"角色，那么问题就来了，谁是这一遗产的传承人？最终，这一角色自然落在郝永智一人身上，可想

---

① 笔者于 2012 年 11 月 17 日对魏东方、李向标、郝永智、张玉桂等人的访谈。

而知关键在于他手中的历史水册发挥了重要作用。对于传承人的争夺这里边还有故事，我们无意去揭露当事人面对遗产诱惑所作所为之隐私，郝永智对当时情况的表述可作为参考：

　　"申遗"的时候，里边必须有一个专家，没有专家不能"申遗"。后来，他们这个专家推不出来，就说让我当这个专家。我说："我能当了专家？你找别人吧。"他们说："你就是这个事的专家啊。"属于文体这一块儿，县上没有"非遗"相应的这么一个机构，是文体局兼管这个事。他们就给我来了个电话，说应该有个专家。如果四社五村再有人比我了解得多，推荐那个人也行啊，问题是再没有这么一个人，这个事一直是我办的嘛。上报的时候必须要有一个专家。

　　后来，到上报传承人的时候，文体局他们又跟我商量。我说这个事咋办啊，不然的话就推荐上5个传承人吧，一个村一个。后来，他们说不行，人太多。关于这个事，我跟人家解释得很清楚，我说："我不在职，人家现在各村都有干部。"所以，我首先推荐干部。文体局回答说："各村的干部在平时意识形态上也好，在平时工作上也好，人家也是传承者，不过也是有区别的，人家是法人代表，只是传承了一部分。"文体局的解释是，干部与传承人是两码子事儿。

　　如果说董升平在的时候，当然是，他与我都是传承人。每一个人是每一个人的贡献，做的贡献不一样。只有通过自己的事迹，才能说明你的贡献嘛。比如《水册》我捞的，第三期水利工程是我捞的，"申遗"又是我捞的，当然我的贡献就比别人的贡献大了。董升平在的时候，洪洞那边出上一个，霍县这边出上一个，不就正好了嘛。

　　最后，我就报了5个，四个社，一个社出一个，孔涧村没出，在这个上面有争议。报的时候，比如杏沟，我的意思是报支书。结果这个事，杏沟村长知道了，并且亲自跟我说，这个传承人应该是他，他是法人代表。鉴于还有四社五村这一层关系嘛，我就没有跟他解释得那么清楚。我当时说，谁也行，反正就报上一个就是了。仇池，我就报了桥西的那个村长，毕竟董家才是董升平的儿子嘛。李庄，我报的是现任的村长，这个村长连续两届了。义旺，支书知道这个事，就报的支书，当时朱大兵还没当村长。我说："这个事咋办啊？"支书说："四个社，每个社出一个，再把你报上，就别报孔涧了。"因为，他知道里边的内情，知道里边的底细，如果一个村报一个的话呢，义旺只能出一个，当然就挨不到他了嘛，因为我是肯定要首当其冲的了嘛。孔涧就不知道这个报传承人的事。

结果，文体局来电话说："只能报一个，就把你报上去吧。"这个话我就没跟别人说，只有文体局和我知道。这是申报省级的时候。传承人的证还没有给我。这个证有也罢，没也罢，反正我是要传。我名誉上享受不了，我办实事也行。我当个无名英雄不行嘛，唉，就是发愁下一代的传承人。①

通过上述四社五村的遗产申报实践，我们可以看到，仅仅为"申遗"服务的仪式展演只是应景的一时之需，正如有的村民所发出的感慨那样，多少年了他们再也没有看到过热闹非凡的仪式场面了。从"酬神唱戏"到"放电影"再到"合影留念"，当然我们可以用"节省开支"的视角观之，不过，如果从"乡村协作"的力度来审视的话，昔日"整体协作"的美好图景已离他们越来越远。多种力量先后出现在协作变迁之路上，无论在四社五村的政治舞台还是生活舞台上形成了某种张力，水利组织与祭祀仪式也逐渐由主角走向边缘——这是一个"去中心"抑或"去整体化"的过程，也即一个从主要制度形式到次要制度形式的转变过程。遗产实践在一定程度上起到了愈合作用，但究竟能在未来持续多久仍是一个未知数。

---

① 笔者于 2013 年 4 月 22 日对郝永智的访谈。

结　论

充满劳绩，但人诗意地，栖居在这片大地上。

——荷尔德林（Friedrich Holderlin）

　　在一部讲述乡村"故事"的田野志中，我们可以采取一种"共时态"方法，即把社会视为"外于时间的"，也就是不考虑历史情境。这也为人类学的村落研究所集之大成，但这样的研究方法对于村落的总体性变迁关注甚少，不免失之偏颇。而如果择取历史学者以"历时态"研究为主的策略，又会忽略一些结构性因素，不利于对某些问题展开深入研究。为了求得圆满，使用历史人类学的研究方法则能够将二者有机结合，即现在与过去之间的联系，应当在一种历时性与共时性相融合的视域中呈现，应当在特定的文化脉络中来展演村落的历史与结构。有着丰富而多样的实物、文献和传说的四社五村乡村聚落，能够满足历史人类学对一种"总体史"研究的诉求。本项研究对问题意识的解答也正是在"整体的、总体的历史"维度之下加以考量的。

　　本书以田野调查和文献解读相结合的方法，利用各种地方性文献资料和口述史资料，力图呈现四社五村在一个较长历史时段内的乡村协作、社会建构以及文化变迁的过程。至此，对于四社五村"故事"的讲述已接近尾声，就目前的情况来看，它似乎止于省级"非遗"。一个"故事"之所以能称之为"故事"，不仅仅在于它有始有终，更重要的是它具有值得我们言说的价值，并且，能够引领我们作进一步的讨论与思考。或者，更直白一点儿来讲，它值得我们作一番品味与回味。当然，文章的"主人翁"并没有"终结"，无论从哪个层面来看，它还远没有到达行将就木的地步。不过，我们能够清晰地看到它正处于一种解体的趋势，而其解体的速度已然越来越快。同时，或许令人们如果有一丝欣慰的话，正如我们所看到的那样，在社会变迁的浪潮之下，历史依然活在当下，依然为当下的实践所用，只不过传统不是以往昔那种方式来延续，而是以一种新的方式来传承。总而言之，对于四社五村的研究，无论从学理上还是实践上，都体现出一种多样化的意义与价值。

一　"他者"视角下的地方史

对四社五村延续至今的水利管理模式的考察，使我们不禁联想到克劳德·列维－斯特劳斯曾经的一个反问，即仅存在一种发展模式吗？他把社会文化现象视为一种深层结构体系，认为我们必须重新审视思维定式上所谓的古代社会与其他社会之间的区分，"所谓的古代社会并不'原始'，因为所有的社会发展都需经历漫长的时间"①。这样的见解来自一种研究步骤，同时也是一种能够在日常生活中被理解的研究方式。四社五村今天仍然存在的一种社会形态也并非"原始"或"落后"的代名词，我们如此理解只因为它将仍然处于神灵祭祀与祖先初创时的状态视为典范。它的运作模式能够维持一定规模的人口存续，其社会准则和形而上的信仰则有助于保持相对稳定的生存秩序。

在展开进一步讨论之前，让我们先缩放式地回顾一下四社五村所走过的道路——我将以另一种方式，用当地民众的视角，抑或可以理

---

① ［法］克劳德·列维－斯特劳斯：《我们都是食人族》，廖惠瑛译，上海人民出版社2016年版，第44页。

解成从"小传统"①的进路出发，来回顾这段历史。罗伯特·芮德菲尔德（Robert Redfield）曾用一个形象的比喻来解释"大传统"与"小传统"之间的关系："我们可以把大传统和小传统看成是两条思想与行动之河流；它们俩虽各有各的河道，但彼此却常常相互溢进和溢出对方的河道。"②他认为这两种传统长期以来都是相互依赖、相互影响着的，而且今后一直会是如此。诚然，由"基本上不会思考的人们"创造出的四社五村历史，不可避免地要受到"大传统"的影响，不过，因为它是自发萌生出来的，而且在它诞生的乡村民众生活的日常实践中，长时间地摸爬滚打挣扎着传承而来，所以，当地民众会以其独有的方式来看待自己乡村文明的历史，这也是他们社会记忆的一种方式。

从四社五村与霍山以及霍山水资源的关系来看，四社五村自建制以来就与霍山的文化景观、以"水"为中心的乡村协作文化等一同构成了区域小社会遗产传承的重要组成部分。从当地民众"精致"的人文生活来看，他们的繁衍生息、生产劳作一直以来与霍山及其泉水资源保持了一种和谐的关系。同样，霍山沙窝泉峪下四社五村保存至今的水利文化遗迹与仍然发挥一定作用的水利传统，也说明了人们与霍山及其泉水资源之间的良好关系。或者，我们也可以这样来理解，通过一种人类学意义上的"调适"行为，四社五村形成了一种独具特色的人文类型。

在当地民众的历史记忆中，在那个遥不可及、朦朦胧胧的岁月里，有这么四位先祖，他们可能是兄弟关系，踏草逐水，在霍山沙窝峪处扎根繁衍。又过了好长时间，聚族而居渐成规模，在人口增加的同时，一些人群形成各自分立的村庄。为了共同、有效

---

① 关于"大传统"与"小传统"的概念，具体可参阅［美］罗伯特·芮德菲尔德《农民社会与文化：人类学对文明的一种诠释》，王莹译，中国社会科学出版社 2013 年版，第 94—97 页。

② ［美］罗伯特·芮德菲尔德：《农民社会与文化：人类学对文明的一种诠释》，王莹译，中国社会科学出版社 2013 年版，第 97 页。

及合理地开发、利用与管理沙窝峪泉水，仇池、李庄、义旺和杏沟四村自发组建，成立四社，并制定了"耕而不灌"的民间用水制度。孔涧当时人口不足50户，不能单独成立一个社，只能就近加入义旺社，成为第五村。这样，便形成了"四社五村"的乡村协作格局。

一份条规厘清、共同认可的水册以及每年一度的祭祀龙王仪式活动，保证了四社五村人文传统的社会继替。只是，水册在某个时期里曾经遗失过，四社社首齐聚龙王庙，根据原有记忆拟定水规，重立水册，并经"龙王爷"认可。又过去了许多年，因年久藏艰，水册残缺不全，四社社首将残缺者补之，失次者序之，又重立水册。而在这一过程中，祭祀仪式也根据当时的社会条件，发生了一些细节上的变化，不过仍然能够维持其象征支配的乡村协作整合功能。民间传说与水利碑刻也相映成趣地成为一代又一代人们日常生活实践的点缀与水事纠纷记忆里的摹写。水册、仪式、传说与村碑相互依存，互为整体。

朝代更迭，秩序轮转，水册逐渐淡出人们的视野，逐渐被人们遗忘。但是，原来的用水制度依旧存活在人们的生活之中，年度祭祀龙王庆典也依旧为人们所雀跃欢腾。生活一直在延续，中华人民共和国成立后的第一期水利工程将"附属村"的概念凸显出来，解决了周边部分村庄的饮水问题，而第二期水利工程则将周边所有村庄共同纳入分享水资源的行列之中，为的是一个"平均主义、吃大锅饭"的社会理念。但是，这样的水利实践完全打乱了原有的祖制，四社五村作为一种民间水利组织也形同虚设。继而，在时机成熟之际，由仇池首先发起，李庄、义旺与杏沟响应，社首们开了一次会，唱了一出戏，宣布四社五村重新建立，每年祭祀龙王活动照常进行。第三期水利工程则进一步加深了四社五村的民间自主性，在较大程度上恢复了祖制。而恰巧在此期间，一度消失的水册也再次出现。

在中华人民共和国成立后以水利工程为主导叙事的宏观指引下，

尚有另一条线索在萌生、发展乃至壮大，这便是对"技术"的诉求。三次水利工程实践既可以看作解决历史延续性与否的问题，又可以视为技术上的突破。同时，深井技术的引入使得有想法有能力的村社跃跃欲试，最终，仇池与李庄获得成功，不再使用共有水资源，并将富余之水出售以回笼资金，开启了水资源商品化之旅，后来发展到掌握各方资源的村中"能人"竟将四社五村共有水源承包经营以获取利润。可以看到，技术的限制和自然的束缚已变得越来越有弹性了，它们在历史时期中曾是如此地具有决定性的意义，但是，另一方面，"弹性"也制造了"裂痕"。

各种因缘巧合促成了中法学者首次发现四社五村，使这一隅之地在较短的时间里蜚声海外，继而引来了日本学者进村考察。这在四社五村"融而未合、分而未裂"之现实情状中，无异于注入了一股新鲜的血液，使得人们各怀某种未来能够实现的希冀，也使一度摇摇欲坠的水利传统获得了暂时的复兴。当一切变得再度"风平浪静"之后，恰逢国家大搞非物质文化遗产普查之良机，四社五村主动申报并获得审批，如今已成为省级"非遗"。

以上即是当地民众社会记忆中的一种四社五村历史，这也是他们切实所感知到的一种小历史。他们正是通过"文化发明的传统"之工具，以水册、仪式、水利、技术等为线索，建构自己乡村聚落的文明发展史，塑造己身体现一种多样化的文化形态。

"他者"视角下的地方史

宏观时序	历史进程	文化描述	王朝国家
萌芽	先祖落居此地	霍山沙窝峪下水草丰茂，兄弟四人择水而居，选择此地	汉朝以前
	村庄初具规模	世代繁衍，人口增加，形成村庄	汉朝
发展	四社成立	为了共同开发、利用与管理沙窝峪泉水，仇池、李庄、义旺与杏沟成立四社，建立神庙，供奉龙王，发明年度祭祀仪典	金朝
	第五村出现	孔涧当时人口不足50户，不能单独立社，只能就近义旺社，成为第五村	金朝

宏观时序	历史进程	文化描述	王朝国家
波折	水册遗失	大军经过，水册丢失	元朝
	重立水册	四社社首根据原有的记忆，重新拟定水规，建立水册，并经龙王爷认可	明朝
	水册残缺	年代久远，存藏艰难，水册残缺不全	明朝
	再立水册	四社社首将残缺者补之，失次者序之，并经龙王爷认可	清朝
	水册消失	水册淡出人们视野，逐渐被人们遗忘	民国
改序	第一期水利工程	防渗工程，附属村出现，增加几个吃水村庄	中华人民共和国
	第二期水利工程	防渗工程，所有附属村共享水资源，出现打井之举	中华人民共和国
	重建四社五村	仇池发起，李庄、义旺与杏沟响应，社首们开了一次会，唱了一出戏，宣布四社五村重新建立，每年祭祀龙王活动照常进行	中华人民共和国
	水册出现	水册在孔涧出现，有心人购买水册并小心收藏	中华人民共和国
	第三期水利工程	防渗工程，与官方对抗，官方最终屈服于四社五村历史传统，祖制得以延续	中华人民共和国
	水资源商品化	仇池、李庄用上深井水，不再使用沙窝峪泉水，并将多余井水出售进行灌溉，以回笼资金，同时，将原有水日转让给相应村社，但保留原始水权	中华人民共和国
	水资源私人承包	掌握各方资源的村中"能人"将泉水承包经营以获取利润	中华人民共和国
转机	学者进村	中法学者最先发现四社五村并进村调查，后来日本学者进村调查	中华人民共和国
	"非遗"申报	四社五村主动申报，在短短几年时间之内，"用水习俗"先后获得市级、地级与省级"非遗"，当地民众在期盼国家级的审批	中华人民共和国

二　乡村协作与国家转型

　　综观四社五村所走过的道路，在地方民众的感性体验与认知模式下，他们的乡村社会发展史可以比喻为一棵生长在自然与文化沃土之上的树苗成长史。在这棵树苗吐露嫩芽之机，便已浸润了自然与文化

的基因——自然的力量是生存之需，而文化的力量是延续之要。在这
萌芽、成长、繁茂到参天的过程中，风雨的洗礼曾使它东倒西歪、枝
折桠断、残叶飘零，有时候甚至面临着被连根拔起的危险，但是，扎
入泥土的文化根须是如此之深之牢，以至于在风雨过后它依然能够迎
接彩虹的到来，只是增加的年轮使它不再那么光鲜艳丽。在此，我们
无意于悲悯惋惜四社五村作为一个社会机体其生命与传统历程之有限
性，而是将四社五村的"故事"纳入到一个更加宏观的框架与历史
维度下来展开讨论与分析，也即从地方民众水资源管理中的协作机制
和基层治理秩序——传统时期拟亲属关系之兄弟"平权"整体协作模
式、中华人民共和国成立初期的传统结构与"山河归公"并存的二
元模式、80 年代以来市场经济辐射下的"去中心化"模式——来透
视社会形态与国家转型。这样，我们既可以超越对四社五村个案本身
单纯的多样性探索，又可以从乡村协作与实践模式的变化关照历史延
续性、社会结构转化以及国家政权建设与形态变化轨迹等相关问题。

　　四社五村的乡村协作是围绕着一种对当地民众而言极为重要的东
西——"水"来展开的，水在当地的珍贵性彰显出自然是如此之
"吝啬"，但是，他们利用文化的力量来解决自然的问题。这样，在
一种自然之物的身上便体现出一种文化的关联。关于水与社会文化的
关联问题，曾有以下学思历程。魏特夫认为水是一种对政治的隐喻，
东方社会的水利灌溉产生了专制主义的统治。[①] 弗里德曼将水与宗族
问题联系起来，认为华南地区宗族存在的原因是由四个变量决定的，
其中一个变量即是水稻的种植需要水利灌溉。[②] 郑振满将水与民间组
织的参与相勾连，认为"单凭封建政权的力量，尚不足于对水利事业
实行有效的宏观控制，因而还要借助于族规乡约乃至于'城隍老爷'
的保证作用。正因为如此，在明清福建沿海的农田水利事业中，封建

---

　　① ［美］卡尔·A. 魏特夫：《东方专制主义——对于极权力量的比较研究》，徐式谷、
奚瑞森、邹如山等译，中国社会科学出版社 1989 年版，第 9、16—18、97 页。
　　② ［英］弗里德曼：《中国东南的宗族组织》，刘晓春译，上海人民出版社 2000 年版，
第 13、165 页。

政府的作用不断削弱，而乡族组织的势力却日益壮大了"①。杜赞奇经由"权力的文化网络"解释概念，通过对河北邢台地区水利管理组织的典型研究，说明了文化网络是如何将国家政权与地方社会有机地融合进一个权威系统的。② 格尔茨则探讨了"水利灌溉的政治学"，将水利灌溉视为巴厘岛政治机体的一部分，其象征性运作体现出 19世纪尼加拉的表演性与展演性特质。③ 董晓萍的水与民俗研究探讨了社火仪式与水资源管理之间的关系。④ 而沈艾娣的水与道德研究则进一步彰显了道德经济在中国农村究竟意味着什么。⑤ 尚有其他富有成果的文化见地，在此不一一列举。这样的学思历程给我们的启发是，在不同地域不同的情境之下，基于"水"的制度发明与文化关联，其历史运作的逻辑应该放在"他者"的视角之上，并非仅仅我们去如何认识它，而更多地应当是地方民众是如何对其界定、理解与实践的。

当一种资源不再仅仅具有自然属性而更多地体现出文化属性的时候，这种资源便涉及不同的意义场域。显而易见，当面对不同地方性情境的时候，资源所属的意义场域不管它消解了什么抑或重新孕育了什么，它所型构的那种情境文化合理性不仅昭然若揭，而且还得到了进一步强化。水资源的稀缺性使得对水的控制成为四社五村这一隅之地基层治理秩序的核心问题。在地方民众的文化语境与实践场境中，水被赋予了更多的文化属性——它整体性地承载了人们的道德理想、民俗理念、秩序表达、人文气息、权益诉求、精神寄托、繁衍希望，

① 郑振满：《明清福建沿海农田水利制度与乡族组织》，《中国社会经济史研究》1987年第 4 期。

② ［美］杜赞奇：《文化、权力与国家：1900—1942 年的华北农村》，王福明译，江苏人民出版社 2010 年版，第 11—20 页。

③ ［美］克利福德·格尔兹：《尼加拉：十九世纪巴厘剧场国家》，赵丙祥译，上海人民出版社 1999 年版，第 80—101 页。

④ 董晓萍：《陕西泾阳社火与民间水管理关系的调查报告》，《北京师范大学学报》（社会科学版）2001 年第 6 期。

⑤ 沈艾娣：《道德、权力与晋水水利系统》，《历史人类学学刊》2003 年第 1 卷第 1期。

如此等等。因此，有关水的制度安排应该视为一个整体性的实践与建构过程。继而，以"水"为中心的乡村协作机制体现出一种政治的、经济的、宗教的、法律的、道德的、民俗的以及意识形态的等整体张力。这样一来，全社会围绕着"水"而做的组织工作，形成一种多元素复合而成的整体协作模式——这也是对自然使用文化手段进行调适的一种群体自觉与自律行为。而这样的协作模式一旦形成，它得以延续存在靠的正是创造它的地方民众把它当作一种历史遗产与实践标杆来代代相传。

这样的乡村整体协作景观在传统时期展现得较为"理想"——它有其自己的一个属于民间意义上的协作组织与一套乡村实践的"自恰性"① 运作机制。当然，这样的景观并非寓意着存在有完全的基层自治与民主模式，不过它有民主的气氛。虽然，它可能在一定程度上能够呈现出一种"世外桃源"般与世无争的乡村自运行生活形态——这也是中国传统社会中绝大部分人所梦寐以求的——但是，只能说他们是部分地、有条件地自己治理一方社会。不过，相较于后来某一特定社会背景下（我们在下文中将作进一步分析），传统时期里的四社五村被赋予的"自由程度"是如此之高，以至于如果单从"格局"的视域下考察，可以认为，千年以来的乡村自治和水利自治就成为四社五村公共领域中的一项基本制度。在如此之基本制度下展演的乡村整体协作在传统时期里，其历史延续性问题之所以不成为一个问题，我们尚需反观国家形态以及国家与地方社会互动关系中的"在场"与"悬置"等问题。

魏特夫对"东方专制主义"的剖析对我们或许有所启发。他认为东方社会是一个"治水社会"，水利工程的大规模修造和有效地管理

---

① 四社五村在传统时期中的整体协作模式奠定了区域小社会里乡村聚落的"自治性"基础，即不同的村落在以"水"为中心的社区共同生活中如何实现和谐共处，其"在地"运作逻辑指向的是合作与共赢，而非竞争与公平。吴欣对明清时期苫山村落的研究对这一视角具有启发意义，具体可参阅吴欣《宗族与乡村社会"自恰性"研究——以明清时期苫山村落为中心》，《民俗研究》2010 年第 1 期。

此类工程之需孕育出东方专制主义，其一切本质特征在中国得到较为集中而充分的体现。① 而这样的治水国家实际上只是一种"半管理社会"，因为根据"行政效果递减法则"②，专制权力不能在生活的一切方面维持它的权威，它建立在农业上面只管理着国家经济的一部分③。由于它只是半管理性质的，所以，虽说治水专制主义的权力是不受限制的，但它没有具备无所不在的基础组织以便对全社会进行全面控制，因而它允许某些处于从属地位的团体获得一定程度的自主，例如村社组织便具有较为古老的历史与相当广泛的自主性。黄宗智关于帝制时期地方行政实践的观点可以视为对魏氏"半管理主义"的进一步引申与发挥，他提出"简约治理"（或视之为"简约主义"）的论点，认为"中华帝国在其政府与社会的关键性交汇点上的实际运作，则寓于半正式行政的治理方法、准官员的使用以及政府机构仅在纠纷发生时才介入的方法"④。不管是"半管理主义"还是"简约主义"，传统时期的治理进路的目的归根到底是用最少的官僚付出来维持现存体系。

　　所以，我们会清楚地看到，传统时期里的地方民众与国家之间的关系实际上处在一种相对疏离的状态，二者的互动频率也是一直维持在一个低度阶段且非直接性。国家权力对基层民众日常生活的渗透、控制与影响是极为有限且松散的，也只是主要体现在基于人口控制、赋役征收等方面。而四社五村地方民众头脑中保存着社会继替延续下来的历史记忆之印痕，在对往昔乡村协作格局的理解与认知中，他们

---

① 当然，魏氏理论自有其局限性，对其观点的评论与回应也不少，此不赘述，比较中允的评价可参阅王铭铭《水利社会的类型》，《读书》2004 年第 11 期。

② 这是魏氏基于古典经济学的一个主要公式修改而来的，认为治水政权的代表者是根据行政效果递减法则来采取（或不采取）行动的。关于这一原则进一步的推导与分析，具体可参阅［美］卡尔·A. 魏特夫《东方专制主义——对于极权力量的比较研究》，徐式谷、奚瑞森、邹如山等译，中国社会科学出版社 1989 年版，第 105—110 页。

③ ［美］卡尔·A. 魏特夫：《东方专制主义——对于极权力量的比较研究》，徐式谷、奚瑞森、邹如山等译，中国社会科学出版社 1989 年版，第 41、105 页。

④ ［美］黄宗智：《集权的简约治理——中国以准官员和纠纷解决为主的半正式基层行政》，《开放时代》2008 年第 2 期。

总会说："我们这个地儿的历史久着哩，就是我们自个儿管理这块儿的么，在过去好长时间里，老辈们都是照着传统，搞得可好着呢，不就这么一代一代来的么！"① 一位年近90岁高龄的老者就直接指出："在过去，不管你怎么改朝换代，我们交皇粮就行了，国家的心思还能在我们这旮旯里嘛！"② 总之，帝制时代的国家形态与治理进路，为民间模式多样化之形成与具有本地特点历史传统之延续，创造了一定的"温床"基础与"真空"地带。

自进入20世纪以来，中国由王朝而民国，由民国而共和国，几经更替。乡村的整体协作与历史延续性出现了一种前所未有的、越来越远离昔日景观的趋势，而走向另一条新的变迁之路——因为伴随着帝制时代的结束与现代民族国家发展脉络的开始，四社五村这片小天地也不能不或多或少地发生一些变化。正如杜赞奇研究华北地方政权的现代化建设时所指出的那样："自20世纪之初就开始的国家权力的扩张，到40年代时却使华北乡村社会改观不小——事实上，它改变了乡村社会中的政治、文化及社会联系"③，"国家政策不仅有计划地改造了乡村社会，而且，伴随着这些政策的执行，国家内卷化力量也影响着乡村社会的变迁"④。这种自清末新政以来的国家权力企图进一步深入乡村社会的现象，杜赞奇视之为类同于近代早期欧洲情况的"国家政权建设"⑤，而中国的特点在于"这一过程是在民族主义以及'现代化'的招牌下进行的"⑥。不过，"政权建设"这一西式概念并

---

① 笔者于2013年6月6日对谢俊杰、李兴国等人的访谈。
② 笔者于2013年6月5日对刘荣贵的访谈。
③ [美] 杜赞奇：《文化、权力与国家：1900—1942年的华北农村》，王福明译，江苏人民出版社2010年版，第1—2页。
④ 同上书，第159页。
⑤ 这些相似之处包括："政权的官僚化与合理化，为军事和民政而扩大财源，乡村社会为反抗政权侵入和财政榨取而不断斗争以及国家为巩固其权力与新的'精英'结为联盟。"参见 [美] 杜赞奇《文化、权力与国家：1900—1942年的华北农村》，王福明译，江苏人民出版社2010年版，第2页。
⑥ [美] 杜赞奇：《文化、权力与国家：1900—1942年的华北农村》，王福明译，江苏人民出版社2010年版，第2页。

不能完全适合 20 世纪前半期中国政权的复杂多样性，故杜赞奇又引入"国家政权内卷化"这一解释概念。所谓"国家政权内卷化"指的是，"国家机构不是靠提高旧有或新增（此处指人际或其他行政资源）机构的效益，而是靠复制或扩大旧有的国家与社会关系——如中国旧有的营利型经纪体制——来扩大其行政职能"①，因而出现"国家财政收入的增加与地方上无政府状态同时发生"②或者"国家对乡村社会的控制能力低于其对乡村社会的榨取能力"③的局面。而在这"国家政权建设"转型时期与基层治理的"内卷化"过程中，四社五村仍然能够找寻到一些乡村协作的生存空间。

　　共产党政权的建立标志着国家政权"内卷化"的终结，而且在后来也成功地实现了民国时期尚未完成的"国家政权建设"任务，之所以能够如此是因为它从基层建立了与国家政权相联结的各级组织。这样，国家权力对民间社会的渗透更加深入与持久，并逐渐成为能够左右民间传统（尤其以民俗仪式较为典型）的决定性力量。④国家形象不再是一种"象征"或"符号"，而是成为地方民众所能够切身体会到的"在场"状态。邹谠用"全能主义"一词来形容那时的整个国家形态与政治社会，即"政治机构的权力可以随时无限制地侵入和控制社会每一个阶层和每一个领域的指导思想"⑤。如果按照孙立平的说法则是"总体性社会"，在如此形态的社会中，"国家对经济以及各种社会资源实行全面的垄断，社会政治结构的横向分化程度很低，政治中心、经济中心、意识形态中心高度重叠，行政权力渗透于

---

① ［美］杜赞奇：《文化、权力与国家：1900—1942 年的华北农村》，王福明译，江苏人民出版社 2010 年版，第 54—55 页。
② 同上书，第 53 页。
③ 同上。
④ 杜赞奇认为，自进入 20 世纪以后，应现代民族国家建设与发展之需，国家权力的扩展曾极大地侵蚀了基层权威的基础，当然，这并不等于说国家政权有这种摧毁的能力。参见［美］杜赞奇《文化、权力与国家：1900—1942 年的华北农村》，王福明译，江苏人民出版社 2010 年版，第 207 页。不过，共产党执政初期的基层治理进路，恰恰能够体现出它所具有的一些能量。
⑤ 邹谠：《中国廿世纪政治与西方政治学》，《政治研究》1986 年第 3 期。

社会生活的各个领域，整个社会生活的运作呈现高度的政治化和行政化的特征"①。

　　经由"全能主义"或"总体性社会"的棱镜，我们似乎看到的是一幅国家权力无孔不入以至左右整个社会并且控制一切的"宏伟"景观——各式各样、大大小小、一轮接一轮的政治运动与文化改造运动，以摧古拉朽之势给传统的"地方性知识"造成了毁灭性的打击。而如果通过四社五村的个案来审视的话，一如我们在本书相关章节中所看到的那样，它实际上并不完全是这样一种局面。在"山河归公"的时代，四社五村这样的民间会社组织与水利组织还是以某种富有弹性的制度形式延续下来——有时候为了大局的利益而不得不让适当的灵活性体现在地方具体事务的安排上。从表面上来看，虽然各个运动时期里受到冲击的四社五村正在一步一步地"土崩瓦解"，但是，旧秩序或民间称之为"祖制"的重要基础——社首权威并未动摇，传统意识也未曾消失，反而在一定程度上得到了强化。虽然作为乡村协作的主要标志性事物，如水利地景、水册村碑、祭祀仪式等，遭到打压或消失或损毁，但是，这并不等于说曾经作为一个命运共同体的四社五村就不复存在，更不等于乡村社会之间原有的协作理念与关系就瞬间化为乌有。历史的延续性是不会轻易地泯灭于"权力技术"的冲击波之下，因为对于四社五村民众来说，每一个个体都是基于传统和自己内心情感的纽带而使自己的命运长期附着于霍山峪泉水资源上，而且是对这一曲山泉有着充分控制权的人。在这片充满乡土气息的一隅之地，水与人是融为一体的，是长期而又固定的纽带把自然与文化焊接成一体。所以，我们从"在地"视角出发，能够看到四社五村"小传统"如同暗流一样依然在向前涌动，与当时的"大传统"时而交汇，时而分离。

　　当然，自 20 世纪 80 年代以后，随着社会变迁步伐的加快，作为民间水利组织的四社五村在外界刺激与内部分化的共同作用与影响

――――――――――

　　①　孙立平：《从政治整合到社会重建》，《瞭望》2009 年第 36 期。

下，越来越走向一种边缘化处境——它再也不能像此前尤其明清之际那样能够为乡村协作提供一个整体性框架了，它的具体运作逻辑也在由"功能性"逐渐地过渡到"象征性"，从而出现一种"去中心化"的局面。所谓的"去中心化"，就是参与乡村协作的单位（村庄或民众）对作为一个整体的四社五村的疏离或淡化意识，以及由此而产生的地方"多元"现象；四社五村的整体支配形式受到了削弱，它不再是民俗认同的最终落脚点，不再具有最高的合法性；民众关心和注意的事项更加倾向于那些在当下即刻能够达到的、并直接得到验证而生效的实践活动。

　　"去中心化"实地表现的一个主要方面就是，曾经作为四社五村标志性民俗的年度祭祀龙王仪式活动趋于淡化，地方民众的直接感受是"走过场"。标志性民俗也可称之为"标志性文化"，刘铁梁认为："一个地域或群体的标志性文化，既包含丰富的细节，又象征地反映出特定地域和群体的整体生活秩序和精神世界的律动，是人们集体记忆、传承而不肯轻易放弃的重要习惯。"同时，他也提出了作为一个地方的标志性民俗所应具备的三个条件："第一，能够反映这个地方特殊的历史进程，反映这里的民众对于自己民族、国家乃至人类文化所做出的特殊贡献；第二，能够体现一个地方民众的集体性格、共同气质，具有薪尽火传的内在生命力；第三，这一文化事象的内涵比较丰富，深刻地联系着一个地方社会中广大民众的生活方式，所以对于它的理解往往也需要联系当地其他诸多的文化现象。"①

　　虽然在精神层面祭祀仪式尚有一定的群体凝聚力，但是，在现实层面已很难企及往昔那种如维克多·特纳意义上"象征支配"的运作逻辑。维克多·特纳在对恩登布人仪式的人类学研究中曾提出"支配性象征符号"的概念，认为仪式象征符号涵括三个特点：

---

　　① 刘铁梁：《"标志性文化统领式"民俗志的理论与实践》，《北京师范大学学报》（社会科学版）2005 年第 6 期。

　　仪式象征符号最简明的特点是浓缩（condensation）。一个简单的形式表示许多事物和行动。第二，一个支配性象征符号是迥然不同的各个所指（significata）的统一体（unification）。这些迥然不同的各个所指因其共具的类似品质或事实上或理念中的联系而相互连接。这些相互关联的品质或联系本身可能是微弱的、任意的，或者广泛分布于许多现象之中。它们的普遍性使它们能容纳最多样的观点和现象。……支配性象征符号的第三个重要特点是意义的两极性。①

　　所以，支配性象征符号不仅仅被地方民众视为实现某一特定仪式的工具性目标手段，更重要的是，在其弥散的意义框架内，支配性象征符号能够将社会道德、法律规范、文化理性、价值观念等与强烈的情感刺激紧密相连，进而，社群生活依靠这些而得以开展。反过来讲，就四社五村的个案而言，年度祭祀龙王仪式不仅仅只具一种仪式表演的意义，它还广泛渗透到整个社会分立的各个领域中，支配性地维护了一地民众的社会实践。再如，逐渐"孤立"和"外显"出来的民间庙会，虽然有时也热闹非凡，但它基本上对于整个社区的公益也不像以前那种具有"整体性"功能意义的。

　　当下何以如此？如果追究其根源的话，我们仍需反观社会体制的变化与国家形态的转型。因为在四社五村由"山河归公"与传统水权并存的二元模式到当下"去中心化"的变迁历程中，官方力量、体制政策、商业资本、信息渠道、经济技术、生业结构、人口流动、阶层利益、观念意识以及心理状态等，所有这些因素都在潜移默化地、直接或间接地在"侵蚀"着这片小天地。能够为这些因素提供一个展演力量之舞台的，应当归因于20世纪80年代以来的体制改革与国家形态转型。中华人民共和国成立初期的社会体制在形塑一种全

————————————

①　［英］维克多·特纳：《象征之林——恩登布人仪式散论》，赵玉燕、欧阳敏、徐洪峰译，商务印书馆2006年版，第27、28页。

新的、整体而又强势的国家形象的同时，也滋生出社会生活中的种种弊端，因此，"文革"风暴渐趋平息之际也是这种体制"行将就木"之始——改革成为必然选择。这样，市场经济作为一个极为重要的"自变量"，催生着社会生活各个方面的变化，"社会正在成为一个与国家并列的、相对独立的提供资源和机会的源泉，而这种资源和机会的提供与交换，是以市场中交易的形式进行的；一个处于国家和家庭之间的公共领域正在开始形成，自然的民间社会开始得到恢复，公民社会开始萌芽"①。这就直接意味着社会的重建以及国家与社会之间的关系的调整。而对于既作为水利社会又作为农民社会的四社五村来说，新的国家形态转型过程中所催生的上述一些因素，它们配合得何等密切和巧妙，又是何等具有韧劲力量——哪怕最小的技术变化，最少的资本侵入，最轻的关系较量，等等，都会影响到整个乡村协作系统的初始平衡，带来整个系统的变动甚至重组；而变动一旦开始，就受到自身固有动力与惯性的驱使，直至形成一个全新的模式。因而，四社五村曾经的整体协作图景与水利文化传统，在当下的基层实践领域中正在走向一种边缘化境地，在它的历史延续性中保留下来的是一种作为非物质的文化遗产。当它成为一种历史遗存的时候，我们看到的也将会是一份过去送给未来值得回忆的礼物了。

总之，维持了上千年的水利社会正在解体，但还远没有消亡；一个新的我们似乎能够觉察到的但尚未清晰的模式正在襁褓中孕育，其能否顺利成长起来还未有定论。最后，借用荷尔德林的灵感将祝福送给当地民众，希望在可能的未来里，他们能够诗意地生活于文化的沃土之上。

---

① 孙立平：《从政治整合到社会重建》，《瞭望》2009年第36期。

附　　录

附录一　访谈资料

我将 2012—2013 年间主要的访问座谈纲目整理于下。被访问者主要是四社五村以及附属村的领导干部与普通村民，他们既是区域社会现实生活中的主要人物，又是我所讲述的四社五村"故事"中的主要"演员"。访问座谈的编号以"访谈"为首，次接年份（2012 年、2013 年分别用"A""B"表示）与是年第几次访问，后续月份与日期。编号之后列出约谈人员姓名（遵循田野伦理，大部分受访者采用化名，以讳隐私），凡为女性均予以注明。霍州市陶唐峪乡政府原办公室主任、霍州市陶唐峪乡义旺社原社首郝永智，作为我的田野关键报道人兼文化翻译，全程参加了大部分的访问座谈，以下我仅将其名字列于他起重要作用的访谈节次中。最后，列述主要的调查与口述议题。① 口述资料可与文中相关内容及注释相互检索。

访谈—A01—1114—张俊峰：中法学者先期调查情况及《不灌而治》一书的优缺点；日本学者对四社五村的关注；共同体理论；水利

---

① 调查议题与口述的详细内容另见笔者录音整理：《四社五村田野工作访谈资料》，打印稿，2013 年。

社会研究的视角；研究四社五村的突破点。

访谈—A02—1114—王承宝：王承宝的职业与收入；泉水承包经营始末。

访谈—A03—1115—刘虎子、王承宝：郝继红个人简况；义旺村支委与村委活动实践。

访谈—A04—1115—郝永智：四社五村发端；中华人民共和国成立以来的记忆；四社五村拟定传统性临时水规；改革开放对四社五村的影响；外界力量对四社五村的影响；20世纪80年代的"洪水事件"；四社五村第三期水利工程水路分配详情；学界介入；郝永智购买水册。

访谈—A05—1115—郝永智、李宝田：某景区购买四社五村古槐始末；祭祀活动中的不文明行为；祭祀活动中的锣鼓队；四社五村用水习俗申报非物质文化遗产始末；2011年杏沟坐社时祭祀活动隆重情况；民居变化；四社五村的特点。

访谈—A06—1116—魏存根、党向福：历史上的水利型经济；龙王庙；四社五村古槐传说；历史上的水利纠纷；开发古槐；地方谚语；通婚；孔涧村嫁女传说；"县官判给刘家庄一天水"传说；四社五村近10年的变化；鸡毛信；求雨中的巧合；传承人；村坡池。

访谈—A07—1117—朱有年、党向福：刘家庄给孔涧村每年送礼；泉水垄断；近年变化；朱有年个人简况；水磨；龙王庙；坡池；天主教堂；供销社。

访谈—A08—1118—郝永智、向长效：打深井始末；义旺社商贸；资源破坏；四社五村的价值；"申遗"细节；陶唐峪尧王庙；以水为中心辐射到更多方面；泉源问题；向长效个人办学情况。

访谈—A09—1118—郝永智、向长效：保甲制；四社五村的困扰；村落沿革；陶唐峪"吉尼斯"。

访谈—A10—1118—郝永智：解释《申遗报告》；娇子沟的传说；不犯红日的古规；义旺村种植结构的变迁；村际平等与否；家族势力。

访谈—A11—1119—郝永智：日本侵华事略；庙会与集市。

访谈—A12—1119—陈玲珑（女）、刘虎子、郝永智：日本人残杀村民事略；求雨习俗。

访谈—A13—1120—张冉多、向长效：风水实践；义旺村乔丰茂事迹；明清地契。

访谈—A14—1121—崔栋梁：祭祀活动的记忆；义旺村五神庙；日本侵华在四社五村的恶行；郭耀庭二次入党轶事；仇池村董氏家族。

访谈—A15—1121—崔栋梁、郝永智：四社五村水日；靳四里驻义旺村。

访谈—A16—1121—郝永智：义旺村的醋；学界发现四社五村始末；孔涧村入社。

访谈—A17—1122—朱顺子：朱顺子个人简况；四社五村重新恢复祭祀活动；四社五村拟定传统性临时水规；20世纪80年代洪水事件；沙窝村务工人员情况；沙窝村福利；沙窝村龙王庙；沙窝村魁星楼；沙窝村龙王庙看庙人；沙窝村大学生较其他村录取比例。

访谈—A18—1123—马福祥、高金华、马文涛："文革"时期四社五村中断情况；水利纠纷；鸡毛信传错之事；惩罚记忆；仇池村深井；仇池村农业结构转型；仇池村经济合作组织；仇池村教育与人才。

访谈—A19—1123—马宝良、马福祥：马宝良简历；仇池村古树；"厉王奔彘"；彘水；《魏书》对仇池村的记载；历史时期四社五村建制沿革；赵城连城大地震；仇池村考古；《赵城县志》。

访谈—A20—1123—董家才：仇池社原社首董升平轶事；仇池社董氏家族。

访谈—A21—1124—郝永智：义旺村官道传说。

访谈—A22—1124—武又文、黄伟俊、马德宽、贾永平、郝永智：四社五村用水习俗"申遗"资料片；李庄村农作结构及转型；深井；辛置矿区与李庄村协调事件；李庄村村民职业及经济收入；李庄村朱氏家族；李庄村修复三义庙，重建五神庙；李庄村修造庙宇捐资情况；李庄村"五神"历史位置；李庄村小学教育；李庄村中低产田改造；李庄村排污管道；李庄村村貌变迁。

访谈—A23—1127—张瑜（女）：家族与水利。

访谈—B01—0331—郝永智：白龙威风锣鼓；通婚偏好；"摇会"；洪霍不同风俗。

访谈—B02—0401—郝永智：采访标准；2013年李庄村坐社祭祀活动不隆重；日本学者与张俊峰教授来访情况。

访谈—B03—0401—郝永智：洪洞住窑洞异于霍州；风俗。

访谈—B04—0401—马凤鸣（女）：天主教信仰；村民信教情况。

访谈—B05—0401—郝永智：日本学者介入细节。

访谈—B06—0401—党向福：义旺村水库；供销社；党向福迁移史。

访谈—B07—0401—郝永智："庙前打死庙后埋"；川草凹村与李庄村、仇池村与窑垣村、川草凹村与义旺村的水利纠纷。

访谈—B08—0401—郝永智：生产队时期的义旺村；水利局垄断泉水的纠纷；家族势力。

访谈—B09—0402—刘小枫：董升平轶事；换工；沙窝村魁星楼重建过程；孔涧村入社；义城峪霍山神。

访谈—B10—0402—郭神父：天主教信仰；周边村镇信徒分布情况。

访谈—B11—0402—王田沃：沙窝村魁星楼；义城峪霍山神；沙窝村宗教信仰情况；沙窝村与杏沟村通婚；集会分布。

访谈—B12—0402—郝永智、向长效：村民宗教信仰。

访谈—B13—0403—乔景昌：三年来四社五村祭祀活动发生的变化；如何看待这种变化；记录四社五村文化的目的；四社五村保护协会。

访谈—B14—0403—郝永智：四社五村祭祀活动小祭仪式当天情况追访。

访谈—B15—0404—乔景昌：社首表达权；四社五村现实考虑；一种没有水的危机感；年轻干部重视程度。

访谈—B16—0406—郝永智：威风锣鼓；庙会。

访谈—B17—0406—董泽国：四社五村祭祀活动仪式程序详解；北川草凹村与李庄村不通婚；李庄村三义庙。

访谈—B18—0409—刘顺平：刘顺平个人史；刘家庄发展史；孔涧嫁女的传说；四社五村没有刘家庄村的"红眉黑点"一说；刘家庄打深井；刘家庄建村迟但拥有较多土地的原因；刘家庄与义旺村的村风比较；关于义旺村的谚语；刘家庄与义旺村村民在信用社贷款情况比较；刘家庄合作社；刘家庄村民副业及收入；刘家庄村民宗教信仰；刘家庄《张氏家谱》。

访谈—B19—0410—郝永智：四社五村申报"非遗"细节；水册秘密；四社五村第三期水利工程介绍及水路的改造。

访谈—B20—0411—阎旺虎：其他"四社五村"情况；义城峪"和尚扣锅"传说；"古县的水流到霍泉"（霍泉水大）传说。

访谈—B21—0412—郝永智：郝氏家族。

访谈—B22—0413—郝永智、张冉多：义旺村苹果树种植起步及发展史；风水实践。

访谈—B23—0416—郝永智：关于沙窝村的顺口溜"沙窝里没社，碾道里搞话"；关于川草凹村与李庄社打架的顺口溜"川草打架了，沙窝招怕了，李庄挨棒了，义旺管饭了"。

访谈—B24—0417—郝永智：北京知识青年当年在义旺村、刘家庄插队细节。

访谈—B25—0418—郝永智：郭耀庭与义旺村。

访谈—B26—0421—郝永智：水磨福利；四社五村以义旺村为中心的形成过程；义旺村庙会；义旺村庙会唱戏的变迁。

访谈—B27—0422—郝永智：四社五村应付"山河归公"；仇池社桥东村与桥西村谁说了算（鸡毛信纠纷事件）。

访谈—B28—0422—郝永智：四社五村"申遗"时上报的专家；四社五村"非遗"传承人。

访谈—B29—0423—郝永智：刘家庄村天主教西方音乐"笙"申报"非遗"；四社五村申报"非遗"轶事；《郝氏家谱》。

访谈—B30—0429—崔山原、郝永智：义旺村五神庙传说；义旺村最早两座砖窑来历（因得外财盖的）；庙会时锣鼓从五神庙里打起来。

访谈—B31—0501—郝永智：董升平轶事；生产队换工；信仰合作。

访谈—B32—0502—郝永智：家族合作与对抗；义旺村朱氏单门细户如何成功；选举的时候如何互相合作与利用；孔涧村将水日给刘家庄；仇池村将水日给附属村；仇池村以后发展的预测；修改水册附例；四社五村如何传承；传承人必须具备的条件。

访谈—B33—0510—崔富贵：义旺村、刘家庄打深井。

访谈—B34—0513—郝永智：生产队分工核算细节。

访谈—B35—0522—郝永智：迁坟等事项细节。

访谈—B36—0531—崔栋梁、向长效、刘虎子：义旺村办学史。

访谈—B37—0602—郝永智：省里派人核实四社五村"非遗"细节；维修水利工程监督机制；求雨习俗。

访谈—B38—0602—郭亮、刘红光、李新平、刘玉莲（女）、杨志高：南北二峪山神庙；二郎担山传说；大洪水恐怖记忆；公绵羊引洪水传说；洪水过后人员财产损失；义旺村建村时间；"庙前打死碑后埋"故事；一通关于孔涧村拥有沙凹泉水权的石碑；义旺村与南川草凹村水利纠纷（两次）；附属村吃水问题；生存观与用水观；南峪山神庙来历传说；义旺村刘家贵刨药材副业与收入。

访谈—B39—0603—赵园杏、郝芝琳（女）：辛置镇北泉村《赵氏家谱》；赵园杏父祖辈迁居义旺村缘由；生计模式及变迁；面粉厂分布情况。

访谈—B40—0603—郝永智：1978 年四社五村恢复祭祀活动始末。

访谈—B41—0604—侯木荣："文革"之后四社五村恢复祭祀活动；义旺村五神庙；20 世纪 80 年代义旺村苹果种植；20 世纪 80 年代义旺村农民技术学校；技术教师赵玉田个人史；义旺村办学史；集市分布。

访谈—B42—0604—郝永智：义旺村新农村建设；义旺村扩街工程；义旺村五神庙拆除及参与人员。

访谈—B43—0605—崔富贵：义旺村小学南北楼建设始末；义旺村发展教育事业来龙去脉；保甲制；义旺村五神庙。

访谈—B44—0605—刘荣贵、刘旦晨：沙窝村三大家族（刘氏、王氏、薛氏）发展史；刘家大院、王家大院、薛家大院；薛氏家族后期突显的原因与表现；三大家族后代人物；"李家坟"与"薛家坟"考证；沙窝村人文底蕴；沙窝村沙凹泉；孔涧村与沙凹泉关系；"刘家山"一说；日本侵华在这一带的活动；刘家庄与沙窝村水利纠纷；霍县抗日游击队队长王柬忠事迹；婚姻网络；沙窝村与刘家庄办学史；孔涧村"香首三户"；刘荣贵个人史。

访谈—B45—0606—谢俊杰、李兴国：民国以来孔涧村历任干部及主要事迹；孔涧村三大家族（即"香首三户"）兴衰史；贾村刘氏家族；沙窝村沙凹泉的故事；孔涧村玉皇庙；孔涧嫁女故事；娇子沟传说；刘家庄给孔涧村送礼；刘家庄乔氏家族；地方人物；谢俊杰与他的小说《霍山儿女》。

访谈—B46—0607—赵日升：日本侵华事略；北泉村《赵氏家谱》；北泉村村民外迁史；义旺村庙会；牛坡池与人坡池；村民集体清理坡池泥垢。

访谈—B47—0608—郝永智：孔涧村香首三户分析；娇子沟传说分析。

访谈—B48—0608—崔志强、侯木荣：民国以来义旺社历任干部及主要事迹；崔志强个人史。

访谈—B49—0609—郝永智："附属村"一说的来历及时间。

访谈—B50—0609—崔志强、崔红军、崔富贵、崔栋梁：四社五村历史上第一、二期水利工程细节。

访谈—B51—0611—薛雨村、刘小枫：民国以来沙窝村历任干部及主要事迹；沙窝村大财主薛东芳与薛家大院。

访谈—B52—0612—郝永智：郝永智收藏四社五村《清代水册》

抄本始末；四社五村历史上第三期水利工程细节。

访谈—B53—0612—郝永智：义旺村逢会期间利用家族势力进行合作；四社摊派工程款给附属村；桥东、桥西，南沙窝、北沙窝，南川草凹、北川草凹，南泉、南庄、桃花渠，这几个自然村来历及后来行政区划；百亩沟两次迁村。

访谈—B54—0613—郝永智："不惹杏沟姓贾的，不惹川草姓马的"谚语；水利纠纷。

访谈—B55—0613—赵建堂：赵氏祠堂；《赵氏家谱》。

访谈—B56—0619—郝永智：历史上古县热留村村民翻越霍山到四社五村打工割麦子细节；十年来四社五村经济背景中的变迁。

访谈—B57—0622—刘乾元、朱顺娃、薛全意、王贝朋、崔栋梁：民俗传统；生存观与用水观；节水省水在日常生活中的体现。

访谈—B58—0627—李兆国、安思源：四社五村文化背景；霍山文化；霍山水利史；洪霍民性民风；尧之遗风；中华人民共和国成立后地方水利局的区域治理措施。

访谈—B59—0628—张子言、吴志刚、贾二娃、卫林果、陈化文：赵氏祠堂；四社五村三期水利工程；社首选择标准；水利纠纷；主社村与附属村；附属村窑垣村如何吃水。

访谈—B60—0724—张作耕：百亩沟发展史；百亩沟村名来历；百亩沟吃水变迁；百亩沟与四社五村的关系；百亩沟迁村事件。

附录二　四社五村水利工程申请
非物质文化遗产的报告

一　四社五村概况

山西省是华北地区的缺水省份，造成缺水的主要原因是其所在黄土高原的地理位置。干燥少雨对农耕作业产生较大负面影响，而且省内的降雨、地表水和地下水变化频繁，水源不稳定，大多不能满足人畜吃水的需要。在长期干旱的压力下，地处霍州陶唐峪乡和洪洞一带的村社组织在长期的历史发展中，创造出一种独特的民间水利管理机制——四社五村不灌溉水利工程及其自己的管理制度。

按照传统，水利工程的名称一般以水、河、渠、泉或者地名等命名，因地理位置、民间习俗等特殊原因，一直未命名，四社五村的叫法一直沿用至今。1984年临汾地区备案时起名"洪霍团结渠"，但一直以来没有叫开，习惯上还是称为"四社五村"。因此，四社五村内含着深厚文化。

四社五村，包括仇池社（洪洞）、李庄社、义旺社和杏沟社（洪洞），四社五村中的第五个村即孔涧村，下设9个附属村：洪洞县南川草凹村、北川草凹村、窑垣村，霍州市琵琶垣、百亩沟、桃花渠村、南泉村、南庄村和刘家庄。四社五村水利工程，水源地分布在沙窝村的南、北两峪（南峪属于洪洞，北峪属于霍州，二峪汇集于霍州沙窝村），据水册记载："霍山之下，古有青、条二峪，各有源泉，流至峪口，交会一处。"（青、条二峪即今南北二峪），是村社组织管理本地人畜饮水，耕而不灌，无官方参与的一项具有独特地域特色的水利管理机制和相应的管理制度。历经汉、隋、唐、元、明清、民国、社会主义革命和改革开放，距今已一千余年并延续至今，显示其顽强的生命力。

这项水利管理制度旨在解决人畜饮水的可持续问题，这种不灌溉村社的水利活动十分活跃，水利系统十分严密，水利管理的观念也很突出。在四社五村，节水被大加强调，农民以节水为主导的水利观念，形成了自己的民俗传统和历史基础。水利管理制度被视为支配性的制度因素，直接影响了当地人与自然的关系，也影响了当地的社会关系，包括人际关系、婚姻关系、商贸关系、宗教关系和行政关系等，形成了当地独具风格的非物质文化特点。祖祖辈辈两县三乡十多个村万余口人同饮一泉水和谐安居乐业。

二　有关四社五村的历史文献、风俗和传说

1. 水利簿

四社五村共保存《水利簿》8种，现存最早的《水利簿》始于清

嘉庆十五年，抄写至清同治十年，另外 3 种是现代抄本。据水册记载，四社五村成立最早可追溯至汉代，原水册在元代战乱中丢失，明嘉靖年间两次恢复水册，多次誊抄，清代以前版本已失传，现存清代版本（道光七年版本）为抄本。

四社五村《水利簿》分水规、社首谱、神谱和香首谱四部分。水规是四社五村《水利簿》的主体部分，是四社五村确立不灌溉水利制度的成文标志。四社五村《水利簿》的抄写，传承上千年，在后来历经不同的山河制度，一直被沿用和补充，成为四社五村一致认同的管理制度。

《水利簿》明确规定了管理水利工程的社首集团，村社取水合法许可权和公共利益，提出了节约用水的具体措施和对违规用水的制裁办法。四社掌管控水和分水的权力、举行祭祀仪式、保存和修改水利簿、维修水利工程，四社轮流坐庄，管理水利工程，每社管理一年，周而复始。老五孔涧地位低没有坐社权，其他方面才能平等分享。四个主社村都有自己独立的水日，水日按照农历分配，每月按 28 天计算。仇池社 8 天，南李庄社 7 天，义旺社 7 天（孔涧村与义旺村共享，其中孔涧村 3 天），杏沟社 6 天。对于附属的 9 个村庄，皆无水可饮，被允许使用该渠，只能使用主社村的路过水和剩余水，并要为主社村分担修渠的劳力、经费，以换取用水的资格。其中，刘家庄附属于孔涧村（1 天），南川草凹村、北川草凹村附属于仇池村，窑垣村附属于杏沟村，琵琶垣、百亩沟、桃花渠村、南泉村、南庄村附属于义旺村，但没有固定的用水日，有水则给，无水不给。

2. 碑刻

关于四社五村的村碑有 21 通，最早的一通"金明昌七年霍州邑孔涧庄碑"，已距今 807 年；最晚的一通"民国十五年贾村下渠新开泉图碑"，距今也已有 77 年历史，碑刻是水利簿的执法文案。

3. 借水风俗

关于取水风俗，也称借水，村社间借水有借无还。因天时等原因，在某个村固定的水日中，如果其他村出现吃水不足的时候，可以向该村借水。名曰借，但有借无还。

4. 小祭和大祭的风俗

所谓小祭和大祭，就是五村进行祭祀和水利工程维修的活动。每年清明节前的小祭，由上一个执政村向四社五村组织汇报上一年的水利簿执行情况、水利工程维修地点、经费和仪式开支，进行下一年的工程经费预算。大祭时，四社五村的社首祭祀龙王，发布水利簿中的新水规合同，分渠放水，公布水利摊派份额，吃席看戏，举社庆典。维修工程由当年坐社村负责，下一年坐社村负责工程监督。

5. "社爷树"的传说

关于四社五村人用水的传说多达28个，内容丰富多彩，包括社首传说、分水传说、地界传说、县官传说、告状传说、渠首村传说、下游村传说、村落婚姻传说、祈雨传说、龙王传说和神庙传说等多种。

在四社五村的义旺村西南，有一棵千年古槐，名为"社爷树"。传说是因为先有社，四社五村各社首为纪念四社五村的成立及永不违约，分别栽种一棵槐树于此，不料多年过去后，五棵树竟然互相交织在一起共同生长，在顶端又分出五大枝来，象征着四社五村。多年来，"社爷树"香火旺盛，被村民看作风水树爱护有加。

6. 吃席看戏的风俗

每年大祭的时候，要在坐社村进行祭祀活动，中午唱戏，坐席，台上唱戏，台下吃席看戏，而且，只有四社五村才有资格吃席，吃席的名额有规定，就是有几天水日出几个人，其他人和附属村的人只能吃烩菜馒头。附属村只能列席大祭会议，没有发言权和表决权。

7. 龙王庙

龙王庙位于沙窝村，古时有看庙人，庙后有几亩地，专门供给看庙人。古有"庙前打死庙后埋"的说法，由于从前不是法治社会，发生用水纠纷时，严重的可以打死人不偿命，庙前打死，庙后埋。

8. 鸡毛信的传说

所谓"鸡毛信"，即"坐社"的村为了管理水源和总水渠而发出的紧急信件，就是当水源和总水渠出现问题或者其他需要大家共同解决的大事的时候，"坐社"一方以鸡毛信的方式传递信息，传递鸡毛信的顺序为仇池、南李庄、义旺、杏沟。如坐社村为南李庄，顺序就是南李庄—义旺—杏沟—仇池—南李庄。鸡毛信必须当天送出，当天返回坐社村，风雨无阻。如果鸡毛信的传递出现中断或者接到信而没有返回发信的村，该村将受到四社五村的严厉科罚，科罚一般为罚款。由于近年通信工具的发展，鸡毛信也逐渐退出了历史舞台，成为了老人心中的记忆。

9. 求雨的风俗

在四社五村，每遇天旱水渠没水的时候，农民就到四社五村祭祀的渠首村沙窝村龙王庙求雨。求雨仪式由村社里的寡妇婆婆的领头人起事，找人求雨。在领头人的家里设龙王堂，领头人写两个纸条，一个写沙窝南峪，一个写沙窝北峪，进行抓阄。抓到南峪，就到南峪求雨，抓到北峪就到北峪求雨。接着就由七个寡妇婆婆，戴上柳条帽，挂着雨棍，步行上山（上山穿鞋，下山赤脚），在草窝里走，谁也不允许说话。边走边敲簸箕，边唱歌。歌词是："敲簸箕，敲簸箕，不出三日三夜就下哩。池水的娃娃饿死啦，寡妇婆婆受死啦。"社首们带着锣鼓队在半山腰迎候，跪迎时不许说话。

到沙窝峪龙王庙后，烧香，焚表，三跪九拜。烧掉三炷香，起身谢龙王。到沙窝泉，用空瓶子取水，慢慢地，一滴一滴，让淋水流满，带回去放到龙王堂。家里的媳妇孩子不上山求雨，在家里刷擀面杖求雨。一般找来七个孩子，两个男童，五个女童（不穿裤子），男童敲笸箩，女童在笸箩里刷擀面杖。一边敲一边唱："刷擀杖，敲簸箕，不出三日三夜落透雨，给条路，赤肚子（方言：不穿裤子）娃饿死了，寡妇婆婆累死了。"等求雨人从山上回来，孩子把刷擀面杖的脏水喝掉。每人喝三口，表示娃渴了，喝这么脏的水，借以表示求水心诚。

下雨后，要给龙王还愿。如求雨未成，被认为可能是求雨的地方不对，回来再抓阄，再求。

10. "娇子沟"的传说

传说，很早以前，孔涧村一闺女嫁给刘家庄姓刘的为儿媳，有一次，这位闺女的父亲去女儿家，看见女儿将洗涮锅碗的脏水舍不得倒掉，等澄清后洗脸、淘菜、拌草喂牲口，一水多用。其父问之，方知皆因缺水而不得不为之，父亲痛惜女苦，回村后便向村长求水，并恳求村长和乡邻割让一天的水与女儿以洗漱、饮水、做饭之用，村长应允，这位父亲便套牲口扶铁犁，从流水出口处，沿平地向女儿院前犁了一犁深的流水渠，天长日久，雨水、山洪冲刷，流水渠渐渐成为了20余米深、20余米宽的深沟了，就是今天的"娇子沟"。至今，孔涧村3天的水日中有刘家庄村的一天用水日。刘家庄村每年杀猪宰羊，祭祀、设席还礼并交纳水费。另一说为当时嫁出去的姑娘就是孔涧村的社首之女，社首为女儿陪送一天的水，犁地为渠。

11. 沙窝村吃水

四社五村的供水顺序不同一般，它是优先保证下游距离水源较远的村，而且强调用水的平等，大村不压制小村，上游不压制下游，显示了这个制度的科学性、合理性。而作为距离沙窝峪地表水最近的沙窝村，不属于四社五村，自古不允许沙窝村有蓄水池，它的吃水问题的解决方法是，沙窝村可以自由吃水，但绝对不能蓄水，只能瓢舀桶挑吃过路水，更不得阻碍四社五村的吃水，否则四社五村将予以制裁措施。

12. 移交用水期限不犯红日的风俗

用水村用水时限到期之后，须向下个村移交，移交讲究不犯红日，即移交不能见太阳。说法有两种，一种说法是迷信，红日为火，水火不相容，须避开太阳。另一种说法为古时没有表，移交需要有一定时限，由此确定移交水必须在太阳出来以前完成。

13. 用水纠纷的调解

因四社五村涉及两县三乡，一旦发生用水纠纷，调解困难，往往需要官方出面的时候，只能由地一级政府出面调解。或者出现需要由政府出资的时候，也只能由地一级政府解决。

三　四社五村水利工程的杰出贡献

1. 四社五村地跨霍州、洪洞两县三乡，跨区域面积广，涉及人口多，民间自己开发，自己管理，自己投资，共同受益，无官方参与，共同用水的治水文化和精神活动，凝结了四社五村干部群众的智慧和劳动成果，展示了民间组织成功地使用历史遗产和管理水资源的文化传统，也是历史和现实的可持续性经验。这一管理模式受到世界水利界和民俗研究者的高度重视，法国著名民俗专家蓝克利博士和北京师范大学董晓萍教授考察后合著了一本专门反映四社五村的专著《不灌而治》。

2. 四社五村在使用水册碑刻进行水资源管理的历史过程中，创造了村民自我管理地方小社会的一个传统，形成了朴素的节水意识、集体意识和福利消费习俗。实行自下而上不灌溉水利的管理制度，使上、下游村能和谐相处，四社五村创造了相当成熟的用水制度和相关的非物质文化。

3. 四社五村十分强调用水道德，社首通过严格执行水规树立和保持自己的高尚道德形象，扩大群体成员通过参与用水文化的伦理道德建设，化解了许多属于制裁范围内的矛盾，最终建设了以节水互助为核心的社区生活。

4. 四社五村对有限的资源进行了最大限度的延续利用，尽量过着不用水的生活，长期保持着与自然环境相处的态度，尽量不开发新水源，是我们大力提倡的节能环保行为。

5. 四社五村强调共享用水的水福利，造就了当地由此发展而来的社会秩序，使我们倡导的福利概念更能被四社五村的人接受。

四　四社五村水利工程的现状和危机

四社五村在长期的自我管理中创造了一套解决水源危机的办法，使当地农民能适应内在冲突和外在压力，团结生存。

由于社会的进步，仇池村、南李庄村吃上了深井水，仇池村的水给了杏沟村，南李庄的水给了义旺村，但四社五村仍然保持着传统的管理方式，坐社、筹资、维护等照常进行，保证水权的不丢失，保证这一历史传统不变样。

近年来遇到的最大的压力就是农村现代化的挑战。历史水规不能解释新增水源，如机井，不能对机井进行有效的管理。传统水利簿是管理霍山植被水源和水渠的，现代机井不属于这个范围。在市场经济的运作下，机井实行个体承包制，允许井水出售，个别人试图脱离不灌溉制度管理，追求井水灌溉，这对于四社五村不灌溉水利传统来说，是一种严峻的挑战。

此外，由于井水可以变成商品水，于是井水户之间不再实行借水风俗，只有买卖交易，这更与四社五村水资源共享观念相抵触。

自 20 世纪 80 年代以后，霍山植被的乱砍滥伐，破坏了四社五村的水源环境。高速公路的修建通过四社五村，截留了一部分水源，水矛盾愈发严重。在这一社会变迁中，主社村和附属村的和谐关系也受到冲击，急需得到保护。

2003 年农村饮水解困工程中，霍州市水利局强行将属于四社五村的水源承包给个人，改变了原来无官方参与的事实，破坏了四社五村的历史传统，造成群众饮水困难，引发了多次纠纷和矛盾，四社五村干部多次讨要无果，更使这个传承千年的非物质文化遗产遭到了严重挑战。

古老的四社五村经历一千多年的历史，形成独特典型的自我管理机制，至今沿用不衰，为跨县区域性万余口人畜吃水奠定了牢固的基础，更使群众和社会所认识。管理机制及民间民俗融为一体，只有四社五村才是解决当地人畜吃水的可靠保证。近代社会主义革命和改革开放，四社五村的干部群众坚定信念，从不动摇，管理、投资、修缮、用水制度继续运用进行，山河归公与地方自治更加密切，四社五村管理机制更加适应，比政府职能部门号召力更强大，千年历史文化和群众自觉意愿自治最为突出，充分体现了四社五村的持续性及生命力。非物质文化遗产的保护已是四社五村的责任和义务，继承历史传统，弘扬节水用水的美德风尚有着不可磨灭的历史意义和现实意义。

附录三　四社五村国家级非物质文化
遗产申报片解说词

项目名称：霍州市"四社五村"水利管理制度

项目类别：民俗

保护单位：山西省霍州市文广新局

主管部门：山西省文化厅

摄制：山西省霍州市文体广电新闻出版局

霍州地处山西的中南部、临汾地区的北端。四社五村位于太行山脉的霍山脚下，在霍州和洪洞水利区域的边缘地带。

四社五村的水规管理制度，是村社组织管理本地人畜饮水，耕而不灌，无官方参与的一项具有独特地域特色的水规管理制度。

千百年来，这项管理制度延续不断，展现出其顽强的生命力。

四社五村并不是有四个社和五个村。四社是仇池社、李庄社、义旺社、杏沟社。四社五村中的第五个村即是孔涧村。

四社五村按家庭排行组织在一起的五个主社，自称为"老大""老二""老三""老四"和"老五"。它们每个主社轮流坐社，负责一年的水利管理，给所属和附属十五个村的近万口人提供生活用水。

据清嘉庆十五年三月公议照旧合同抄誊水规簿记载："霍山之下，古有青、条二峪，各有源泉，流至峪口，交会一处。虽不能灌溉地亩，亦可全活人民。二邑四社因设龙君神祠，诸村轮流祭赛。自汉、晋、唐、宋以来，旧有水例。"

《水规簿》还对四社五村的祭祀时间、祭祀用品、各社水日、交水时辰、违规处罚等作了规定。

千百年来，四社五村的百姓视水规为民间至高无上的神圣法规，代代相传。

以水为主导的水规观念，形成了当地特有的传统民俗文化和历史基础，它直接影响了当地人与自然的关系、社会关系、人际关系、婚姻关系、贸易关系、宗教关系和行政关系，为维护当地的稳定、发展和繁荣做出了不可磨灭的贡献。

按照四社五村水册规定，每年的清明节为祭祀之日。

清明节的前两天，鸡毛信的传送拉开了四社五村祭祀活动的序幕。鸡毛信左上方有红色、绿色两个圆点。红色代表四社，绿色代表五村。在红色圆点上粘有三根鸡毛，表示要各社首风雨无阻，按时参加祭祀，不得有误。

清明节前一天，四社五村的社首、副社首、放水员和村会计到主社村同吃祭饭。随后，四社五村的社首、副社首、上社的放水员，和主社的放水员，及四社五村的总放水员，步行到水源点至分水亭一段的总堰上，检查上社去年维修水利工程的质量。

小祭会议由主社致辞，宣读当年水规制度，征求四社五村社首的意见。上社说明上年工程项目与经费开支，交接账目。四社五村社首讨论检查的结果，对不足之处提出批评。主社根据四社五村的讨论意见，提出下年工程摊派方案。

清明节是大祭的日子。大祭日子参加会议的人员还包括附属村的村长、副村长和放水员。全体人员吃完祭饭，由社首们带头敲锣打鼓列队前往龙王庙进行大祭。

请来的戏班子在庙外粉装唱戏助兴。

四社五村的社首们再次沿渠路检查水利工程、交接账目、分沟放水，最后由主社首总结。

千百年来，这里的山水沙土繁衍了一代又一代的乡民。乡民们用其善良憨厚的心，与自然和谐相处。

这棵千余年的社爷树生长在四社五村的义旺村，它是四社五村繁衍生息的最好见证。传说是因为有社后，四社五村各社首为了纪念四社五村的成立，在渠边分别栽种了一棵槐树，没想到多年以后，这五棵槐树竟然互相交织在一起，共同生长，在顶端又分出五大枝，象征着四社五村。如今，社爷树成了四社五村从远古走向今天的最好见证，也成了四社五村乡民们虔诚敬仰的神圣之树。

我国的幅员辽阔，历史悠久。虽然说四社五村只是个例，而它生存的不同却给我们留下了深深的思考。不同之一，它纯粹为民间管理，官方概不涉入。不同之二，它不作田地灌溉，只作人畜饮用。不同之三，它自下而上，轮流用水。不同之四，它涉及二县三乡镇，跨县多村自治。不同之五，它的水册在现实中的独立意义。而它的发明、发展是劳动人民智慧的结晶，它孕育的灿烂的民俗文化是一朵盛开的奇葩。

然而，近年个别社里的人利欲熏心，把社里的水占为私有商品随意买卖。有的开山挖石、挖沙，重车的运输造成了水源、水渠的损坏。这些情况的发生、发展使千百年来四社五村水利水规的发展面临严峻的威胁和挑战。

为了使四社五村能够有效地保护传承下去，今年大祭会上，在各方面的呼吁下成立了四社五村保护协会。可喜的是，法国高等社会学院蓝克利博士和北京师范大学董晓萍教授合著的《不灌而治》，对四社五村的保护将会起到良好的推动作用。

我们相信，未来的天更蓝，山更绿，水更清，在全社会各方面的大力支持下，四社五村的精神一定会像那泉水一样，源远流长。

附录四　田野工作日记（节选）

2013 年 3 月 29 日

第二次乘坐从上海直达太原的 Z96 次列车，我既感到熟悉又有些许陌生。熟悉的是，去年在那寒冷的初冬，已乘坐此次列车奔赴山西田野，进行田野点的初访；陌生的是，这次虽然继续之前的调查，但心情已大不相同，上次感受更多的是一种真正踏入田野的兴奋，而现在却是一种内心的沉静，因为我已选择这个田野点，它将是我写作顺利进行的基础，更有可能成为多年以后再次回访的地点。

　　躺在卧铺上，思绪万千，翻来覆去，一夜未眠。三月的南方已是草长莺飞、鸟语花香，到处是绿的海洋，此时的北方又会是一种什么样的景象呢？与张俊峰教授的聊天又会再次得到什么样的启发呢？霍山还是那样云雾缭绕、魂牵梦萦吗？这次的田野之旅又将给我带来什么样的新发现呢？郝永智的体力还能陪同我继续入户采访吗？淳朴善良的山民仍然会有更多的话匣向我打开吗？……

　　"16号上铺，换床卡了！"我隐约听到，这声音好像是在喊我，想必整夜一直似睡非睡。伴着列车有节奏地前进之声，入睡是非常困难的。我睁开蒙眬的睡眼，看到一位列车员正仰望着我："你的床卡呢，快到站了。"我一边递给她床卡，一边心想这么快就到太原了，好似昨夜万千的思绪只是梦里所想。

　　胡乱收拾好行李，再次踏入山西的热土。太原的天空一如既往，整座老城笼罩在一片雾霾之中，见不到片刻阳光。计程车师傅提醒我："除非刮两三天的六级大风，这里才能见到太阳！"我没有"两三天六级大风"的概念，追问道："这里的天空经常是这样吗？"他没有回答，但是从他无奈的表情中可以知道答案。

　　来到山西大学后，我直奔山大鉴知楼中国社会史研究中心。来到张教授的办公室，他已等候多时。一阵寒暄过后，我们进入主题。一股脑地陈述完我的写作思路后，他微笑着说："你所讲的'协作'或者也可以说是'竞争'与'合作'，这是一个非常好的切入点，如果说在冲突与竞争的背景之下，这一水利共同体还能有序合作，很值得研究。"得到他的点拨，我便来了兴致。随后，我们二人畅所欲言。

　　最近，张教授一直思考水利社会中的"公平"与"公正"问题，即在水资源分配过程中，存在哪些公平、公正抑或相反的现象。他给我举了一个水程分布的例子。按照历史传统，甲村分几日，乙村分几日，貌似公平，而且也得到当地人的肯定，但是，在学者眼里这是不公平的，因为其中还涉及水流量的问题，即甲、乙二村中的水流量经过实测是不等的。即便假设水流量是相等的，但是，甲村为白天浇地，乙村为夜晚浇地，这样分水还是不平等的。当地人之所以认为是公平分配，其中便涉及庄孔韶教授经常提及的文化、社会与传统的力量使然。

张教授又提醒我，要注意到一个非常重要的调查细节，当然我之前也曾思考过——听取不同的声音，书写多元的历史，也即斯科特曾提到过的"胜利者与失败者眼中的历史"。此时，我引入沙窝村集资建庙的案例，他说："你要注意调查集资人员不同的动机。"随后，他又举杜靖教授经历过的一个"各怀鬼胎"案例，并总结道："采访过程中，关注参与项目人员的不同动机，试图听到更多不同的声音。"

他看了一下我的行李，微笑着说："打算住多长时间？"我顺口说道："几个月吧。"他十分惊讶："要待这么长时间？"随后，又话锋一转："其实，我挺欣赏你们这种人类学的做法，能够真正在村子里住上一阵子，与村子里的每个人渐渐混熟之后，说不定无意中就能获得非常有价值的信息。"接着，他又再次提醒我："我们的研究没有真正落实到人，仅仅停留在村庄层面，而你们的做法便能够落实到行动者主体身上。"这个提醒与他强调的"不同声音"相暗合。

跑了两个多小时的高速，在霍州服务区下车后，沿着路旁小路来到义旺村。随身携带的大包小包着实让我辛苦一番，除了一些换洗的衣物，大部分是书籍资料。这些书籍是导师推荐的农民学相关研究，可以作为田野调查的参考依据。

我选择的房东还是原村长王承宝，一是因为他与张教授认识；二是他的住处环境较好。王承宝任职村长期间，张教授曾带领日本学者来此考察过，二人从那时便建立起了密切联系。我在村里的饭店点了两个菜，弄了瓶半斤的汾阳王，回住所以解旅途的困乏。三两白酒进肚后，菜已见底，顿时来了兴致，困意全无。来到郝永智家，只见大门紧闭，想必他出村参加婚宴仍未返回，我便前往刘副村长家。

40多岁的副村长刘虎子是一位颇有意思的人，自认为没有能力但善于结交村民。第一次进入田野的时候，我便认识了他。记得有一天晚上，我与郝永智采访他80多岁的母亲，他们三人还绘声绘色地模拟求雨习俗中"边敲簸箕边刷擀杖"的场景。临走时，他让我拎走一大袋自家种的苹果，怕我晚上一个人在住处没有水喝。

刘副村长中午已经喝过一场酒，看到他踉跄之态，我想等到明天再采访吧。可没承想，他见到我后非常高兴，拉着我的手非要到饭店喝酒去，想必他中午的酒还有几分未醒。他媳妇在后边喊："你别听他胡说，他中午的酒还晕着呢。"此时，我肯定喝不下酒了，但任凭我推脱，他硬是把我往饭店拉，边走边说："我中午光喝酒了，还没吃饭呢，你就当陪我吃个饭行不？"没办法，我也只能硬着头皮答应了。

转瞬之际，我们来到村支书李宝田家，看来他是想叫上支书一起喝酒。最近，支书给儿子忙着装修房子，以婆媳妇。他最不愿多事，上次我已领教过他的为人风格。任凭刘虎子磨嘴皮子，他死活就不肯去。

在饭桌上，"没有能力"的言辞一直被他强调，我尽量劝说："其实，善于交往，与老百姓能够打成一片，也是一种能力的体现。"他又把李宝田的为人处世评论一番："他不明白我啥意思啊，他家装修还有 2 个工人，我想一起都过来吃酒，完后我能签字，花村里的钱。"

说到喝酒能"签字"，不得不说一下现任村长朱兵法。他年龄不到 40 岁，在村里也是孤门细族，但能当上村长实属不易。其中，刘虎子的功劳最大，他成功地辅佐了朱兵法的上台，成为村长的得力助手，两人关系十分要好。村长为了方便在陶唐峪乡中学读书的孩子，已不经常回村，村中应酬之事便由刘虎子出面，因而他也就有了吃饭签字的权力了。

2013 年 3 月 30 日

今天就能见到郝永智了，从上海带来的一条南京烟是我特意要给他的。已到古稀之年的他，腿脚曾受过伤，算是残疾人，但仍然一直关注我的行程，而且对于每次访谈要求，几乎有求必应。每次到邻村采访，我总会带上他当翻译。山西方言还是不大容易听懂的，尤其村民日常聊天的时候，语速非常快，我就更加不得要领了。郝永智曾担任村支书多年，而且兼任乡政府办公室主任长达 20 多年，有一定的文化水平，普通话讲得还可以，而且语速较慢，是最优秀的田野报告人。

他昨天就不在村，到邻村参加他妹妹孙子的婚礼，告知我今天下午才能回村。傍晚时分，他打来电话，说是刚回到家中。我迫不及待地带上烟和书，来到他家。小黄（他家养的一只非常可爱的小狗）还与我不太熟，看见我后还是狂叫不止，但是没有扑上来。郝永智身着一身休闲西服，上装是米黄色的。他依旧精神矍铄，双眼炯炯有神，见到我非常高兴。

一阵寒暄过后，我郑重地拿出一本书给他："这是张俊峰教授特意让我给您捎过来的，他今年刚出版的一本书，托我送给您。"透过窗棂的霞光映照在郝永智的脸上，他认真地翻阅着张教授的著作《水利社会的类型——明清以来洪洞水利与乡村社会变迁》。小黄安静地卧在门外，似乎在聆听此时的寂静。突然，郝永智抬起头来对我说："小周，你做四社五村的研究也能出一本这样的书吗？"看着他充满期待的眼神，我坚定地点了点头。

田野处处充满了偶然与奇迹，我每天出去采访，都是怀着一颗期待的心去面对每一位村民。就在昨天我刚进村不久，刘虎子告诉我今年村里发生了一件非常神奇的事情。此刻，我想起这件奇事，追问郝永智："您见过这颗蛋吗？"他没有回答，立马拿出手机上的照片给我看。我一看便惊呆了，这是一颗神奇的鸡蛋，上面有一条蛇的形象俯卧在蛋壳上，与鸡蛋融为一体。此时，郝永智看着我张大的嘴巴说："这是一个属蛇的人养的鸡在蛇年下的蛋！"

这是真的吗，还是有人故意炒作？我带着疑问的语气问道："全村人都知道这事吗？""那可不，电视台都来拍照了呢！"郝永智边说边又点起了一根烟，我迫不及待地要他带我去一睹为快。刚要起身，义旺小学校长向长效已踏入屋内。

向校长来此有两个目的。一是他刚拟出了一个关于个人事迹的材料报告，让郝永智过目。毕竟，郝永智是关心下一代成长委员会（简称"关工委"）主席，自从向校长在义旺村办学后，二人交往日益密切。二是与郝永智继续商量发动学生家长自愿捐资助学一事。至于这件事，我没有听懂，两人似乎也有意让我听不懂。向校长气势汹汹，里边肯定大有文章。凭直觉，这肯定又是一个探讨"协作机制"的案例。来日方长，只待日后详查。

晚上 8 点多钟，我们来到拥有奇蛋的人家。只见大门紧锁，大狗一直在叫。看来有了"宝贝"之后，必定有异常之举动，难怪郝永智自言自语道："不应该啊，这个点应该在家的嘛！"看来，今天还是看不到那颗奇蛋，明天再来吧，反正主人不会这么快就把这蛋给吃掉吧。随后，我们又来到村支书家，这才是今天的主题。其实，有两个主题，一是落实明天送信事宜；二是受向校长之托，来说服支书捐资助学。

原来，今天下午郝永智还没回家之前，便接到南李庄村支书的电话，告知他鸡毛信已于今天送到义旺村，明天再正式传送给其他村社。实际上，按照传统，这样传送是不对的，必须当天发信当天返回到坐社村。想必是南李庄社首把这一传统给忘了，也可能为了图省事。在接下来的一系列事件中还有一些不妥的地方，没有符合传统的规定。因为之前告知过郝永智，我想全程参与祭祀仪式过程，所以，他非常重视这一消息。这不，我俩现在支书家，意欲一探究竟。

李宝田是一个不愿多事的人，其能力似乎没有郝永智大。刘虎子昨天曾对我耳语："郝永智能力大，但是在任时间长，得罪的人便多了。"这又是一个积极的信息——能力、时间与得罪人多三个因素出现了。看来，郝永智有能力已是大家比较一致的观点。村民对"有能力"与"无能力"作何理解？表现在哪些方面？待日后再访。今天先关注鸡毛信之事吧。

郝永智一看信便道："不对嘛，这信的内容不应该是这样子的，应该是'四社五村每年一度祭祀活动'嘛！"我接过信后，只见上面这样写着——抬头为"四社五村首老"，内容为"兹定于 4 月 3 日在我村委办公室协商沙窝峪总渠工程事宜希及时参加",传送路线为"义旺—孔涧—杏沟—仇池—李庄",落款为"南李庄村委",时间为"2013年3月31日",加盖"霍州市陶唐峪乡南李庄村村民委员会"的印章。我拿起相机刚要拍照时,郝永智说:"还是别拍了吧,这个信的内容不对,拍了没有用处。"其实,我心中窃喜,与传统不符的事情也恰恰是人类学研究的对象。郝永智做事向来比较认真,这件小事反映出他的性格特点。

乍一看,这封信似乎没有什么不妥,但细究起来大有文章。其一,鸡毛信不应该今天送到义旺并让义旺于明天才开始传送,按照传统应该是当天传送当天返回坐社村,风雨无阻。其二,没有信封,仅仅只有这么一张信纸敞开着,按照传统应装入信封并密封。其三,坐社村不管,而是让义旺准备3根鸡毛粘在信上,按照传统这些事都是坐社村应该做的。

此时,郝永智认真的劲儿又上来了,他已经拨通了南李庄的电话:"我说你们的信内容不对啊,应该体现四社五村祭祀活动嘛。"只听那边一阵长吁短叹:"哎呀!这个不晓得了,确实应该是祭祀活动啊。哎呀!要不算了,就这样吧,反正已经盖章了,都知道什么意思就行了不?"合上电话,郝永智无奈地笑道:"就这样吧!"然后,他便认真地叠起这张信纸。

我疑惑地问道:"这是做甚?"只见他将信折叠五折,其中有一折小于其他四折,其他四折的形状大小相等。他解释道:"你瞧,这不是要体现出五个村的地位嘛,孔涧地位要明显低于四社嘛。"原来是这么一回事啊,我顿时恍然大悟。其实,信封还是郝继红临时加工了一个废弃的旧信封,支书压根儿就不管这些事,只顾着一根接着一根地抽烟。

与支书商妥明天参与送信事宜后,我们便来到饭店吃饭。已是晚上9点多,两个饭店都已经关门了,无奈只能到平子饭店。还好,老板还在忙活着做菜呢。点了两个菜,时间不早,便没要酒,二人便囫囵吃了起来。

2013 年 3 月 31 日

昨晚与支书商定于今天上午 9 点早饭过后参与送信，可是已过 9 点半仍未见动静。郝永智与我都着急了，赶紧给送信人打电话，他竟然还没有吃早饭呢。我俩面面相觑，无奈一笑。看来，这鸡毛信全凭个人意愿发送，并没有相对固定的时间段，反正义旺只要能把信送给孔涧，接下来就没有义旺的事了，至于时间早晚只能看下一个村的速度了。

上午 10 点多，我们坐上送信人的面包车。郝永智坐在副驾驶位置，我坐在小板凳上，原因是后边的座椅全都拆掉了。全车弥漫着一股浓浓的汽油味，着实让我遭罪一番。

三人来到李宝田家后，发现他并没有提前准备好 3 根鸡毛。看到他与送信人撅着屁股，在门口寻找鸡毛，我心想就不能从家养的鸡身上拔几根吗，还费这般事做甚。最终，不知他们从哪个旮旯里找到几撮脏兮兮的鸡毛。还是郝永智提议，一定要用胶带将其粘在信上，这样才能体现出信的紧急程度。郝永智向我解释道："插上鸡毛，便是紧急信件，必须当天返回。"

一路颠簸，鸡毛信送到孔涧，之后又送到杏沟。孔涧村长不在，送到孔涧支书手上。杏沟的支书和村长都不在，最后只能送到村长弟弟家。接下来，我们便没有跟随杏沟参与接下来的送信过程，原因很简单，大同小异罢了。我疑惑为什么送信之前不先提前通知一下，郝永智说："这是传统，不必提前说明，因为村委总会有成员在村，他们总不能全都有事不在村吧。"

返回义旺后，直接来到郝永智家，反正时间尚早，回住处也没有什么可记。在接下来的闲聊中，我才发现失去了 2 次重要的参与观察机会。一是没有参加郝永智妹妹外孙的婚礼。这是一个绝佳的观察当地婚俗良机，而且郝永智还亲自请来国家级非物质文化遗产——白龙威风锣鼓助阵。二是没有参加昨天南杜壁村天主教每年一度的复活节活动。这是郝永智老伴今天下午刚返回家后说起的，看来她也信这个。这也意味着那位拥有奇蛋的村民也已返回家，因为她们都信这个。不过，令我困惑的是，为什么郝永智没有跟我说他老伴一直没有回家的原因，抑或她参加复活节活动一事？不管这么多了，先不多想了，趁郝永智老伴包饺子的空当，我们骑上摩托直奔奇蛋人家。

这是一颗神奇的鸡蛋，蛋尖上蜷卧着一只小蛇，蛇的嘴巴、眼睛、鳞片、身躯、尾巴等一应俱全。后经所有者介绍，我们才了解到事情的来龙去脉。今年元旦这天，这位大姨像往常一样到鸡窝拾蛋，鸡被赶出去之后，发现有一只鸡正在下蛋，完事后把蛋收好，无意中发现刚下的这颗热乎乎、湿漉漉的鸡蛋不同寻常。回屋后又仔细观察，发现蛋上有一条小蛇。考虑到自己信奉天主教，而且今年是蛇年，自己又属蛇，所以认为自己的虔诚感动了天主，天主降福于自家。一直到大年初一的时候，她才将此事告知一位教友，后来消息不胫而走，传遍左邻右舍、四面八方，前后来她家看这颗蛋的有上千人，霍州电视台也亲临现场拍摄。

回到郝永智家后，他老伴已将水饺包好。郝永智打电话给村长朱兵法，让他过来同吃水饺。一方面因为我在这里；另一方面商量捐资助学和学校发展等事情。向校长肯定要来参加的，还把乡教委书记请来，共同商议学校事宜。一下午就这样过去了，虽然他们的聊天我能听懂的不太多，但仍能感觉到，对于学校发展和向校长个人事迹推广等事项上，存在不同的声音，究竟各派立论的依据是什么，待日后详查。

2013 年 4 月 1 日

今年的祭祀活动定于阳历 4 月 3 日和 4 日。4 日为清明节。按照传统，祭祀活动必须于清明之前进行完毕，因为清明为祭祖之日。针对这个问题，我曾问过郝永智："为什么今年大祭定在清明当天，不是要在清明之前必须举行完吗？"他沉思了一会儿，自言自语道："也对啊，今年南李庄怎么定在清明搞祭祀啊？"升起的烟气已经弥散到我俩之间的距离，他似乎又想到了什么，突然抬起头对我说：

"一般在清明之前搞完活动，不过清明，也可以在清明当天举行大祭，但不能超过清明。"

郝永智已与坐社村社首沟通好，我要全程参与祭祀活动，接下来我们要做的只能是等待。想到还有两天的时间，也可暂且不做采访，休息两天也无妨，所以昨天从郝永智家出来的时候，我说出这个想法。他当然赞成了，因为参加其妹妹孙子的婚礼，早已累得筋疲力尽了。再说，全程参与两天的祭祀活动，体力是一方面，脑力更是重要的另一方面。他一听到我的建议，连说："行，行，能行！"

昨晚忙于整理访谈资料以及写日记，熬到凌晨近2点钟。一觉醒来后已是上午9点多了，阳光倒是很和煦，只是外边风有点儿大。拉开窗帘看看外边的景象，天空比较蔚蓝，路上也不见太多的尘土。十字路口依然停着一辆去霍州的公共汽车，喇叭依然响个不停，还好不碍事，早已习惯了。觉得无事，总不能浪费时间吧，便随手拿起电话，拨通了党向福的号码："党叔叔，您在家吗？""在啊！"他的回答一向很简短。"那我一会儿到您家啊？"我赶紧补充道。"来吧！我在家等你啊！"

撂下电话，胡乱收拾一番，便直奔刘家庄村。刚一进门，他便笑着对我说："你刚才打电话的时候，我还在地里呢，在家等着你呢。"想到自己方才收拾东西时有点拖沓，已经让他在家等了能有一个点儿了，我着实有些不好意思。毕竟现在正值春耕，几乎每家都忙着地里的活。虽然农民们比较自由，但也不能误了农时。他正在看新闻，我赶忙道歉："不好意思，党叔叔，让您久等了。""没事，坐吧，我下午吃了饭再去干活。"

现在天长了，吃饭作息已与冬季不同。冬季因为天冷，农民不愿起早，一天只吃两顿饭。上午一般在9点至10点之间吃第一餐，炒个菜（一般为土豆），就着馒头吃。下午一般在3点至4点之间吃第二餐，以自家做的面条为主。现在进入春季改为吃三餐。早晨约在6点多起床，先到地里干一阵子农活，等到8点至9点吃第一餐，然后继续春耕。第二餐在中午12点至下午1点。晚餐在6点至7点。冬

季蔬菜不丰富，一般以土豆为主。从春季开始，便能吃到时鲜蔬
菜了。

　　时间尚早，党向福有意带我到山上的龙王庙去看看。我去年第一
次来的时候，他就一直有这个想法。当时也是回上海心切，急着赶回
学校，所以就将此事暂且搁置。他骑着刚买的摩托车，载着我一路奔
向龙王庙。这个庙坐落在沙窝村的南边，庙的西边是一个小型广场，
是祭祀龙王爷的活动地点。紧靠庙的东边是一户人家，负责看管该
庙。再往东上去，几步之遥便是从前的分水亭，类似一个坡池，但是
叫作"堰"，如今早已杂草丛生，尚存一处分水设施遗址。

　　采访村民得知，现在龙王庙里的龙王爷塑像是沙窝村塑的，之前
那个塑像早在"文化大革命"时期就被毁掉了。这又涉及龙王爷神
像所有权的问题，关于沙窝重塑神像始末，限于时间没有详细追问。
看完龙王庙之后，我们注意到三三两两的村民在山上活动，我好奇地
问党向福，原来他们在采摘一种野菜，当地称之为"山菜"。这种山
菜长在一棵棵体型不大的树上，只需采摘颗粒状果实部分即可，连带
其周边的嫩叶也无碍。据说，山菜在城里能卖个好价钱。党向福调侃
道："你如果带几斤到上海卖，估计得好几十元一斤呢。"

　　我俩也没闲着，党向福爬到山上采摘，我做他的副手。不一会
儿，我们便采摘了半袋子山菜，估计能有几斤吧。我正想着回他家
后，是否就能马上吃到这种"野味"。他的一席话让我心凉了半截：
"今天吃不成了，必须晾晒完后，放水里浸泡一天一夜，然后才能炸
着吃或者炒着吃。"我当然不能错过这美味了，赶紧说道："吃的时
候可别忘叫我啊。"临走时没想到，他竟然允许我使用摩托车。这下
可帮了我的大忙。一阵鼓捣之后，我便顺利地骑到郝永智家里。

　　与郝永智闲聊期间，他又给我讲起四社五村祭祀活动的点点滴
滴。党向福说郝永智是个文人，这在有关鸡毛信的比喻上得到了体
现。郝永智将插上鸡毛的信比喻为"挂号信"，而将没有插鸡毛的信
比喻为"平价信"。当社首们看到鸡毛信的时候，必须风雨无阻，及
时通知下一个村社，信必须当天返回，违者科罚。而当看到没有鸡毛

的信时，则不必即刻执行，改日处理也无妨。所以，在 3 月 31 日那天传递鸡毛信的时候，郝永智执意要找到几根鸡毛并用胶带粘在信上，因为这样才能说明它是鸡毛信。多少年以前，有一次主社村让附属村送信，当时郝永智担任义旺支书，他对此事记忆犹新，一直强调附属村没有这个权力参与送信。在谈到仇池位居老大位置的问题上，他解释说："从前因为法律不健全，仇池作为首社资格是用拳头打下的，因为他们人口多，村子又大，所以哪个村也惹不起仇池。"然后，他又给我举了几例仇池调停水利纠纷的大事件。

正当我俩兴致勃勃谈得不亦乐乎的时候，进来了一位算命先生或称之为"阴阳先生"。这位算命先生在郝永智看来纯属胡闹，因为他好吃懒做，就连他自己也承认在 25 岁时便不干农活了，热衷于鼓捣阴阳风水。谈话期间，因为这位算命先生言语中对郝永智的老伴有冲突，使她大发雷霆，最终把他赶出去了。他走后，郝永智给我分析："他是个懒汉，纯属胡闹，还经常讹人。不过你在论文中也可以用到，他可以看作群体里的一个极端吧，他也有落后的一面，迷信的人最容易上他的当。"随后，郝永智简单讲述了这位算命先生的人生史："他从 20 多岁不劳动后，全靠家里边以及他父亲劳动，整日好吃懒做，连地也不种，承包的地也不种，转手又承包给了别人，村民普遍都讨厌他，到谁家谁都不欢迎他，他是群体中一个落后的典型。"闲聊过后，在郝永智家吃完饭后，我便返回住处。

2013 年 4 月 3 日

昨晚睡得较早，养精蓄锐，备战祭祀活动。一觉醒来已是 7 点多，近 8 点的时候，接到郝永智的电话，他已在支书家，让我直接过来即可。到支书家时，看到已有几个干部在等候，来来往往又有几个人。因为孔涧在义旺上边的东北面，杏沟在义旺上边的东南边，所以，这两村要参加祭祀活动的成员也陆续到达支书家。

时间尚早，众人便聊起天。他们之间的交流，我听懂不多，但是仍能感觉到，他们在探讨水利工程，好像出现什么问题了。郝永智也接着杏沟支书提到的工程问题说下去，好像指出是仇池不愿意参加维修工程项目，而且仇池桥西村掌握着本该用于工程维修的工程款。我觉得这一次言谈非常重要，也很有意思，看来对论文写作又要丰富许多。这一点在后来的小祭会议以及晚上对郝永智的追访中得到了证实。

上午 8 点 30 分，众人驱车直奔南李庄，沿着弯弯曲曲、上上下下的水泥路行进。8 点 40 分，我们来到南李庄小学，车子直接驶入校园，原来这个小学也是村委所在地。时值清明放假，学校里只能看到几个孩子在自娱自乐。大伙零零散散地在互相交流。早上的阳光和煦地照在每个人的脸上，放大了每个人喜悦的笑脸。

我与郝永智也没闲着，他正忙着向乔景昌介绍我。乔景昌于最近几年才得知四社五村情况，他说 2009 年在文化局得到这一组织留存至今的消息。作为记者的敏感以及非常热爱民俗文化，他从 2011 年杏沟坐社开始，每年全程跟踪拍摄，今年已是第三年。他的用意是，记录四社祭祀活动一个周期，试图从中找寻一些规律。一台 DV，一部单反，几个镜头，这些便是他记录民间文化的工具。这让我想到了影视人类学，建议他将这几年记录的祭祀活动，剪辑成一部关于四社五村的纪录片。他非常高兴，接着我的话说："小周，你这个提议很好，其实我之前想写一个有关四社五村的剧本，只是工作忙没有时间，一直没抽出时间。《温故一九四二》以'粮食'为线索，四社五村可以'泉水'为线索。""是啊，这是一个非常典型的个案，很有价值的题材，甚至可以拍摄一部影片。"我又想到"非遗"申报资料片，接着说："我也看过你们电视台拍摄的四社五村祭祀活动申报非物质文化遗产资料片，只是觉得时间太短，意犹未尽。"他给我解释道："国家要求提交的申报资料片是有时间限制的，片长不能超过 10 分钟，首先介绍地理位置，接着讲述事件过程，然后阐发存在问题，最后提出解决方案，这些都是有严格规定与要求的。"

此时，我又想到前几天从义旺支书那里看到的一本杂志《京霍情》，其中有一篇文章涉及四社五村，此文作者即是乔景昌，遂向他追问详情。《京霍情》是北京霍州籍同乡会主办的内部刊物，于2009年元旦创刊，编委会由京霍两地的文学爱好者组成。我将乔景昌的那篇文章与资料片中的旁白相比较，发现大同小异，后来追问才知道同出于他之手。在介绍杂志情况时，我注意到他的关注点。他指出，该杂志创办的主要目的，一是挖掘霍州民间文化；二是资助贫困学子。这两点便是办刊的指导方针，即乡土性和公益性。

　　说到公益性，我赶忙问及具体情况。我认为，保护协会的成立应该对四社五村文化传承发挥重要作用。不过，从他失望的眼神中，我能感受到协会形同虚设。从了解四社五村开始，他便一直关注祭祀活动的兴衰情况。2011年是杏沟坐社，时值霍州电视台全程拍摄，以作申报非物质文化遗产的资料片使用，所以杏沟社非常重视，举办得非常隆重，一切按照传统程序要求去做。看到这一典型个案，乔景昌深感这一民间文化传统不能走向灭亡，于是作为发起人，在杏沟成立了四社五村文化保护协会。可没承想到，协会也成立了，牌子也竖起了，但当地仍然没有重视，既没有领导的关注，也没有热心民众的参与，致使协会流于形式。这让他痛心疾首，看来要让传统真正延续传承下去，非下一番大功夫不可。可话又说回来了，即使下了很大功夫，能否挽救成功还是个未知数。接下来的祭祀活动反映出的问题，便是这个未知数很好的注解。

　　大伙互相打着招呼，握手示以礼节，一年一度的祭祀活动在相互交流中拉开了序幕。也正是借着这个机会，四社五村的社首、放水员、各村领导班子成员之间才能集体汇聚在一起，在平时这样的场面是见不到的。大家三三两两，在一起"互诉衷肠"，一方面交流平日中遇到的大事；另一方面便是探讨上一年度水利工程维修情况。今天的话题自然会聚焦在去年仇池坐社出现的工程款问题上，后经郝永智揭秘，我才得以知道内情。原来，去年仇池坐社的时候，水利工程没做好，而且工程款中有7000多元不知去向，原因是董步云儿子时任村长，但是犯了错误后被免职。

　　到上午9点半时候，南李庄支书便吆喝众人同吃早饭。吃饭的位置在学校北边的后院内，这个地方北边的一排平房是学校的行政机构办公室，南边的一排平房是学校的食堂。院内摆了五张大圆桌，食堂内摆了几排长条桌凳，供大伙就餐。灶台上堆成小山的热气腾腾的白面馒头，看到后愣是让人食欲大增，再加上刚出锅的两大盆烩菜，着实令人急欲品尝。大家秩序井然，排着队先后盛菜拿馍，不分长幼、不分次序，就近落座，好不热闹。我与乔景昌抓紧把这场面拍了几张照片，便迫不及待地拿碗筷盛菜吃去。

在祭祀活动期间，吃的饭叫"祭饭"。这种烩菜是山西的一大特色，内容有烧肉、粉条、油菜、海带、豆腐、带面的油炸肉等，非常丰富，令人垂涎三尺。顾名思义，所谓烩菜就是将许多菜烩在一起。大伙告诉我，一会儿还要上山爬山呢，让我多吃点。饭后，寻思无事，不能闲坐着，我便探寻更多的细节。"他者"不能仅仅涉及这些吃饭的祭祀人员，准备祭饭的工作人员也是一种"他者"。想到这里，我来到几位工作人员身边，询问了一些细节。

上午10点，五个村的支书、村长汇集在一起开了个小型会议，南李庄村长宣布小祭活动正式开始。然后每村各派一名代表上山巡渠，验收水利工程，并记录工程问题，以作维修预算。在这个小型会议中，针对仇池去年坐社时收了工程款但是没有维修工程的问题，引发了一场小规模的争吵。我注意到，因为事发桥西村，桥西的人没来，董升平的儿子也没来（他肯定不来，因为大家怀疑就是他私留的这笔工程款），桥东的人来了。仇池村本来没有分村，后来随着人口的增加，土地面积的减少，因而村庄以一座桥为界线，划分为桥东、桥西两个村庄，各自独立。郝永智分析道，有可能今天上不了山，因为出了这么个问题，如果按照传统应该上山。

五个村庄的人员互相吵吵闹闹，仍然没有决断。此时，我想到郝永智曾经讲过的，如果董升平在世的话，一切问题都能够妥善解决，并不会出现这种争吵的局面。仇池在五个村庄中排行老大，最有威信，说一不二。这既是历史传统又是所有民众公认的事实，此外还有几个原因决定了仇池的老大地位：其一，董氏作为一个大家族在仇池中最有势力；其二，董升平任期长达 30 多年，经常为村民办实事，逐渐赢得民心；其三，董升平即是四社五村重建的发起人。

面对这种吵得不可开交的局面，郝永智没有太多发言，因为他知道自己已经退位。虽然他也曾干过好多年的支书，而且曾兼乡政府办公室主任一职，但是，毕竟人走茶凉，人轻言微。他默默地观察着每一个争吵的人，香烟一根接一根地抽着，没有间断。那袅袅升起的烟雾在他的上方化作一层一层的烟云，越积越厚，似乎要把他罩住，使他与这个纷争不止的世界隔绝开来。

争吵过后，已近 10 点半，仍然没有结果。按照历史传统先巡渠，因为不巡渠验收水利工程，就没法进行下一步的会议与核算以及举办祭祀活动。每村派一位代表，我注意到一般以支书、老干部为主，年轻的村长便留在后方。参加巡渠验收的一共有 16 人。大家上了几辆车后，便沿着弯弯曲曲的山路一路狂奔。

首先来到距义旺村正东约 1 公里处的分水亭，众人下车后巡视此处。这是一处用灰砖垒起的立方体结构，铁门已不知去向，只见残存的字迹仅有下联"四社五村精诚团结光荣传统永流芳"，上联仅留下一个"治"字。验工人员爬在门内仔细地查验里边的情况，不时地让记录人员记下工程预算，其他人员在一旁帮忙核算工程的开销，几个记录人员则聚集在一起认真地做着记录。我与乔景昌也没有闲着，选择一些细节，仔细拍摄记录。南李庄老支书看到我忙着窜上窜下抓拍细节，主动过来答话，并提到法国蓝克利博士与北京师范大学董晓萍教授的到来。旁边有几个人也附和着，看来他们早已知道这些情况，更何况他们曾经可能就是学者的访谈对象。

检查完分水亭后，众人便不能坐车上山了，因为需要沿着暗渠管道的路线，一路向上检查，只留下司机各自将车开到沙窝龙王庙西边的空地上。我们沿着暗渠的路线一路向东向上，紧靠暗渠的南边便是以前历史上的明渠。暗渠基本上是按照明渠的路线，一路向下延伸的。

20 世纪 70 年代之前，由于落后没有相关设施与条件，这里都沿用明渠。明渠虽然也能保证吃水问题，但是有一部水在漫长的旅途中会渗漏掉，因而使本来就缺水的村庄得不到这些渗漏水利用的机会。而且在明渠中流淌着的水是非常不干净的，这尤其与放牧羊群有关。党向福曾告诉过我，明渠中的水上经常漂浮着羊屎，还有杂草等杂物。不过，村民还是能够自觉呵护这一生命源泉，尽量不去破坏或弄脏泉水。

这一验收不打紧，竟然验收出 15 处需要维修的地方，有的地方管道破裂竟然有几米多长。经询问得知，这些管道毁坏的地方大部分是人为的，虽然禁伐禁牧禁采的政策早已有之，但仍然有私人偷偷违禁。多处管道破裂严重的地方，便是石料厂的大车来回往来而压坏的。还有的人为了浇灌地亩之便，私自开挖管道。更有的人私接水管，供一己之利。去年仇池没有维修管道是一个原因，我觉得更重要的原因是平时疏于管理，缺乏有效的监督。仅凭一年一次的验收工作，只能治标不能治本。

关于维修与监督的问题，我后来得到了郝永智的解释。坐社村施工的开始时间与结束时间都要通知其他三社，以尽告知之责。其他三社各派人员一同视察工程的质量，无异议后，连同两位共同推选出来的、资格较老的放水员兼监督员，签字画押后，永无异议。这应该是正常的程序。但是，去年仇池坐社的时候，一年以来既没有通知其余村社关于工程的进度，更没有签字画押的凭据，这当然是仇池之责，所以今年会议才出现争吵不休的局面。

众人一路上山，检查仔细，至南北峪交汇之处，便沿着北峪继续东上。因为从二峪交汇之处至北峪水源地，还有一段四社五村的管道线路。这一段出的问题也不少，因为是石料厂的必经之路，所以大货车压塌管道的情况时有发生。禁伐的铁丝围栏早已被人破坏掉，看来仍有不法分子觊觎这片山林资源。

终于来到水源地，汩汩的山泉不停地从山体中流泻而下，哗哗的水声似乎在歌颂着霍山的力量，诉说着中镇的历史。回望我们走过的路途已有几里之遥，这里便是巡渠工作的最后一站。在乔景昌的指导下集体合影留念。时间已是中午 12 点半，众人休息片刻，便沿原路返回。

返回南李庄的时候已是下午 1 点，众人落座后，小祭会议正式开始。我注意到会议落座位置的区别，虽然我曾针对座位排序问题咨询过郝永智，他告知我没有区别。会议正中为今年坐社村南李庄，其他社分居两边。而去年坐社村仇池位居南李庄正对面，其他相关人员分居仇池两边。这种位置分布方式体现了一种权力格局的重新安排。仇池虽然在排行中位居老大地位，但是在不坐社的情况下也必须服从坐社村的"考核"与"质问"。当年的坐社村也叫"执政村"，拥有最高权力。我还注意到相关工程巡渠记录人员，他们在会议室外边持记录本等候，用到他们的时候，随叫随到。

会议按照正常顺序进行，期间因为某些事情又一次引发了争执，这次比上午小型会议的争吵要猛烈得多。我听不大懂具体内容，因为山西方言语速一快就很难跟上，再加上虽然仅有几里之遥，洪洞那边与霍州这边的方言还是有些许差别，更是让我抓狂。虽然听不懂，但是，我还是能够大体理解他们因为何事而争执。这些事情大致有以下几个方面。

其一，主要矛头还是指向仇池去年坐社时候的不作为，工程款不知去向。仇池的理由首先认为自己干了这个工程；其次，去年换届造成了没有通知大家验收；再次，不吃这个水了就不想交钱了；最后，甚至还想退出四社五村这个传统组织。

其二，针对有无会议记录的争论。

其三，南李庄社首针对仇池出的这个漏洞，重新制定罚款规定：如果再出现类似仇池这种不通知大家集体验收的情况，罚款 500 元，验收时间定于年前，为的是有始有终。

其四，监督问题，应当共同监管。

其五，分配工资问题，人员费用问题。

其六，罚仇池的钱买福利给大家，吃饭、烟酒都可以，就不入工程款。

其七，关于工程款摊派，谁受益谁拿这个钱的问题。

其八，矛头又指向坐社村南李庄，原因是它也不想交工程款了，也是不吃这个水的缘故。

看来涉及的问题还真是不少，众人吵吵闹闹，场面曾一度失控。乔景昌去年曾参加过仇池的坐社，告诉我去年在会议上就发生过争论。原来仇池与南李庄因为都改用深井，不吃这个水了，自己感觉到不受益了，所以早就有脱离四社五村不交维修工程款的想法。不过，因为仇池是老大，去年又是自己坐社，所以就压住了，在会上没有提这个事情，只是南李庄提出这个意向。可能碍于面子，去年仇池村在会上表态："我坐社，我说怎么办就得怎么办，都得交工程款。"仇池去年出现状况，今年南李庄坐社，两村一拍即合，私下可能早就商量好不想交工程款了。

争论过程中，原南李庄老书记曾一度拿出水册的事来进行辩论。此时，杏沟年轻的村长站起来，理直气壮地说："名誉也是一种受益，维护咱们的水利工程是一个过程，并不是说你想加入就加入，想退出就退出。"看到仇池与南李庄仍然固守己见，杏沟村长调侃道："要不咱们就改成两社一村！"众人持续议论，针锋相对，先是把仇池质问得没有脸面；后是将矛头指向南李庄。乔景昌与我小声分析道："不交水利工程款就属于自行放弃水权的问题，万一深井水位下降，因为这里开矿频仍，又要吃这个水怎么办，到那时再加入大家能同意吗？"

会议一度中断，南李庄村长与支书离开会场私下商量一番，仇池社首们也默不作声。最后，可能还是顶不住众人的压力，南李庄村长笑容满面地重新走进会议室，向大家说道："还是该怎么办就怎么办吧，我个人的决定还是代表不了大家。"众人长吁了一口气。

南李庄村的问题解决了，但是，仇池的问题怎么办呢。仇池还是固守己见，考虑到自己水日最多，但又不受益还要按照水日多少负担工程款，所以坚持不出工程款，甚至一度想退出四社五村组织。仇池今天有两个反常表现：其一，借会议中断之机，一直不返回会场，还是众人叫了好几次才不情愿地回来；其二，会议结束后全体人员拍照合影时，仇池社首死活不参与拍照，还是大伙把他拉了回来。

这个小祭会议一直开到下午2点半才结束，仇池最终还是没有表态。郝永智分析道："看样子，明天很有可能仇池不来参加大祭了。"我赶忙追问道："如果仇池不来了，是不是意味着四社五村的解体？""明天看情况吧。"郝永智无奈地回答道。午宴持续了一个小时，但是没有开席。针对怎么样才能算开席一说，郝永智解释道："开席必须有整鸡整鱼。"晚上趁热打铁，我对郝永智关于今天的情况进行了追访。

参考文献

一　史料（方志、地方文献资料）

［1］《山西通志》（万历、康熙、雍正、光绪版）。

［2］《洪洞县志》（康熙、雍正、光绪、民国版）。

［3］《霍州志》（嘉靖、康熙、道光版）。

［4］《赵城县志》（顺治、乾隆、道光版）。

［5］白尔恒、［法］蓝克利、魏丕信：《沟洫佚闻杂录》，中华书局 2003 年版。

［6］董晓萍、［法］蓝克利：《不灌而治——山西四社五村水利文献与民俗》，中华书局 2003 年版。

［7］晋从华主编：《霍州市军事志》，霍州市军事志编纂委员会办公室，2010 年。

［8］秦建明、［法］吕敏：《尧山圣母庙与神社》，中华书局 2003 年版。

［9］释力空：《霍山志》（标点本），山西人民出版社 1986 年版。

［10］山西省史志研究院编：《山西通志》，中华书局 1999 年版。

［11］张青主编：《洪洞县志》，山西春秋电子音像出版社 2005 年版。

［12］郑东风主编：《洪洞县水利志》，山西人民出版社 1993 年版。

二　著作

[1] ［英］爱德华·汤普森：《共有的习惯》，沈汉、王加丰译，上海人民出版社 2002 年版。

[2] ［法］爱弥尔·涂尔干：《宗教生活的基本形式》，渠东、汲喆译，上海人民出版社 2006 年版。

[3] ［法］埃马钮埃尔·勒华拉杜里：《蒙塔尤——1294—1324 年奥克西坦尼的一个山村》，许明龙、马胜利译，商务印书馆 1997 年版。

[4] ［美］埃莉诺·奥斯特罗姆：《公共事物的治理之道——集体行动制度的演进》，余逊达、陈旭东译，上海译文出版社 2012 年版。

[5] ［波兰］布罗尼斯拉夫·马林诺夫斯基：《西太平洋上的航海者》，张云江译，中国社会科学出版社 2009 年版。

[6] ［美］本尼迪克特·安德森：《想象的共同体——民族主义的起源与散布》，吴叡人译，上海人民出版社 2005 年版。

[7] 曹锦清：《黄河边的中国——一个学者对乡村社会的观察与思考》，上海文艺出版社 2000 年版。

[8] 陈宝良：《中国的社与会》，中国人民大学出版社 2011 年版。

[9] ［美］杜赞奇：《文化、权力与国家：1900—1942 年的华北农村》，王福明译，江苏人民出版社 2010 年版。

[10] ［美］道格拉斯·C. 诺斯：《经济史中的结构与变迁》，陈郁、罗华平等译，上海人民出版社 1994 年版。

[11] ［美］道格拉斯·C. 诺斯：《西方世界的兴起》，厉以平等译，华夏出版社 1999 年版。

[12] 费孝通：《江村经济——中国农民的生活》，商务印书馆 2002 年版。

[13] 费孝通：《乡土中国·生育制度》，北京大学出版社 1998 年版。

[14] ［英］弗里德曼：《中国东南的宗族组织》，刘晓春译，上海人民出版社 2000 年版。

[15] ［法］葛兰言：《古代中国的节庆与歌谣》，赵丙祥、张宏明译，广西师范大学出版社 2005 年版。

[16] 顾炎武：《日知录集释》，商务印书馆 1935 年版。

[17] ［日］沟口雄三、小岛毅主编：《中国的思维世界》，孙歌等译，江苏人民出版社 2006 年版。

[18] ［美］韩丁：《翻身——中国一个村庄的革命纪实》，韩倞等译，北京出版社 1980 年版。

[19] ［英］霍布斯鲍姆、兰格：《传统的发明》，顾杭、庞冠群译，译林出版社 2004 年版。

[20] 黄敏：《分析哲学导论》，中山大学出版社 2009 年版。

[21] ［美］黄宗智：《华北的小农经济与社会变迁》，中华书局 2000 年版。

[22] ［法］H. 孟德拉斯：《农民的终结》，李培林译，社会科学文献出版社 2010 年版。

[23] ［美］赫伯特·马尔库塞：《单向度的人》，刘继译，上海译文出版社 1989 年版。

[24] ［美］克利福德·格尔兹：《尼加拉：十九世纪巴厘剧场国家》，赵丙祥译，上海人民出版社 1999 年版。

[25] ［丹麦］克斯汀·海斯翠普：《他者的历史——社会人类学与历史制作》，贾士蘅译，中国人民大学出版社 2010 年版。

[26] ［德］卡尔·魏特夫：《东方专制主义：对于极权力量的比较研究》，徐式谷、奚瑞森、邹如山等译，中国社会科学出版社 1989 年版。

[27] 林耀华：《金翼——中国家族制度的社会学研究》，生活·读书·新知三联书店 1999 年版。

[28] 林耀华：《义序的宗族研究》，生活·读书·新知三联书店 2000 年版。

［29］梁治平：《清代习惯法：社会与国家》，中国政法大学出版社 1996 年版。

［30］连瑞枝：《隐藏的祖先——妙香国的传说和社会》，生活·读书·新知三联书店 2007 年版。

［31］［美］罗伯特·芮德菲尔德：《农民社会与文化：人类学对文明的一种诠释》，王莹译，中国社会科学出版社 2013 年版。

［32］［美］马歇尔·萨林斯：《文化与实践理性》，赵丙祥译，上海人民出版社 2002 年版。

［33］［美］马歇尔·萨林斯：《历史之岛》，蓝达居等译，上海人民出版社 2003 年版。

［34］［美］马歇尔·萨林斯：《"土著"如何思考——以库克船长为例》，张宏明译，上海人民出版社 2003 年版。

［35］［法］马塞尔·莫斯、昂利·于贝尔：《巫术的一般理论，献祭的性质与功能》，梁永佳、赵丙祥译，广西师范大学出版社 2007 年版。

［36］［法］马塞尔·莫斯：《礼物——古式社会中交换的形式与理由》，汲喆译，上海人民出版社 2002 年版。

［37］［法］马塞尔·莫斯：《社会学与人类学》，佘碧平译，上海译文出版社 2003 年版。

［38］［美］马若孟：《中国农民经济：河北和山东农业发展，1890—1949》，史建云译，江苏人民出版社 1999 年版。

［39］［美］明恩溥：《中国乡村生活》，陈午晴、唐军译，中华书局 2006 年版。

［40］［法］米歇尔·福柯：《知识考古学》，谢强、马月译，生活·读书·新知三联书店 2003 年版。

［41］［法］米歇尔·福柯：《知识的考掘》，王德威译，台北麦田出版社 1993 年版。

［42］［美］乔治·E. 马尔库斯、米开尔·M. J. 费彻尔：《作为文化批评的人类学：一个人文学科的实验时代》，王铭铭、蓝达居

译，生活·读书·新知三联书店 1998 年版。

［43］［日］秋道智弥、市川光雄、大塚柳太郎编著：《生态人类学》，范广融、尹绍亭译，云南大学出版社 2006 年版。

［44］［日］秋道智弥：《公共资源的人类学》，东京人文书院 2004 年版。

［45］苏国勋：《理性化及其限制——韦伯思想引论》，上海人民出版社 1988 年版。

［46］［日］森田明：《清代水利与区域社会》，雷国山译，山东画报出版社 2008 年版。

［47］汤芸：《以山川为盟：黔中文化接触中的地景传闻与历史感》，民族出版社 2008 年版。

［48］王铭铭：《社会人类学与中国研究》，广西师范大学出版社 2005 年版。

［49］王铭铭：《村落视野中的文化与权力》，生活·读书·新知三联书店 1997 年版。

［50］王明珂：《华夏边缘——历史记忆与族群认同》，台北允晨文化实业股份有限公司 1997 年版。

［51］［法］王斯福：《帝国的隐喻：中国民间宗教》，赵旭东译，江苏人民出版社 2009 年版。

［52］［美］维克多·特纳：《戏剧、场景及隐喻：人类社会的象征性行为》，石毅译，民族出版社 2007 年版。

［53］［美］维克多·特纳：《象征之林：恩登布人仪式散论》，赵玉燕等译，商务印书馆 2006 年版。

［54］［美］维克多·特纳：《仪式过程：结构与反结构》，黄剑波等译，中国人民大学出版社 2006 年版。

［55］［美］韦思谛编：《中国大众宗教》，江苏人民出版社 2006 年版。

［56］行龙：《从社会史到区域社会史》，人民出版社 2008 年版。

［57］熊培云：《一个村庄里的中国》，新星出版社 2011 年版。

［58］［加拿大］西弗曼、格里福编：《走进历史田野——历史人类学的爱尔兰史个案研究》，贾士蘅译，台北麦田出版社 1999 年版。

［59］［美］杨懋春：《一个中国村庄：山东台头》，张雄等译，江苏人民出版社 2001 年版。

［60］叶朗：《胸中之竹——走向现代之中国美学》，安徽教育出版社 1998 年版。

［61］张佩国：《近代江南乡村地权的历史人类学研究》，上海人民出版社 2002 年版。

［62］张亚辉：《水德配天——一个晋中水利社会的历史与道德》，民族出版社 2008 年版。

［63］张俊峰：《水利社会的类型——明清以来洪洞水利与乡村社会变迁》，北京大学出版社 2012 年版。

［64］［美］詹姆斯·C. 斯科特：《农民的道义经济学：东南亚的反叛与生存》，程立显、刘建等译，译林出版社 2001 年版。

［65］朱晓阳：《小村故事：地志与家园（2003—2009）》，北京大学出版社 2011 年版。

三　期刊论文

［1］陈志勤：《从有关水乡绍兴的传说看民间对水的认识》，《上海大学学报》（社会科学版）2006 年第 4 期。

［2］陈树平：《明清时期的井灌》，《中国社会经济史研究》1983 年第 4 期。

［3］钞晓鸿：《灌溉、环境与水利共同体——基于清代关中中部的分析》，《中国社会科学》2006 年第 4 期。

［4］党晓虹：《传统水利规约对北方地区村民用水行为的影响——以山西"四社五村"为例》，《兰州学刊》2010 年第 10 期。

［5］董晓萍：《陕西泾阳社火与民间水管理关系的调查报告》，《北京

师范大学学报》（社会科学版）2001 年第 6 期。

［6］方李莉：《非物质文化遗产保护的"进退"之道》，《中国教育报》2007 年 2 月 1 日，第 5 版。

［7］耿敬：《民间仪式与国家悬置》，《社会》2003 年第 7 期。

［8］［美］黄宗智：《集权的简约治理——中国以准官员和纠纷解决为主的半正式基层行政》，《开放时代》2008 年第 2 期。

［9］［丹麦］克斯汀·海斯翠普：《迈向实用主义启蒙的社会人类学》，谭颖译，《中国农业大学学报》（社会科学版）2007 年第 4 期。

［10］［丹麦］克斯汀·海斯翠普：《乌有时代与冰岛的两部历史（1400—1800）》，载［丹麦］克斯汀·海斯翠普编《他者的历史——社会人类学与历史制作》，贾士蘅译，中国人民大学出版社 2010 年版。

［11］林美容：《由祭祀圈到信仰圈——台湾民间社会的地域构成与发展》，载张炎宪编《第三届中国海洋发展史论文集》，台北："中研院"三民主义研究所 1988 年版。

［12］林美容：《由祭祀圈来看草屯镇的地方组织》，《中研院民族学研究所集刊》1987 年第 62 期。

［13］林美容：《从祭祀圈来看台湾民间信仰的社会面》，《台湾风物》1987 年第 37 卷第 4 期。

［14］林美容：《彰化妈祖信仰圈内的曲馆与武馆之社会史意义》，载《人文及社会科学集刊》，台北："中研院"中山人文社会科学研究所，第 5 卷第 1 期。

［15］罗红光：《权力与权威——黑龙潭的符号体系与政治评论》，载王铭铭、王斯福主编《乡土社会的秩序、公正与权威》，中国政法大学出版社 1997 年版。

［16］刘铁梁：《"标志性文化统领式"民俗志的理论与实践》，《北京师范大学学报》（社会科学版）2005 年第 6 期。

［17］［德］马丁·海德格尔：《人诗意地栖居》，载马丁·海德格尔

《演讲与论文集》，孙周兴译，生活·读书·新知三联书店 2005 年版。

[18] ［德］马丁·海德格尔：《诗·语言·思》，彭富春译，文化艺术出版社 1991 年版。

[19] 沈艾娣：《道德、权力与晋水水利系统》，《历史人类学学刊》2003 年第 1 卷第 1 期。

[20] ［日］森正夫：《中国前近代史研究中的地域社会视角——"中国史研讨会'地域社会——地域社会与指导者'"主题报告》（本文原载于《名古屋大学文学部研究论集》，载于《史学》28，1982 年），载［日］沟口雄三、小岛毅主编《中国的思维世界》，孙歌等译，江苏人民出版社 2006 年版。

[21] 施添福：《社会史、区域史与地域社会——以清代台湾北部内山的研究方法论为中心》，载"中国人民大学清史研究所网"，网址：http：//www. iqh. net. cn/info. asp？column_ id = 8252。

[22] 施添福：《清代台湾北部内山的地域社会及其地域化：以苗栗内山的鸡隆溪流域为例》，《台湾文献》56（3），2005 年。

[23] 施添福：《清代台湾北部内山地域社会——以罩兰埔为例》，《台湾文献》55（4），2004 年。

[24] 施添福：《区域地理的历史研究途径：以清代岸里社地域为例》，载黄应贵主编《空间、力与社会》，"中研院"民族学研究所 1995 年版。

[25] 沈艾娣：《道德、权力与晋水水利系统》，《历史人类学学刊》2003 年第 1 卷第 1 期。

[26] 孙立平：《从政治整合到社会重建》，《瞭望》2009 年第 36 期。

[27] ［美］唐纳德·戴维森：《行动、理性和真理》，载欧阳康主编《当代英美著名哲学家学术自述》，朱志方译，人民出版社 2005 年版。

[28] 吴欣：《宗族与乡村社会"自治性"研究——以明清时期苦山村落为中心》，《民俗研究》2010 年第 1 期。

［29］王铭铭：《福建溪村的宗族个案》，载王铭铭《社会人类学与中国研究》，生活·读书·新知三联书店1997年版。

［30］王铭铭：《水利社会的类型》，《读书》2004年第11期。

［31］行龙：《"水利社会史"探源——兼论以水为中心的山西社会》，载张江华、张佩国主编《区域文化与地方社会："区域社会与文化类型"国际学术研讨会论文集》，学林出版社2011年版。

［32］行龙：《明清以来山西水资源匮乏及水案初步研究》，《科学技术与辩证法》2000年第6期。

［33］行龙：《从共享到争夺：晋水流域水资源日趋匮乏的历史考察——兼论区域社会史的比较研究》，载行龙、杨念群主编《区域社会史比较研究中青年学术讨论会论文集》，社会科学文献出版社2006年版。

［34］谢继昌：《水利与社会文化之适应——蓝城村的例子》，《民族学研究所集刊》1973年第36期。

［35］张佩国：《"共有地"的制度发明》，《社会学研究》2012年第5期。

［36］张佩国：《历史活在当下——"历史的民族志"实践及其方法论》，《东方论坛》2011年第5期。

［37］张佩国：《整体生存伦理与民族志实践》，《广西民族大学学报》（哲学社会科学版）2010年第5期。

［38］张佩国：《祖先与神明之间——清代绩溪司马墓"盗砍案"的历史民族志》，《中国社会科学》2011年第2期。

［39］张佩国：《作为整体社会科学的历史人类学》，《西南民族大学学报》（人文社会科学版）2013年第4期。

［40］张江华：《卡里斯玛、公共性与中国社会——有关"差序格局"的再思考》，《社会》2010年第5期。

［41］张江华：《通过征用帝国象征体系获取地方权力——明代广西土司的宗教实践》，《民族学刊》2010年第2期。

［42］张俊峰、行龙：《公共秩序的形成与变迁：对唐宋以来山西泉

域社会的历史考察》，载陕西师范大学西北历史环境与经济社
会发展研究中心编《人类社会经济行为对环境的影响和作用》，
三秦出版社 2007 年版。

[43] 张俊峰：《前近代华北乡村社会水权的形成及其特点——山西
"滦池"的历史水权个案研究》，《中国历史地理论丛》2008 年
第 23 卷第 4 期。

[44] 张俊峰：《前近代华北乡村社会水权的表述与实践——山西
"滦池"的历史水权个案研究》，《清华大学学报》（哲学社会
科学版）2008 年第 4 期。

[45] 张俊峰：《率由旧章：前近代汾河流域若干泉域水权争端中的
行事原则》，《史林》2008 年第 2 期。

[46] 张俊峰：《前近代华北乡村社会水权的表达与实践——山西
"滦池"的历史水权个案研究》，载张江华、张佩国主编《区域
文化与地方社会："区域社会与文化类型"国际学术研讨会论
文集》，学林出版社 2011 年版。

[47] 张俊峰：《介休水案与地方社会——对泉峪社会的一项类型学
分析》，《史林》2005 年第 3 期。

[48] 张小军：《复合产权：一个实质论和资本体系的视角——山西
介休洪山泉的历史水权个案研究》，《社会学研究》2007 年第
5 期。

[49] 庄英章：《台湾汉人宗族发展若干问题》，《中研院民族学研究
所集刊》1973 年第 36 期。

[50] 邹谠：《中国廿世纪政治与西方政治学》，《政治研究》1986 年
第 3 期。

[51] ［美］詹姆斯·沃森：《神的标准化：在中国南方沿海地区对崇
拜天后的鼓励（960—1960 年）》，载［美］韦思谛编《中国大
众宗教》，江苏人民出版社 2006 年版。

[52] 折晓叶、陈婴婴：《产权怎样界定——一份集体产权私化的社
会文本》，《社会学研究》2005 年第 4 期。

［53］赵世瑜：《分水之争：公共资源与乡土社会的权力和象征——以明清山西汾水流域的若干案例为中心》，《中国社会科学》2005 年第 2 期。

［54］朱晓阳：《"表征危机"的再思考：从戴维森和麦克道威尔进路》，载王铭铭主编《中国人类学评论》2008 年第 6 辑。

［55］朱晓阳：《"语言混乱"与法律人类学进路》，《中国社会科学》2007 年第 2 期。

［56］郑振满：《明清福建沿海农田水利制度与乡族组织》，《中国社会经济史研究》1987 年第 4 期。

［57］张兆林、束华娜：《基于文化自觉视角的非物质文化遗产保护与新文化创造》，《美术观察》2017 年第 6 期。

四 英文专著、论文

［1］Arthur Wolf, Edited, *Religion and Ritual in Chinese Society*, Stanford University Press, 1974.

［2］Burton Pasternak, *Kinship and Community in Two Chinese Villages*, Stanford：Stanford University Press, 1972.

［3］Daniel Kulp, *Country Life in South China：The Sociology of Familism*, New York：Columbia University Press, 1925.

［4］Garrett Hardin, "The Tragedy of the Commons", *Science* 162, December, 1968.

［5］John & Jean Comaroff, *Ethnography and the Historical Imagination*, Boulder San Francisco Oxford, West View Press, 1992.

［6］Richard Madsen, *Morality and Power in a Chinese Village*, London：Berkeley and Los Angeles, California University of California Press, 1984.

后　　记

　　“人间四月芳菲尽，山寺桃花始盛开。长恨春归无觅处，不知转入此中来。”元和十二年（817），在大地回春、芳菲已尽之际，诗人白居易不期在高山古寺之内偶遇一片盛开的桃花，这给他感怀春光匆匆不驻之心境带来了惊异和欣喜，遂作上述感春绝句。四社五村自20世纪90年代末首次被学界偶然发现，它给外界带来的惊喜犹如盛开在山寺中的桃花，不仅仅是一种具有地理生态学意义上的环境适应个案，留给我们更多的是对“人文类型”多样化的文化沉思与人性思辨。在四社五村这一穷乡僻壤之域，虽然能够识文断字、读书会写之人少之又少，但是，当地百姓一致认同“人活的就是个文化”，而且，千百年来的文化实践证明了他们确实是一支了不起的“水粮之师”。所以，他们既是现实生活中的基层民众，又是本书的“主人翁”兼作者。如果说通过记录他们的文化，我能够有一点儿可圈可点之处，那也是因为我站在了这支“水粮之师”的臂膀之上。

　　本书是在博士学位论文基础上修改而成的。最诚挚的谢意首先献给我的导师张佩国教授，感谢导师在历史人类学领域对我的理论性、方向性与前瞻性指导。三年来承蒙导师关爱，为我的学习生活与田野调查费心无数。导师的渊博学识和谦逊为人一直以来都是我求学与做人的榜样，是需要我用一生的时间来学习与领悟的。导师不仅以文化的方式来吟诵一地民众实践的多样性，而且用一种跨学科的研究进路将历史与现实、传统与当下打通，这与上海大学“摒弃学科偏见、实现科际整合、中西贯通、兼收并蓄"的文化理念与教育神韵颇为契合。在实践层面，导师更是一位饱含理想与情愫的行动主义者。本书从选题、资料收集、田野调查到最终成章，都是在导师的悉心指导下进行的。曾记得在烈日炎炎之下，导师不辞辛苦转车数次亲临现场指导我进行田野调查，实在让我感动涕零，难以言表。师道风范，铭刻在心！

　　感谢四社五村的全体社首和父老乡亲们，从我踏进你们世代厮守着的那片山村开始直至依依惜别之刻，在长时期的田野调查中，我真切地体验到了你们的热情好客和关爱有加。为了遵循田野伦理，以下提到的村民仍采化名。义旺村村长朱兵法和支书李宝田从一开始就表示了对这项工作的大力支持，副村长刘虎子为我无偿提供住宿房屋，而且数次叮嘱"有所需求只管开口，尽量满足"。已是古稀之年的郝永智不仅成为我的关键报道人，扮演着文化翻译的角色，而且经常骑着他那叮当作响的老旧摩托车，载着我走街串巷寻访知情村民。曾任职村长的王承宝在我进村初期帮助我联络其他村社的干部，使我更快地得到他们的认可。义旺小学校长向长效与我一同分享了他的乡村寄宿制教育理念，并为我提供了更多的人脉资源。刘家庄村的党向福主动贡献出刚买不久的新摩托车供我免费骑用，使我能够便捷地穿梭于距离相隔较远的一些村庄。仇池村的退休干部马福祥找出他认为有价值的藏书，仔细查阅相关内容并耐心为我讲解。年近九十岁高龄的沙窝村退休教师刘荣贵给我讲述了许多有意义的乡村故事，而且多次伏案辨认解读民间碑文资料。……没有你们的帮助就没有现在呈现的这本书，可惜人数太多，很抱歉我不能一一提到你们的名字，只能在心中默默地祝福你们，希望你们的生活越来越好！

　　感谢山西大学中国社会史研究中心张俊峰教授对本书写作提供的咨询、意见和批评。在我田野调查每次途经太原之际，张教授总会在百忙之中抽出时间给予我相关指导，而且他也是我初次介入四社五村的主要联络人。张教授广阔的学术视野和敏锐的学术思路使我为之深深折服，与他的多次交流令我受益匪浅。还要感谢该研究中心的研究生张瑜，她为我详细介绍了山西水利社会的几处重要代表以及当地民间的文化习俗。此外，我的田野调查与资料搜集工作之所以能顺利开展，还与下列诸位地方人士的帮助密不可分，他们分别是：关燕燕（霍州市档案局）、张秀梅（霍州市纪委）、乔毅（霍州市电视台）、刘学军（霍州市旅游局）、梁衡（霍州市旅游局）、安忠伟（霍州市文联）、李福光（霍州市文联）、崔小岩（洪洞县档案局）、张青（洪洞县史志办）、马安柱（洪洞县博物馆）、张燕（临汾市人民政府）、杨康（临汾市公安局），等等。在此一并致谢。

上海大学社会学院与人类学、民俗学研究所的老师们为学生的学习生活创造了一个极好的环境，经常举办的费孝通学术论坛更是为师生们营造了融洽的学术交流氛围，搭建了不同学科之间平等互动的平台。感谢学院党政领导们的超前眼光和卓有成效的工作。感谢各位授课老师引领我们步入知识之殿堂，使我们如沐春风，享受着阳光般的温暖。张文宏老师用浅显易懂的语言和经验性的图表数据来解释社会学的一些理论，使得理论课程不再显得那么枯燥乏味。张亦农老师那具有"全球化"视域的发散性思维，那独具特色的"头脑风暴"式授课方式，使一堂课更像是一场别开生面的辩论赛。而张江华老师对田野经验和声细语的娓娓道来，使我们如同身临其境，每一次课程就是一次田野实地考察。陈志勤老师那论述细节考究十分仔细以及温文尔雅的表达方式，更使我们沉醉于她的学术讲座之中。另外，感谢与我经常在一起聆听老师教诲、讨论学术问题的同窗同门，同学之情谊当弥补岁月之流逝。

感谢上海市教委"上海地方高校大文科研究生学术新人培育计划"项目的资助，使我能够长期在外进行田野调查和查阅资料，而不用为经费没有着落而担心。

感谢我多年前的选择，目前的状态虽然不尽完美，终归有充裕的时间由自己支配。衷心感谢父母对于我的选择的一贯支持，你们永远是我前进的动力和力量的源泉。

周 嘉

2018 年 10 月